Handbuch Holzarbeiten

Handbuch
Holzarbeiten

Das unentbehrliche Nachschlagewerk

Paul Forrester

Impressum

Übersetzung und Lektorat: Rolf H. Kramer, Redaktionsbüro Kramer, Weißenfeld / München
Umschlaggestaltung: Petra Theilfarth
Coverfoto: Lichtpunkt, Michael Ruder, Stuttgart

8. Auflage 2022

Titel der Originalausgabe:
The Woodworker's Technique Bible

FSC www.fsc.org
MIX
Papier aus verantwortungsvollen Quellen
FSC® C016973

ISBN 978-3-7724-6077-7
Best.-Nr. 6077
Printed in China

Penguin Random House Verlagsgruppe
FSC® N001967

Warnung des Autors

Holzbearbeitung kann gefährlich sein, lassen Sie also immer äußerste Vorsicht walten! Bevor Sie zu irgendeinem Hand- oder Elektrowerkzeug greifen, lesen Sie bitte unbedingt die Gesundheits- und Sicherheitsratschläge auf den Seiten 26 und 27. Halten Sie sich immer an die Bedienungsanleitungen der Hersteller und benutzen Sie alle Sicherheitsvorkehrungen. Aus Gründen der Klarheit der Darstellung ist auf manchen der Fotos in diesem Buch die Sicherheitseinrichtung abmontiert worden. Das wird natürlich auf keinen Fall zur Nachahmung empfohlen, Schutzvorrichtungen müssen immer benutzt werden. Alle Beschreibungen, Informationen und Ratschläge werden nach bestem Wissen und Gewissen gegeben, ein Irrtum des Autors, Übersetzers oder des Verlages kann jedoch nie ausgeschlossen werden.

Inhalt

1

Holz und Werkstatt

Wahl des Holzes und Einrichtung einer Werkstatt

Holzmerkmale

Jede Holzart hat ihren eigenen ausgeprägten Charakter, obwohl sich viele in Farbe, Faseraufbau und Maserung ähneln. Harthölzer werden wegen ihrer Belastbarkeit, dekorativen Zeichnung, ihrer Vielfalt an Farben und ihrer Haltbarkeit bevorzugt. Weichholz ist meistens billiger und wird oft eingesetzt für funktionale Aufgaben im Bauwesen. Die Bezeichnungen Hart- oder Weichholz stiften oft Verwirrung, weil sie sich auf den botanischen Charakter der Bäume beziehen und nichts darüber aussagen, ob das Holz tatsächlich hart oder weich ist. Einige Harthölzer können sehr weich sein, etwa Balsaholz, während Weichhölzer wie Eibe ziemlich hart sein können.

Wachstum des Baumes

Ein Baum wächst, indem Jahr für Jahr Umfang, Breite und Höhe zunehmen. Das Zentrum des Baumstamms bildet das Mark, ein Überbleibsel des Schösslings, aus dem der Baum entstanden ist. Daran schließen sich die Wachstumsringe an, die sich jährlich bilden. Diese Ringe spiegeln die Wachstumsgeschwindigkeit im Lauf der Jahreszeiten wider, vom hellen Frühholz zum dunkleren, dichteren Spätholz. Die Jahresringe sind in den Bäumen der gemäßigteren Zonen ausgeprägter, weil sich die Jahreszeiten stärker unterscheiden. Horizontale Markstrahlen verlaufen von der Mitte nach außen, an der Außenseite bildet das Kambium-Gewebe neues Holz, Borke und Bast schützen den Baum.

Kernholz und Splintholz

Das Holz um die Mitte des Stamms, das Kernholz, bildet die tragende Struktur des Baumes. Die äußeren Schichten sorgen für den Nahrungstransport und heißen Splintholz. Bei manchen Arten wird nur das Kernholz für Holzarbeiten verwendet, weil das Splintholz zu weich oder zu anfällig für Schimmelbildung und Insektenbefall ist. Bei anderen Holzarten gibt es bis auf die unterschiedliche Farbgebung kaum einen Unterschied. Das Verhältnis von Kernholz zu Splintholz variiert von Art zu Art.

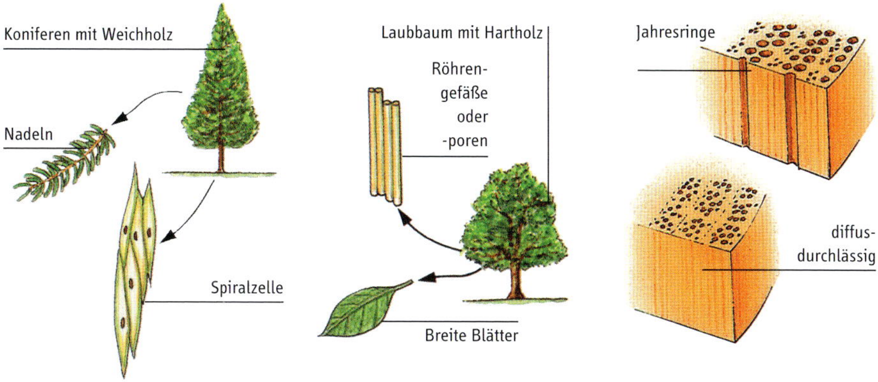

Weichholz und Hartholz

Weichholz stammt von Koniferen, die Nadeln statt Blätter besitzen, die auch im Winter nicht abfallen. Weichholz besitzt kurze Spiralzellen, Nahrung und Feuchtigkeit werden zwischen den angrenzenden Zellwänden transportiert. Weichholz kann auch Gefäße und Poren besitzen wie Hartholz, sie dienen dann aber nur als Kanäle für das Harz.

Hartholz kommt von Laubbäumen, deren Blätter in gemäßigten Zonen jedes Jahr abfallen. Das Holz besteht aus langen röhrenförmigen Gefäßen oder Poren, die Nahrung und Feuchtigkeit senkrecht hochleiten. Waagerechte Markstrahlen verteilen die Nahrung zu den Seiten. Hartholz kann Jahresringe besitzen oder ist diffus-durchlässig. Jahresringe zeigen klar die Wachstumsschübe, während diffus-durchlässige Bäume aus Gegenden stammen, wo sie stets gleichmäßig wachsen.

Maserung

Die Maserung ist die Zeichnung, die durch die Anordnung der Holzfasern entsteht. Die edelsten Hölzer sind wegen ihrer geraden, klaren Maserung beliebt, mit denen sich auch am leichtesten arbeiten lässt. Andere Maserungen sind wellenförmig, lockig, spiralförmig oder unregelmäßig. Unterbrochene Fasern, deren Richtung schwer vorherzusehen ist, stellen die größte Herausforderung dar. Die Struktur der Maserung variiert von grobfaserigem Holz mit großen offenen Poren zu feinem glatten Holz mit kleinen geschlossenen Poren, das sich leichter zu einer blasenfreien Hochglanzfläche verarbeiten lässt.

Die Intensität der Maserung beruht auf dem Wechsel zwischen Frühholz und Spätholz während des Wachstums. Tropenholz wächst während des ganzen Jahres gleichmäßig, der Kontrast ist also minimal, es wirkt sehr ebenmäßig. Bei Hölzern aus gemäßigten Zonen gibt es eine ausgeprägtere Maserung.

Grobporige wellige Maserung mit ausgeprägten Markstrahlen

Mittel- bis grobfaserige und unterbrochene Maserung

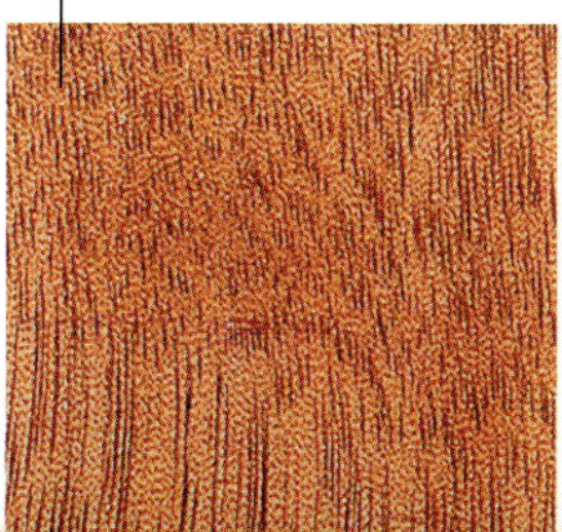

Feine gleichmäßige und gerade Maserung

Holzkauf

Holz stammt aus dem Wald. Die Baumstämme werden geschlagen, im Sägewerk zu Brettern verarbeitet und zum Trocknen gelagert. Prüfen Sie das Holz vor dem Kauf sorgfältig auf Wachstumsfehler und Einschlag- und Lagerungsschäden. Kaufen Sie kein Holz mit Astlöchern, Rissen oder Spalten, mit Verfärbungen, Verwerfungen oder Anzeichen von Pilz oder Schimmel.

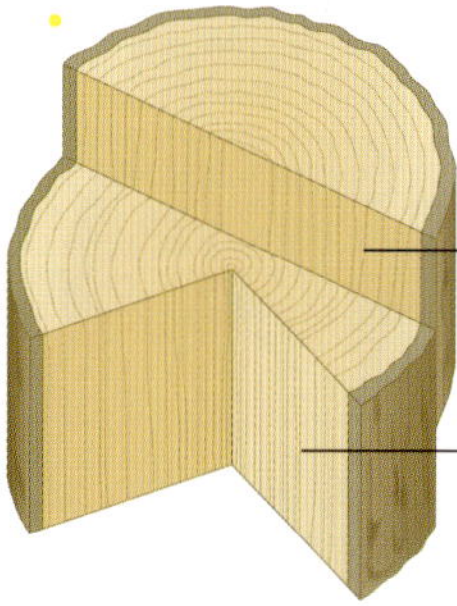

▶ Holzschnitte

Die Baumstämme werden im Sägewerk auf verschiedene Arten zu Brettern zersägt. So ergeben sich Schnitte, deren Oberfläche die Wachstumsringe entweder tangential oder radial zeigen. Bei tangential geschnittenen Brettern treffen die Jahresringe in einem Winkel von unter 45° die Schnittoberfläche (in USA unter 30°) und zeigen eine charakteristische geflammte Musterung. Bei geviertelt oder radial geschnittenen Brettern (Kreuzholz oder Viertelholz) treffen die Jahresringe in einem größeren Winkel als 45° auf die Oberfläche (USA 60°). In den USA gibt es noch Schnitte zwischen 30° und 60°, die dort Riftsawn heißen.

◀ Lagerung

Die grob gesägten Holzbretter müssen gelagert werden, damit die Feuchtigkeit entweicht, entweder durch normale Lufttrocknung oder in Trocknungsanlagen. Die Bretter werden auf Abstandshaltern gestapelt, damit Luft und Hitze hindurchstreichen können. Lufttrocknung reduziert den Feuchtigkeitsgehalt auf ungefähr 16 %, was für den Holzeinsatz im Außenbereich genügt. Für Innenausbauten wird die Feuchtigkeit in Trocknungsanlagen auf 8-12 % gesenkt. Denken Sie daran, dass Holz später noch arbeitet und schrumpfen oder aufquellen kann, je nachdem, ob die Umgebungsluft trocken oder feucht ist.

Schrumpfen und verwerfen

Holz tendiert dazu, quer zur Faser stärker einzulaufen als längs der Maserung, sodass Bretter in Breite und Dicke beim Trocknen mehr schrumpfen als in der Länge. Am Ende des Brettes sehen Sie die Wachstumsringe, allerdings je nach Holzart unterschiedlich ausgeprägt. Eine Daumenregel besagt, dass die Jahresringe sich gerne strecken, wenn das Holz trocknet. Das gibt Ihnen einen Hinweis, wie das Holz schrumpfen und sich verwerfen wird. Ein tangential geschnittenes Brett mit langen Jahresringen verwirft sich leichter als ein Viertelholz mit kurzen Ringen.

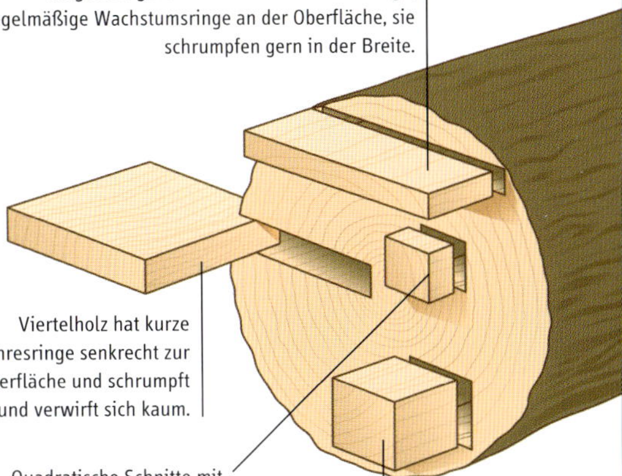

Rau oder behobelt

Bei Holzhändlern sowie in Bau- und Heimwerkermärkten ist Holz (meist Nadelholz) in Form von Schnittholz erhältlich, und zwar entweder rau oder allseitig behobelt. Raues Holz wird vor allem für Rohbauarbeiten verwendet, es kann besäumt oder unbesäumt sein (bei letzterem ist die Baumrinde noch vorhanden). Meistens empfiehlt es sich, behobeltes Holz zu kaufen oder so genannte Halbfertigerzeugnisse. Das ist Holz, das im Sägewerk bereits für einen bestimmten Verwendungszweck vorgeformt wurde, etwa Fußbodendielen, Profilbretter und -leisten.

Abmessungen

Für raues und behobeltes Holz gelten Normmaße, die zulässigen Abweichungen von diesen Maßen sind ebenfall festgelegt. Dennoch empfiehlt es sich, die Abmessungen vor Beginn der Arbeit noch einmal zu überprüfen, denn oft handelt es sich um nicht genormte Importware. Laub- oder Hartholz wird viel in Form von Halbfertigerzeugnissen angeboten. Außer für Fenster, Türen, Treppen und Leisten wird Laubholz vor allem für Innenverkleidungen aller Art verwendet. Die Preise für Halbfertigerzeugnisse sind in der Regel Quadratmeterpreise. Bei unregelmäßigen Kanten der Bretter messen Händler häufig den weitest entfernten und den nächsten Punkt und geben das Mittel an.

Der Faktor Abfall

Kaufen Sie immer mehr Holz, als Sie für Ihr Projekt berechnet haben. Sie machen bestimmt einmal einen Fehler und es gibt immer Abfall. Beim Hobeln von rauen Brettern etwa verlieren Sie schnell 6 mm Dicke, auch Wachstumsdefekte vergrößern schnell die Abfallrate. Rechnen Sie mit gut 30 % Abfall.

Holzkunde

Von den vielen tausend Arten Holz, die es gibt, ist nur ein kleiner Teil wirtschaftlich nutzbar. Trotzdem bleibt noch eine riesige Zahl übrig, und sehr oft hat man die Auswahl zwischen mehreren Hölzern für den gewünschten Zweck. Ein Tisch sieht beispielsweise in Eiche genauso gut aus wie in Ulme, beide Hölzer haben ihre Vorteile für den täglichen Gebrauch. Erfahrene Schreiner nehmen kräftige, gut gemaserte Hölzer für Beine und Geländer und dekorative, weiche Hölzer für die Sitzflächen. Für Paneele nehmen sie Kernbretter, möglichst im Quartier- oder Viertelschnitt, die sich nicht verwerfen oder verziehen. Holzschnitzer und Bildhauer lieben dekoratives Holz, das möglichst gleichmäßig gemasert sein sollte, um nicht so leicht zu reißen. Drechsler bearbeiten fast alle Holzarten; besonders gern haben sie es aber, wenn Farbe und Maserung stark ausgeprägt sind. Hier zeigen wir Ihnen eine kleine Auswahl der gebräuchlichsten Holzarten. Eine Oberflächenbehandlung mit Öl betont die natürliche Maserung.

▶ Kiefern

Kiefern (**Pinus spp.**) und ähnlich weiche Hölzer wie Tannen (**Abies spp.**) und Fichten (**Picea spp.**) wachsen schnell und werden gerne auf dem Bau und für Tischlerarbeiten verwendet. Kiefernholz wird auch zunehmend in der Möbelproduktion eingesetzt, massiv oder als Furnier.

Oder man veredelt einen Kiefernkorpus mit einem Hartholzfurnier. Kiefernholz hat eine weiße, gelbliche oder sogar rötliche Färbung, gewöhnlich stark gemasert und oft knorrig. Das Holz hat eine gute Festigkeit und Elastizität, ist leicht per Hand oder Maschine zu bearbeiten und gut zu drechseln.

Westl. Weymouth-Kiefer (**Pinus monticola**)

Weymouth-Kiefer (**Pinus strobus**)

Sumpfkiefer (**Pinus palustris**)

Waldkiefer (**Pinus sylvestris**)

Amerikanische Buche (Fagus grandifolia)

Rotbuche (Fagus sylvatica)

Amerikanische Ulme (Ulmus americana)

▲ Buche

Buche (Fagus spp.) ist ein hartes, sehr vielseitiges feinporiges Holz. Die Färbung reicht von einem weißlichen oder blassen Braun bis zu einem dunkleren Rotbraun. Das Holz wird hauptsächlich im Möbelbau verwendet, besonders für Stühle, weil es sich leicht biegen und formen lässt. Drechseln ist ebenfalls möglich. Buchenholz kann gut gebeizt werden, um andere Holzarten wie Mahagoni, Walnuss oder Eiche zu imitieren.

▼ Birke

Das feinporige Hartholz der Birke (Betula spp.) wird für Möbel, Paneele und zur Produktion von Sperrholz eingesetzt. Es eignet sich sehr gut zum Drechseln und Biegen. Die Oberfläche des Birkenholzes ist recht glatt und zeigt kaum eine Maserung. Das gelbliche Holz hat rötliches Kernholz und blasses Splintholz. Die Europäische Birke ist gleichmäßig cremig-weiß bis blass lohfarben. Birkenholz wird manchmal gebeizt, um edleres Holz zu imitieren.

▲▼ Ulme

Ulmenholz oder Rüster (Ulmus spp.) lässt sich ausgesprochen gut biegen und verarbeiten. Amerikanische Ulme hat eine raue, aber gleichmäßige Struktur mit kleinen Einsprengseln und ist blass-braun. Europäische Ulme hat eine auffällige lebhafte Maserung und bietet interessante Farbspiele von Rot bis Schokoladebraun. Das Hartholz lässt sich außerordentlich gut verarbeiten und eignet sich besonders für Stühle, Tischplatten, Kommoden und Schränke.

Gelb-Birke (Betula alleghaniensis)

Hängebirke (Betula pendula)

Feld-Ulme (Ulmus hollandica)

Amerikanische Weiß-Eiche (Quercus alba)

Amerikanische Roteiche (Quercus rubra)

Stieleiche (Quercus robur)

▲ Eiche

Eichenholz (Quercus spp.) ist ein hartes, haltbares Holz mit exzellenten Verarbeitungsmöglichkeiten. Die amerikanischen Weiß-Eichen sind noch beliebter und wertvoller als die roten Arten, weil sie eine feinere Maserung aufweisen. Die Weiß-Eichen sind loh- und strohfarben, die Roteichen haben grau-braunes bis rötliches Kernholz. Die amerikanischen Eichen haben mittlere bis kräftige Maserungen, europäische Eichen sind bekannt für ihre ausgeprägten wellenförmigen Maserungen mit deutlichen Markstrahlen.

▼ Ahorn

Ahornholz (Acer spp.) bietet eine Vielzahl von Einsatzmöglichkeiten, von Möbeln bis zum Fußbodenbelag. Die Farben variieren von Weiß bis zu einem lichten Braun, angeboten werden zwei Holzarten. Zuckerahorn oder Hartahorn ist das härtere Holz, Weich- oder Rotahorn ist in Wirklichkeit nicht wesentlich weicher, lässt sich aber leichter verarbeiten und hat eine dunklere Farbe. Beide Arten haben eine feine gleichmäßige Textur, die Maserung ist gerade bis wellenförmig.

▼ Linde

Lindenholz (Tilia spp.) ist ein blasses, cremig-weißes Holz, das extrem leicht zu bearbeiten ist. Gleichmäßig gemasert und mit geschlossener Oberfläche ohne Einschlüsse ist Lindenholz das beste Material für anspruchsvolle Drechslerarbeiten.

Zuckerahorn (Acer saccharum)

Rot-Ahorn (Acer rubrum)

Amerikanische Linde (Tilia americana)

Teak (Tectona grandis)

Afrikanisches Mahagoni (Khaya ivorensis)

Amerikanisches Mahagoni (Swietenia macrophylla)

▲ Teak

Teakholz (Tectona grandis) ist ein haltbares Hartholz mit guten Witterungseigenschaften. Die Farbpalette geht von Goldgelb bis Dunkelbraun. Da das Holz von Natur aus ölig ist, eignet es sich hervorragend für Bootsdecks und andere Stellen, die Feuchtigkeit ausgesetzt sind. Allerdings ist die Oberflächenbehandlung des öligen Holzes nicht unproblematisch. Teak hat gerade oder wellige, mittlere bis ausgeprägte Maserungen, die oft ungleichmäßig sind.

▲ Mahagoni

Mahagoni (Swietenia spp., Khaya spp., Melia spp.) bietet eine Vielfalt an Farben und Maserungen wie kein anderes Holz. Es ist ein Vergnügen, mit diesem Holz zu arbeiten. Die Farben gehen von einem blassen Pink zu einem Rotbraun und einem tiefdunklen Braun. Die Zeichnung kann geradlinig und klar, aber auch ineinander fließend sein. Mahagoni ist begehrt für Klaviere und Flügel, die tiefrote Varietät für die Rückseiten von Gitarren und anderen Saiteninstrumenten. Kubanisches Mahagoni (Swietania mahogani) ist mittlerweile dem Raubbau zum Opfer gefallen.

Nachhaltigkeit

- Nachhaltigkeit und Forstwirtschaft hängen eng zusammen. Der Begriff Nachhaltigkeit wurde 1713 erstmals in einem Lehrbuch in Deutschland verwendet. Ziel des Konzeptes ist es bis heute, das Ökosystem Wald so zu nutzen, dass seine wesentlichen Funktionen erhalten bleiben. Stand jedoch früher im Mittelpunkt, den Wäldern nur so viel Holz zu entnehmen, wie natürlich nachwächst, so wurde das Konzept in der Zwischenzeit um wesentliche Punkte erweitert. Der moderne Begriff verbietet Kahlschläge und Chemieeinsätze, beschränkt die Holzernte auf bereits genutzte Wälder und schließt die noch verbliebenen Urwälder von der Nutzung aus. Die moderne Definition beinhaltet auch eine soziale und ökonomische Komponente, d.h. die ansässige Bevölkerung muss an der Wertschöpfung beteiligt werden und ihrer selbst gewählten Lebensweise nachgehen können.
- Ein zentrales Instrument der nachhaltigen Forstwirtschaft ist die Holzzertifizierung. Sie bezeichnet den Prozess, in dem sich Holzhändler, Umweltschützer, Anwohner und andere Anspruchsgruppen auf verbindliche Kriterien für die Waldnutzung einigen. Die bedeutendsten Zertifizierungssysteme sind Forst Stewardship Council (FSC) und Pan European Forest Certification (PEFC).
- Noch ökologischer ist es, bei allen Holzarbeiten möglichst oft recyceltes Material zu verwenden.

Schwarznuss (**Juglans nigra**)

Echte Wallnuss (**Juglans regia**)

Traubenkirsche (**Prunus serotina**)

▲ Walnuss

Das Farbspektrum des Walnussholzes (**Juglans spp.**) reicht vom dunklen, fast schwarzen Kernholz bis zum blassgrauen Splintholz. Traditionell wird eine Walnuss-Oberfläche mit Wachs behandelt, es unterstreicht die natürliche Schönheit. Walnussholz ist sehr stabil, sodass es in die attraktivsten Formen gebracht werden kann, zum Beispiel in kunstvoll verzierte Stuhlgestelle mit durchgehender Maserung. Walnussholz hat eine gleichmäßige Textur mit gerader oder welliger Zeichnung und ist leicht zu bearbeiten.

▼ Esche

Esche (**Fraxinus spp.**) zeigt eine deutliche Maserung mit einer geraden offenen Faser. Die Farbe variiert von Rötlichbraun und blass Cremigbraun bis zu Dunkelbraun. Das Holz neigt dazu, im Alter gelblich zu werden. Esche ist bekannt für ihre Vielseitigkeit und wird für Möbel, Inneneinrichtung und im Bootsbau eingesetzt. Eschenholz lässt sich sehr gut drechseln und ist wegen seiner Widerstandsfähigkeit das ideale Holz für Werkzeuggriffe und Sportausrüstungen.

▲▼ Kirsche

Kirsche (**Prunus spp.**) ist ein stabiles fein und gleichmäßig gemustertes Holz, das bei der Bearbeitung einen angenehmen Geruch verströmt. Die Farben gehen von Cremigpink bis zu Braun und werden mit zunehmendem Alter intensiver. Kirsche lässt sich sehr gut biegen, leimen und polieren. Das Holz eignet sich gut für Möbel, Bootseinrichtungen, für Einlegearbeiten und zum Drechseln.

Weiß-Esche (**Fraxinus americana**)

Gemeine Esche (**Fraxinus excelsior**)

Vogelkirsche (**Prunus avium**)

Spezialeffekte

Obwohl die meisten Tischler und Zimmerer klar strukturiertes Holz vorziehen, weil es leicht zu bearbeiten ist, gibt es doch oft Herausforderungen durch Material mit einer ungewöhnlichen Maserung, Farbe oder Struktur. Meist handelt es sich dabei um Furniere, aber manche Tischler verarbeiten auch gerne Massivholz aus Wurzeln, Maserknollen, Stubben oder Astgabeln, die das Holz für tragende Zwecke ungeeignet machen. Wegen der Stabilität sollte das Holz im Viertelschnitt geschnitten sein.

Designholz

Mit Designholz bezeichnet man die dekorativen Muster in der Holzoberfläche, die durch Strukturveränderungen, Farbvariationen, Astwachstum, Entwicklungsstörungen oder andere Faktoren entstanden sind. Unübliche Merkmale wie Grate im Holz, die als Narbe nach einer Verletzung der Baumrinde zurückgeblieben sind, bewirken eine interessante Zeichnung im Holz und machen es für Furniere und Dekorationsstücke begehrt und teuer.

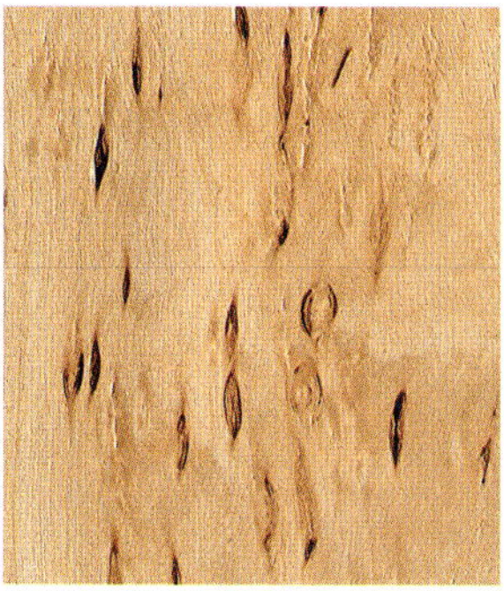

Diese Flecken in einer karelischen Birke (Betula spp.) sind wahrscheinlich durch Insektenbefall oder eine andere Verletzung entstanden.

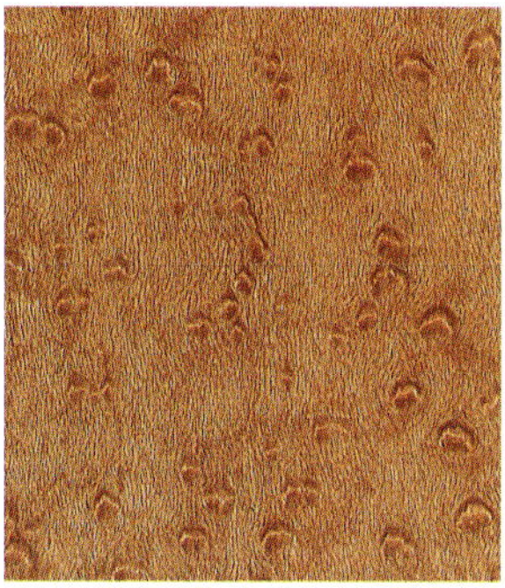

Auch diese kleinen, wie Vogelaugen wirkenden Ausbrüche des Ahornbaum-Holzes (Acer spp.) können durch Insekten entstanden sein.

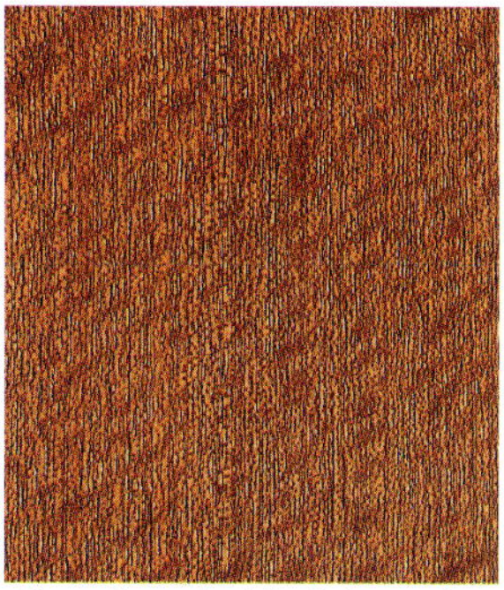

Dieses Muster in afrikanischem Mahagoniholz (Entandrophragma cylindricum) verändert sich je nach Blickwinkel des Betrachters.

Der Quartierschnitt dieser Roteiche (Quercus rubra) offenbart flammende Markstrahlen, die in Muster und Effekt stark variieren können.

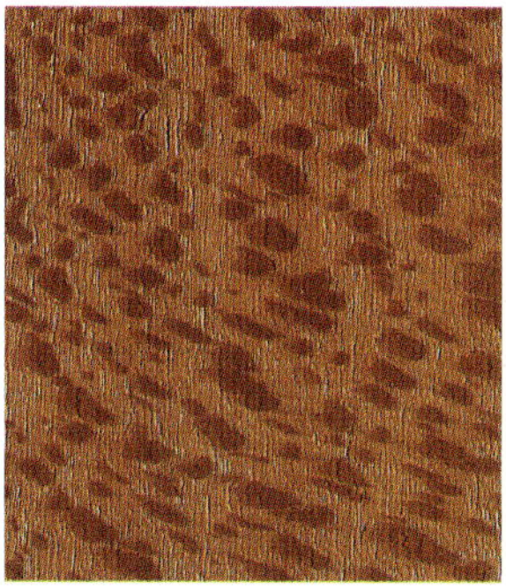

Diese dichte Marmorierung wird häufig bei Quartierschnitten von Londoner Platanen (Platanus acerifolia) entdeckt.

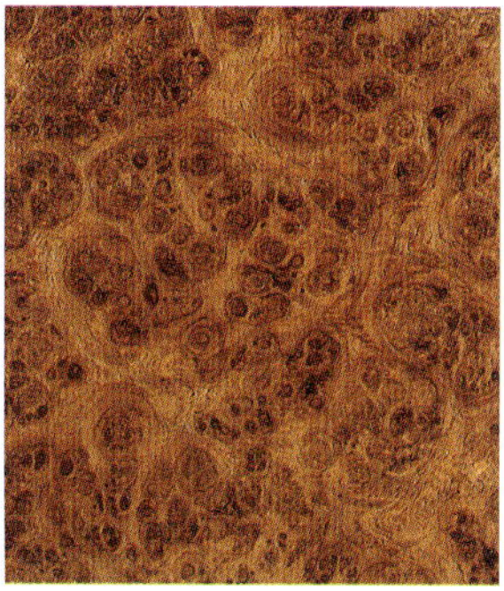

Das goldene Muster im Holz eines Narrabaums (Pterocarpus indicus) beweist unter dem Mikroskop, dass hier Generationen von Bakterien geschlüpft sind.

Furniere und Einlegearbeiten

Furniere sind dünne Holzschichten, mit denen man ein gewöhnliches Werkstück verschönert oder veredelt. Dafür wird Holz in dünnes Dekorationsfurnier geschnitten, weil manche Holzarten zu rar und teuer sind, um als Massivholz verarbeitet zu werden. Wenn Furniere auf das normale Werkstück geleimt werden, bieten sie die gleichen schönen Farbspiele, Muster, Maserungen und Strukturen wie das Massivholz, aus dem sie geschnitten wurden.

Furniere

Dekorative Furniere sind normalerweise sehr dünn – zwischen 0,5 und 1,0 mm. Andere, wie sie etwa für Sperrholz verwendet werden, sind bis zu 3 mm stark. Neben den Edel- und Dekofurnieren gibt es noch Unterfurniere, die bei hochwertigen Arbeiten als Trennschicht zwischen Trägermaterial und Deckfurnier das Durchscheinen von Materialschäden oder Leimfugen verhindern sollen. Absperrfurniere sperren bei der Herstellung eine Platte ab, d.h. sie verhindern weitere Bewegungen und Veränderungen der Trägerplatte, das gilt besonders für die Tischlerplatte.

Von links nach rechts: Kirsche-, Zebrano-, Kiefer-, Pomelle-, Olive-, Esche-, Brasilianisches Rosenholz- und Espen-Furnier.

Verschiedene Fertig-Intarsien.

Eine Auswahl von Furnieren für Kanten und Verzierungen.

Intarsien

Bei Intarsien oder Einlegearbeiten handelt es sich um eine Technik, bei der auf einer planen Oberfläche verschiedene Hölzer so in- oder aneinander gelegt werden, dass wieder eine ebene Fläche entsteht, die aber nun verschiedenfarbige und unterschiedlich strukturierte Einschlüsse enthält. Arbeitet man Intarsien in ein Furnier, sollten die Einlagen möglichst die gleiche Dicke aufweisen wie das Furnier, damit beim Leimen überall der gleiche Druck entsteht.

Holz- und Werkstoffplatten

Viele Möbelstücke im Haus sind heutzutage aus Holz- und Werkstoffplatten hergestellt, etwa aus Sperrholz-, Tischler- oder Spanplatten. Dieses Material ist billig und oft furniert mit Edelhölzern, die als Massivware gar nicht bezahlbar wäre. Es gibt sie in großen stabilen Größen, die sich auch in beheizten Räumen nicht verziehen. Alle Platten werden in standardisierten Abmessungen angeboten.

MDF ist bekannt für seine vielen Einsatzmöglichkeiten und die glatten Schnittkanten.

Sperrholz

Sperrholz besteht aus mindestens drei Lagen, deren Faserverlauf im Winkel von 90° verleimt wird. Dadurch werden Quell- und Schwindeigenschaften vermieden. Die Lagen des Sperrholzes können aus Massivholztafeln, Furnieren, Stäben oder anderen Holzwerkstoffen bestehen. Es gibt diese Unterschiede: Stab- bzw. Stäbchensperrholz, auch Tischlerplatte genannt, besteht in der Mitte aus Vollholzleisten (Stäben) oder Schälfurnierstreifen (Stäbchen). Furniersperrholz besteht aus einer ungeraden Zahl von Furnieren, die kreuzweise verleimt werden. Eine Platte über 12 mm Dicke und mit mindestens fünf Lagen wird als Multiplexplatte bezeichnet. Brettsperrholz besteht aus mehreren Massivholztafeln. Zusammengesetztes Sperrholz besteht aus anderen Holzwerkstoffen oder Kunststoffen.

Spanplatten

Spanplatten bestehen aus drei bis fünf Schichten geleimter Holzspäne und sind die billigsten Platten. Sie haben eine wesentlich geringere Festigkeit als Vollholz. Die Oberflächen werden mit Folien oder mit Furnier beschichtet oder sie bleiben unbehandelt.

Faserplatten

MDF-Platten (medium-density fibreboard) sind Platten aus verleimten Holzschnitzeln mit glatten oder sogar geprägten Oberflächen, die gut furniert werden können. Flexible MDFs können einseitig verformt werden. Hartfaserplatten gibt es einseitig oder beidseitig geglättet.

Warnung

Das Harz, das zum Verkleben der Holzplatten verwendet wird, entwickelt bei der Bearbeitung mit Werkzeugen und Maschinen viel Staub und ist gesundheitsschädlich, besonders bei den MDF-Platten. Benutzen Sie eine Staubmaske!

Von links nach rechts: Faserplatte, 3-Lagen-Sperrholz, 3-Lagen-Spanplatte, Dekorationssperrholz, MDF und Mehrlagen-Birkensperrholz.

Eine Werkstatt planen

Ihre Werkstatt sollte sauber sein, gut durchorganisiert und natürlich sicher. Sorgen Sie für so viel Platz wie möglich. Auch wenn Sie im Augenblick vielleicht nur mit Handwerkzeug arbeiten, denken Sie daran, dass Sie später noch genügend Platz für Maschinen benötigen. Platzieren Sie Werkbänke und Maschinen so, dass Sie ohne Behinderung von einer zur anderen wechseln können. Wichtig ist auch, dass Sie bei den Maschinen genügend Platz haben zum Einführen und Herausnehmen des Werkstücks. Ausreichende Staumöglichkeiten für Hölzer, Werkzeuge und andere Utensilien sind ebenfalls nötig.

◀ Wandaufbewahrung

Die beste Möglichkeit, Handwerkzeug aufzubewahren, ist, es an Haken direkt an die Wand oder an eine Wandplatte zu hängen. Gewitzte Schreiner zeichnen die Umrisse ihres Werkzeugs an die Wand, dann können Sie immer auf einen Blick erkennen, ob etwas fehlt. Meißel und Stemmeisen halten sich in einer Kerbe in einem Holzblock.

▶ Werkzeugregale

Schneid- und Elektrowerkzeug sollte in Schränken verstaut werden oder auf offenen Regalen, sodass Sie Ihr Arbeitsgerät jederzeit sehen und erreichen können. Um das Herunterfallen zu verhindern, bringen Sie an der Vorderkante des Regalbretts eine Lippe an.

◀ Hitze und Feuchtigkeit

Holz arbeitet und verzieht sich, das ist ein großes Problem. Sie müssen also Temperatur und Luftfeuchtigkeit in der Werkstatt kontrollieren. Idealerweise sollte das Holz bei den gleichen Bedingungen verarbeitet werden, wie sie später am endgültigen Standort herrschen. Wenn möglich, lagern Sie das Holz vorher einige Wochen im Haus oder schaffen Sie entsprechende Bedingungen in der Werkstatt. Dafür brauchen Sie einen Feuchtigkeitsmesser für Holz.

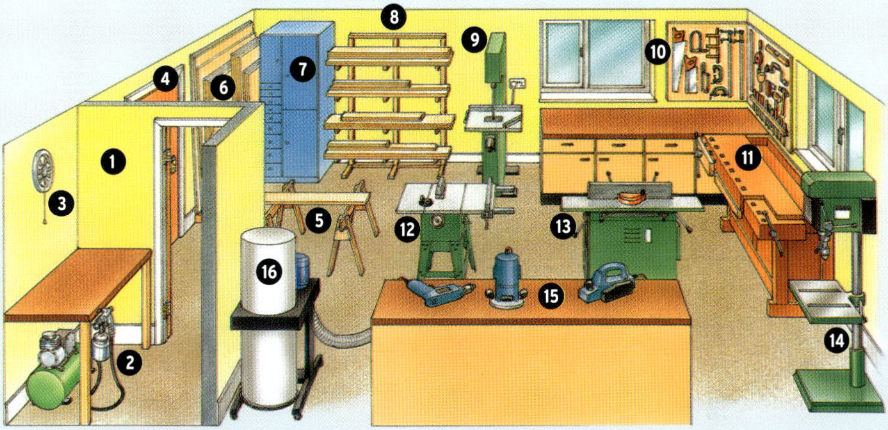

Einrichtung einer Werkstatt

1 Raum für die Endbearbeitung
Sie brauchen einen separaten Platz, der von Staub und Abfall frei bleibt.

2 Spritzanlage
Sie gehört in den Raum für die Endbearbeitung.

3 Abluft-Ventilator
Eine Abluftmöglichkeit ist bei Oberflächenarbeiten unbedingt nötig.

4 Haupteingang
Halten Sie den Raum sauber. Hier reißen Sie das Holz an, schneiden es und stellen es zusammen.

5 Sägeböcke
Einige Böcke brauchen sie zum Schneiden des Materials.

6 Materiallager
Lagern Sie Ihre Holz- und Werkstoffplatten stehend, am besten leicht schräg. Stützen Sie dünnere Platten mit dickeren.

7 Zubehörschrank
Polituren, Beizen, Leim und die dazu gehörigen Geräte verstauen Sie in Schubladen und Regalen in einem möglichst feuerfesten Schrank.

8 Holzlager
Bauen Sie sich ein offenes Regalsystem, sodass die Luft gut um Ihr Material zirkulieren kann und Sie stets sehen können, was Sie noch auf Lager haben.

9 Bandsäge
Stellen Sie das Gerät an die Wand und holen Sie die Maschine hervor, wenn Sie sie brauchen.

10 Handwerkzeug
Ihr Handwerkzeug hängen Sie an die Wand oder legen es in offene Regale oder Schränke.

11 Werkbank
Die Werkbank sollte wegen des Lichtes in der Nähe eines Fensters und nicht weit von der Säge- und Hobelmaschine stehen.

12 Tischkreissäge
Sie sollte in der Mitte der Werkstatt stehen und rundherum viel Platz zum Arbeiten bieten.

13 Dickenhobelmaschine
Für einen guten Arbeitsablauf gehört diese Maschine neben die Tischkreissäge. Sie kann auch an der Wand stehen, muss aber links und rechts genügend Platz haben.

14 Säulenbohrmaschine
Sie gehört an die Wand.

15 Elektrowerkzeug
Elektrische Handgeräte kommen in Schubladen oder in ein Regal mit Sicherungslippe.

16 Absauganlage
Wenn irgend möglich verbinden Sie alle Maschinen mit der Absauganlage.

Werkbank und Zubehör

Die Werkbank sollte stabil und eben sein und eine Höhe aufweisen, die zu Ihrer Körpergröße passt. Sie besitzt eine ebene Oberfläche und bietet mindestens einen Schraubstock, der ein Werkstück sicher festhält, sodass Sie beide Hände für die Arbeit mit Werkzeugen frei haben. Die Werkbank sollte schwer genug sein, um nicht in Vibrationen zu geraten, wenn Sie sägen oder hobeln. Manchmal ist es sinnvoll, sie im Boden oder an der Wand zu fixieren.

◀ Klassische Werkbank

Diese stabile Werkbank hat an der Rückseite eine Stoppleiste für gerade nicht gebrauchtes Werkzeug und ein großes Bord für Holz und größere Stücke. Hölzerne Schraubstöcke gibt es vorne und hinten und Löcher für Werkstückhalterungen (Bankhaken).

▶ Faltbare Werkbank

Diese Werkbank ist hilfreich, wenn es an Platz mangelt. Sie kann zusammengefaltet und weggestellt werden, wenn sie nicht benötigt wird. Die Oberfläche besteht aus zwei Schraubstock-Backen; gemeinsam mit den Plastik-Halterungen können so unterschiedlich große und geformte Werkstücke fixiert werden. Beim Sägen oder Hobeln sollte man einen Fuß auf das Trittbrett setzen, um der Werkbank mehr Stabilität zu geben. Diese Leichtkonstruktion ist natürlich nicht für dauernden Profi-Einsatz gedacht, aber sie tut ihre Dienste auch als Arbeitsfläche für andere Werkzeug-Einsätze wie etwa einer Oberflächenfräse.

Schraubstock

▶ **1** Schraubstöcke sind wichtige Teile der Werkbank, um Werkstücke zu fixieren. Normalerweise sind ein Schraubstock aus Holz oder Metall an der Frontseite und einer am Ende der Werkbank montiert. Sie werden mit einer Schraube festgeklemmt und sollten mit kräftigen Holzkeilen unterlegt werden, um das Holz der Werkbank nicht zu beschädigen. Meistens sind Befestigungslöcher schon vorgefertigt. Generell sollte man das zu bearbeitende Holzstück so tief wie möglich in den Schraubstock spannen, um starke Vibrationen beim Sägen oder Hobeln zu vermeiden.

▼ **2** Die zwei Teile der Oberfläche einer faltbaren Werkbank bilden selbst einen Schraubstock. Sie haben unterschiedliche Vertiefungen, um die verschiedensten Materialien sicher halten zu können.

Bankhaken

▼ **1** Bankhaken sind Zapfen aus Holz, Metall oder Plastik, die exakt in die vorgefertigten Löcher in der Platte der Werkbank passen, um ein Werkstück zu fixieren. Hier sind metallene Bankhaken mit Holzschutzleisten eingesetzt, um ein ovales Werkstück zu halten.

Bankhaken aus Metall

Plastik-Bankhaken

▼ **2** Plastik-Bankhaken können ohne Holzschutzleisten eingesetzt werden. Hier ist ein schräg geschnittenes Werkstück auf einer faltbaren Werkbank mit Plastik-Bankhaken fixiert.

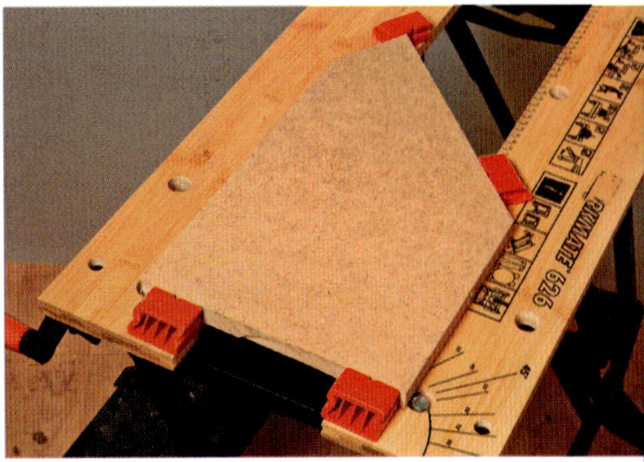

Halten und fixieren

Nichts ist wichtiger als ein Werkstück sicher zu fixieren. Wenn Sie es nicht tun, können Sie das Holz nicht effizient und sicher bearbeiten. Manchmal reichen auch Ihre beiden Hände nicht aus, um etwas zu halten. Dann brauchen Sie ein paar Geräte, die Ihnen helfen. Mit der Zeit werden Sie Ihre eigenen Tricks entwickeln.

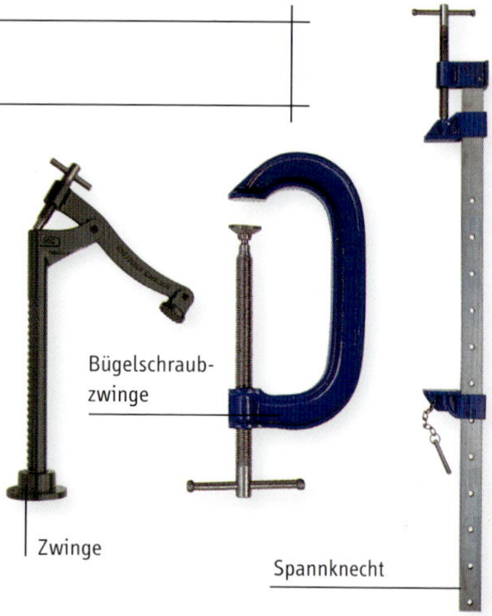

Zwingen

▼ **1** Zwingen gibt es in vielen Größen und Variationen. Bügelschraubzwingen sind vielseitig einsetzbar. Setzen Sie immer eine Holzleiste zwischen Zwinge und Holz, um das Werkstück nicht zu beschädigen. Momentschraubzwingen lassen sich schnell einsetzen, was bei Leimarbeiten wichtig ist.

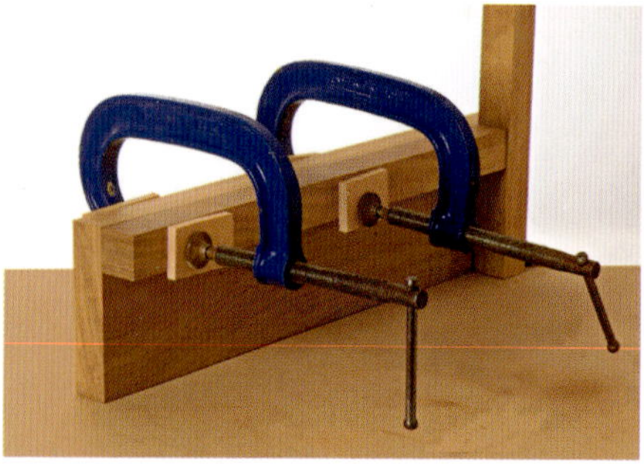

▲ **2** Spannknechte sind nützlich bei langen oder besonders breiten Werkstücken. Hier ist eine viereckige Holzleiste in einen Spannknecht gespannt und zusätzlich im Schraubstock fixiert. Das Holz kann im Spannknecht gedreht und rund gehobelt werden.

Siehe auch
Leimen und klammern,
Seite 106-107

▶ **3** Stecken Sie den Schaft der Klemme in ein Loch auf der Werkbank und klemmen Sie das Werkstück mit der Spindel fest.

▲ ▶ Das Stoppbrett

Das Stoppbrett ist ein kurzes Brett mit einem Querholz auf der Oberseite, dem Stopper, und einem anderen Querholz auf der unteren Seite am anderen Ende, dem Halter. Das Stoppbrett wird über die Kante der Werkbank gelegt und das Werkstück beim Sägen oder Hobeln gegen den Stopper gepresst.

Klebepistole und Klebeband

- Kleben Sie mit der heißen Klebepistole Ihr Werkstück vorübergehend fest, wenn der Einsatz von Schraubstock oder Zwinge nicht möglich ist. Hinterher sägen oder brechen Sie das Werkstück ab.
- Doppelseitiges Klebeband hält ein Werkstück oder eine Halterung für eine Weile ziemlich gut fest.

◀ 2 Diese Halterung aus Abfallholz ist praktisch, um die Zinken für eine Schwalbenschwanzverbindung zu schneiden.

Stopper und andere Halterungen

▲ 1 Diese Geräte werden benötigt, um das Werkstück oder auch das Werkzeug zu fixieren oder zu führen. Sie helfen eine Arbeit exakt auszuführen oder später zu wiederholen. Neben fertigen Halterungen wie etwa Schwalbenschwanz-Halterungen für Oberfräsen (siehe Seite 137) werden Sie sich möglicherweise für Ihre eigenen Probleme auch spezielle Halterungen bauen müssen. Hier dient dünnes Sperrholz auf der Werkbank als Stopper beim Hobeln.

▶ 3 Eine Spindel in einer Nut ist eine gute Halterung, um eine Scheibe zu schleifen.

Gesundheit und Sicherheit

Die Hersteller von Werkzeug und Zubehör legen ihren Produkten umfangreiche Gebrauchsanweisungen und Sicherheitshinweise bei. Lesen Sie diese sehr sorgfältig durch. Treffen Sie umfassende Vorkehrungen, damit Gefahren oder Störungen durch Staub, Abfall oder Lärm gar nicht erst auftreten können. Bannen Sie jegliche Brandgefahr, indem Sie abends Ihre Werkstatt sorgfältig reinigen und Holzreste beseitigen.

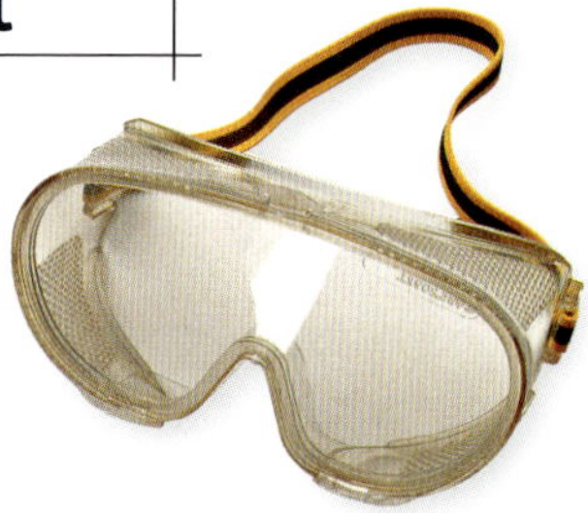

▲ **Schutzbrille**

Vor der Arbeit eine Schutzbrille oder Gesichtsmaske aufzusetzen, sollte Ihnen zur zweiten Natur werden. Augenverletzungen sind die häufigsten Probleme beim Arbeiten mit Holz, Sie sollten sich immer ausreichend schützen.

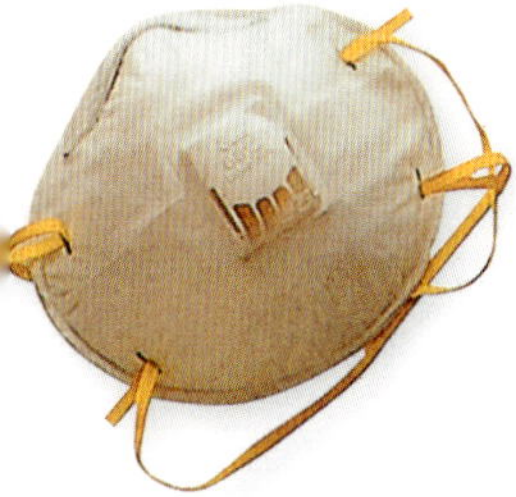

▲ **Staubmaske**

Kaufen Sie die qualitativ beste Straubmaske, die Sie finden können. Einige Modelle sind nicht so effektiv, besonders, wenn sie um die Nase herum nicht hundertprozentig abdichten. Achten Sie darauf, dass Ihre Maske einen eingebauten Luftfilter besitzt. Ein Atemschutzgerät mit eingebautem Gesichts- und Augenschutz ist als Komplettgerät die beste Wahl.

◀ **Ohrschützer**

Tragen Sie Ohrstöpsel oder Ohrschützer, wenn Sie laute Elektrogeräte wie Sägen oder Oberfräsen bedienen, um Ihr Gehör langfristig vor Schäden zu schützen. Diese weichen Ohrschützer sind nicht teuer und sollten zur normalen Arbeitskleidung gehören. Die Lärmbelästigung kann auch durch das Isolieren der einzelnen Geräte reduziert werden.

⚠ Sicherheitshinweise

- **Werkstatt:** Seien Sie sorgfältig und reinlich, das spart Zeit und verhindert Unfälle. Verstauen Sie brennbare Materialien an einem kühlen, sicheren Platz und vermeiden Sie jeden Hautkontakt mit Chemikalien und Leim. Stellen Sie einen Erste-Hilfe-Kasten bereit, installieren Sie einen Rauchmelder und Feuerlöscher, entfernen Sie regelmäßig Abfall und Holzstaub – und rauchen Sie nicht.
- **Handwerkzeug:** Achten Sie auf die Schärfe des Werkzeugs und schneiden Sie immer weg vom Körper.
- **Maschinen und Elektrowerkzeug:** Folgen Sie den Bedienungsanleitungen, im Zweifel holen Sie Rat ein. Binden Sie langes Haar zurück und tragen Sie niemals lose Kleidung. Vermeiden Sie herumliegende Kabel, achten Sie auf richtige Verbindungen und die Isolation Ihrer Elektrogeräte und stecken Sie die Stecker erst ein, wenn Sie die Geräte auch benutzen. Halten Sie Ihre Hände in sicherem Abstand von Bohrern, Cuttern und Fräsen. Denken Sie daran, dass sich ein Werkstück auch losreißen kann.

Statten Sie alle Elektrogeräte wie diese Schleifmaschine mit Staubbeuteln aus.

Nehmen Sie das größte und effektivste Absaugsystem, das für Sie möglich ist.

▲ ▶ Staubabsaugung

Feinstaub ist gefährlich. Wenn sich in einer normal großen Werkstatt die Menge eines gehäuften Teelöffels Feinstaub in der Luft verteilt und Sie sich nur 15 Minuten am Tag in diesem Raum aufhalten, haben Sie die gesundheitliche Toleranzgrenze schon weit überschritten. Genauso wie Sie eine Atemschutzmaske oder eine Staubmaske tragen, sollten Sie die Staubentwicklung bereits an der Quelle bekämpfen und Filter einsetzen. Am besten bekämpfen Sie den Staub mit Staubbeuteln und Vakuumsystemen.

Wenn der Schutzschild dieser Bohrmaschine angehoben wird, schaltet sich der Motor aus.

◀ Schutzeinrichtungen

Moderne Werkstattmaschinen sind mit einer Vielzahl von Einrichtungen ausgerüstet, um den Bediener zu schützen. Benutzen Sie sie so oft wie möglich. Erscheint Ihnen die Schutzvorrichtung zu kompliziert, rufen Sie den Hersteller-Service an, vielleicht ist die Anlage falsch eingebaut oder defekt. Auch auf dem Zubehör-Markt gibt es interessante Lösungen zum Nachrüsten, von denen Ihnen vielleicht eine zusagt.

Alle Werkzeuge zur Holzbearbeitung, ob Handgerät oder Elektromaschine, sind potenziell gefährlich. Auch wenn Schutzvorrichtungen und andere Sicherheitseinrichtungen manchmal sehr teuer sind, können sie niemals den gesunden Menschenverstand und Vorsicht und Sorgfalt ersetzen. Ein ungeschriebenes Gesetz besagt nun mal: Irgendetwas geht immer schief!

⚠ Warnung

Einige Schutzvorrichtungen in diesem Buch sind wegen der Klarheit der Darstellung auf dem Foto abgebaut. Das wird natürlich nicht empfohlen – Schutzvorrichtungen müssen immer benutzt werden!

2

Basiswerkzeug und Grundtechniken

Wie man die wichtigsten Handwerkzeuge und Elektromaschinen einsetzt

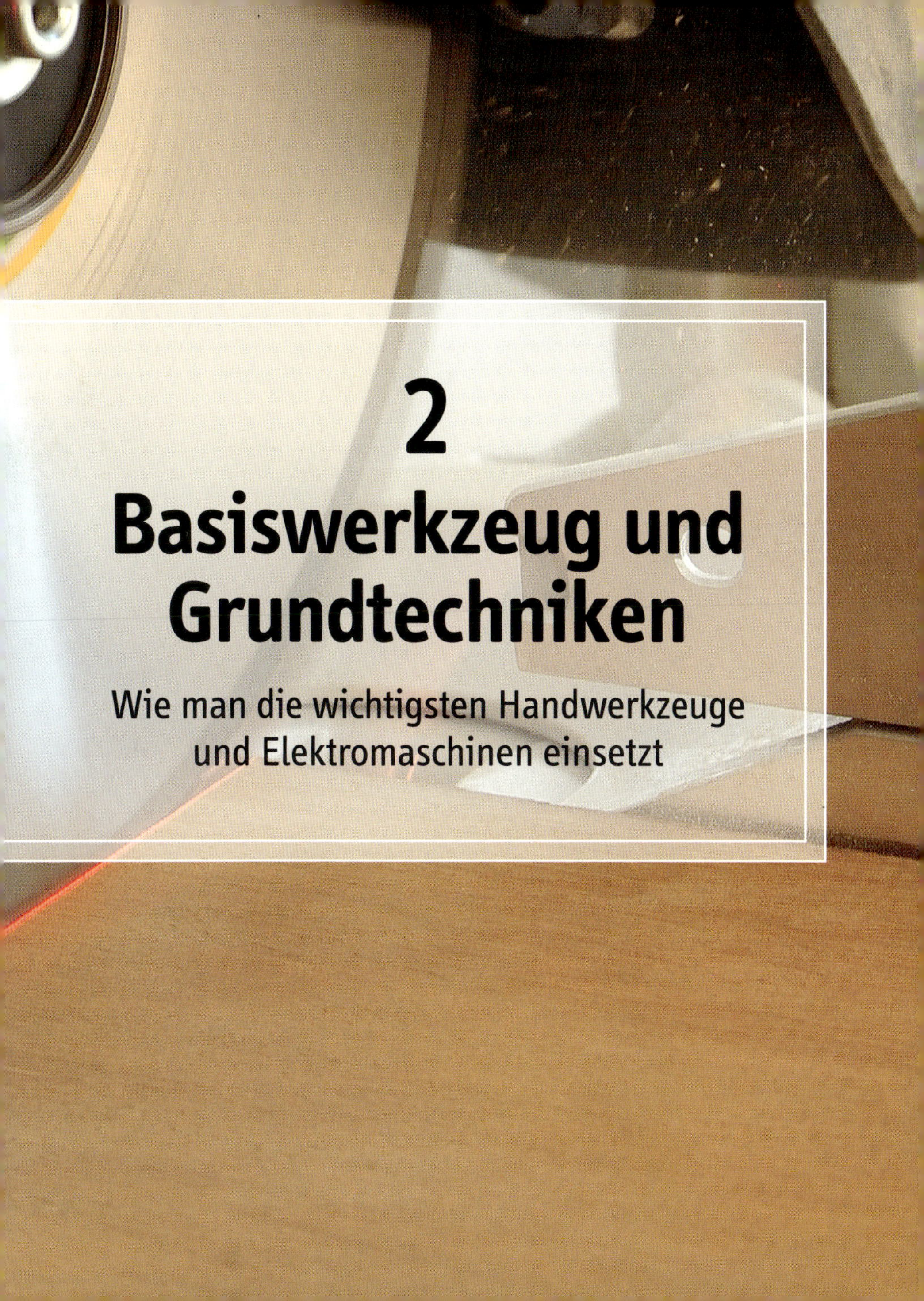

Werkzeug kaufen

Kaufen Sie immer das beste Material, es zahlt sich nicht aus, billige Geräte zu kaufen. Mit wachsender Erfahrung und steigenden Ansprüchen wächst auch die Notwendigkeit, Ihre Grundausstattung mit Spezialwerkzeugen zu komplettieren. Wahrscheinlich möchten Sie sich auch einige Elektrogeräte anschaffen.

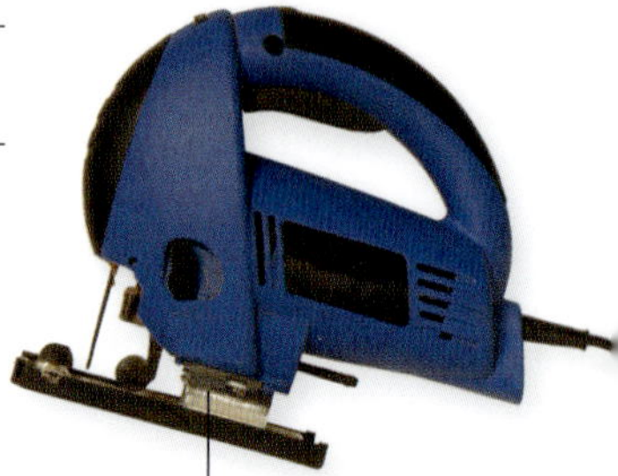

Elektro-Stichsäge

Handwerkzeug

Die meisten Geräte zur Holzbearbeitung sind Handwerkzeuge. Aber auch Geräte, die mit Muskelkraft betrieben werden, gelten als Handwerkzeug. Unter Zeitdruck möchten Sie vielleicht lieber ein Elektrowerkzeug benutzen, aber manchmal ist es viel einfacher, schneller und effizienter, ein Handgerät zu nehmen, bevor man eine Maschine einsatzbereit macht. Mit Handwerkzeugen entwickeln Sie ein viel besseres sinnliches Gefühl für die verschiedenen Hölzer. Rechts im Kasten sehen Sie eine Grundausstattung zur Holzbearbeitung.

Elektrogeräte

Geräte und Maschinen, die elektrisch oder mit Druckluft betrieben werden, erleichtern mühsame Arbeiten wie Bohren oder Meißeln und bringen Ihnen viel schnellere Ergebnisse. Außerdem bieten sie ganz neue Wege der Holzbearbeitung. Die Oberfräse und die Lamellofräsmaschine haben Möglichkeiten eröffnet, für die man sonst eine ungeheure Erfahrung und ganz spezielle Werkzeuge benötigt hätte. Ein Maschinentisch ist ein Tisch mit Haltevorrichtungen, in die man verschiedene Elektrowerkzeuge einspannen und anschließen kann, sodass man beide Hände frei hat für das Werkstück. Beachten Sie alle Sicherheitshinweise beim Umgang mit Elektrogeräten!

Eine Auswahl von Handwerkzeug

Grundausstattung

- **Halten und fixieren**
  Werkbank mit Schraubstöcken
  Bankhaken
  Auswahl an Zwingen
  Spannknechte
- **Messen und anreißen**
  Messer und Ahle
  Bandmaß
  Stahllineal
  Anschlagwinkel
  Gehrungswinkel
  Schmiege
  Meterstab / Zollstock
- **Sägen**
  Mehrzweckhandsäge
  Fuchsschwanz
  Schwalbenschwanz
  Laubsäge
- **Hobeln**
  Putzhobel oder kleiner Schrubbhobel
  Doppelhobel
- **Stemmen und meißeln**
  Schrägbeitel
  Stecheisen
  Lochbeitel
- **Bohren und hämmern**
  Bohrer und eine Auswahl von Einsätzen (Bits)
  Holzhammer
  Klauenhammer
  Schlosserhammer
  Nagelzieher
  Auswahl von Schraubendrehern
- **Schleifen**
  Schleifblock
  Schleifpapier in verschiedenen Stärken
- **Werkzeugpflege**
  Ölstein und Wasserstein

Schnurlose Geräte

Immer mehr Werkzeuge arbeiten schnurlos mit Akkukraft, störende Kabel fallen weg. Moderne Technik hat die Ladezeit der Batterien von 16 Stunden auf 5 Minuten gesenkt, einige Ladegeräte zeigen den Diagnosestand der Akkus an. Lassen Sie sie komplett entleeren und laden Sie die Zellen gleichmäßig. Einige Ladegeräte laden sogar unterschiedliche Akkus.

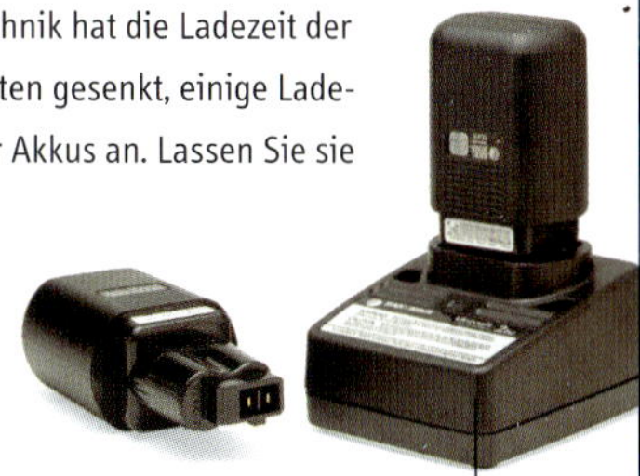

Akku und Ladegerät

Elektrowerkzeug

Siehe auch
Gesundheit und Sicherheit, Seiten 26-27

Die kleinen Kraftpakete bieten heute Möglichkeiten, die sich Tischler und Schreiner mit ihren Handgeräten früher gar nicht vorstellen konnten. Universal- oder Kombigeräte werden gern angeboten und bieten normalerweise eine Tischsäge, eine Fräse, einen Hobel und manchmal sogar eine Nutenfräse und Drehbank in einem Gerät. Besser sind jedoch Einzelmaschinen. Sie sind effektiver und leichter aufzurüsten.

Es gibt viele Typen und Größen auf dem Markt. Lesen Sie auf jeden Fall die Betriebsanleitung sorgfältig durch und beachten Sie alle Sicherheitshinweise. Versuchen Sie niemals eine Arbeit allein, wenn aus Sicherheitsgründen zwei Leute erforderlich sind. Wenn Sie keine Risiken eingehen, ersparen Ihnen die Elektrogeräte viel Zeit.

Gehrungssäge

Messen und markieren

Exaktes Messen und Anreißen sind für das Gelingen einer Arbeit ausschlaggebend, für eine Schublade beispielsweise muss man schon auf 0,5 mm genau arbeiten. Die alte Weisheit „Miss zweimal, schneide einmal" ist immer noch gültig. In der Tat kann man eine Menge Fehler und Irrtümer vermeiden, bevor man die Säge ansetzt. Achten Sie darauf, dass das Holz rechtwinklig und gerade ist, dass also alle Seiten in einem rechten Winkel zueinander stehen, bevor Sie messen und markieren. Das fundamentale Gesetz beim Messen und Markieren heißt: Prüfen, prüfen und noch mal prüfen.

Siehe auch

Halten und fixieren, Seite 24-25

Hobeln, Seite 62-71

Werkzeugpflege, Seite 92-99

Grundausstattung

Ihre Messung kann gar nicht genau genug sein. Es ist nicht so wichtig, ob Sie dafür ein Lineal aus Stahl, ein Bandmaß oder einen Zollstock und zum Anreißen eine Ahle oder einen Bleistift nehmen. Wir zeigen Ihnen hier eine Auswahl, aber es gibt natürlich noch viele andere Werkzeuge.

◄ ▲ Stahlstab und Bandmaß

Nehmen Sie ein geeichtes Stahlmaß mit sehr klaren Markierungen, die Ihnen das Ablesen erleichtern. Lineale von 150 mm, 300 mm und 600 mm Länge sind üblich. Für längere Abschnitte nehmen Sie ein ausziehbares Bandmaß, denken Sie aber daran, dass die Messung nicht ganz so exakt ist. Der Haken am Ende des Bandes ist normalerweise lose, damit er sich frei bewegen kann. Dieser Umstand und die Dicke des Hakens können bei Messungen von Innen- und Außenweiten schon zu Ungenauigkeiten führen.

▲ Marker und Anreißer

Diese drei Geräte zum Markieren und Anreißen sind Bleistift, Ahle und Markierungsmesser. Beim Bleistift werden bei Gebrauch die Linien breiter und undeutlicher. Die Nadel der Ahle bleibt zwar ständig spitz und scharf, die Linie zerfasert aber, wenn die Ahle über die Maserung geht. Das Anreißmesser produziert die exakteste Linie, beim Anzeichnen in den Längsfasern der Maserung kann es aber in Nachbarrillen rutschen. Generell sollten Sie einen Bleistift für alle Konstruktionslinien benutzen und das Messer (quer zur Maserung) und die Ahle (in Richtung der Fasern) für alle Linien, die Sie hinterher aussägen.

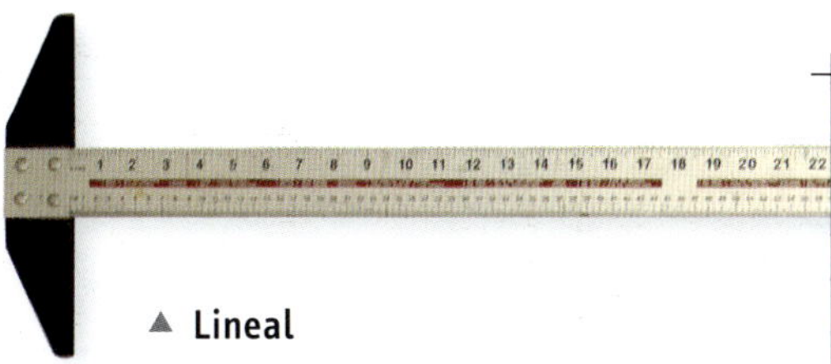

▲ Lineal

Ein langes Lineal wie dieses mit Anschlag ist gut, um auf glatten Oberflächen lange Linien zu ziehen. 1000 mm ist eine praktische Größe.

Wichtig

Konzentrieren Sie sich auf Ihre Arbeit, hetzen Sie nicht. Arbeiten Sie niemals nach Alkoholgenuss, und nie, wenn Sie müde sind oder Medikamente eingenommen haben, die Müdigkeit hervorrufen können. Nehmen Sie eine bequeme Haltung ein und beugen Sie sich nicht zu weit vor.

Basistechniken

Nehmen Sie einen Bleistift, um die ungefähren Größen Ihres Werkstücks anzuzeigen, für das genaue Anreißen benutzen Sie aber besser ein Messer oder die Ahle. Die meisten Fehler passieren, wenn zwei oder mehr Werkstücke in den gleichen Maßen nacheinander angerissen werden müssen. Kleine Ungenauigkeiten werden dann zu groben Fehlern, sodass zum Schluss die Teile nicht mehr passen. Die einfachste Lösung wäre, auf die gewünschten Maße Stäbe zuzuschneiden und diese als Schablonen zu benutzen.

▶ Anreißen mit dem Messer

Ein Markierungsmesser zieht eine exakte Linie quer zur Holzfaserung, die dann für das folgende Sägen oder Fräsen gut zu erkennen ist. Die Klinge des Messers ist zu einer Seite abgeschrägt und sollte rasiermesserscharf gehalten werden. Ziehen Sie die flache Seite der Klinge an einer Stahlschiene oder einem anderen Messinstrument entlang. Die Schräge drückt die Klinge gut an die Schiene, wenn Sie die Linie ziehen. Spreizen Sie Ihre Finger auf der Stahlschiene, damit sie nicht verrutscht. Drücken Sie aber nicht zu kräftig.

Eine Ahle benutzen

◀ **1** Die Ahle ist am besten geeignet, um Linien im Verlauf der Maserung zu ziehen. Nehmen Sie den Griff der Ahle in die Hand, der Führungsfinger zeigt in Richtung Dorn. Setzen Sie den Dorn an eine Stahlschiene und ziehen Sie dann die Ahle an der Schiene entlang. Wenn die Schiene nicht lang genug ist, nehmen Sie ein Lineal oder ein langes gerades Brett.

▶ **2** Eine Ahle können Sie auch benutzen, um Bohrlöcher in der Holzoberfläche zu markieren.

Kurven messen und markieren

◄ **1** Für kleine Kreise und Bögen nehmen Sie am besten einen Zirkel. Zuerst messen Sie mit dem Zirkel den Radius von der äußeren Brettkante zum Mittelpunkt des Kreises. Das bedeutet, dass Sie ganz einfach den einen Zirkelschenkel an die Brettkante halten und mit der Spitze des anderen Schenkels den Mittelpunkt einstechen. Jetzt ziehen Sie den ganzen Kreis durch.

◄ **2** Für größere Kreise bauen Sie sich eine Schablone aus Abfallholz mit zwei Löchern. Durch ein Loch kommt ein Nagel, um damit den Mittelpunkt des Kreises zu fixieren, durch das andere ein Bleistift.

► **3** Um den Mittelpunkt eines kreisrunden Stück Holzes, etwa einer Drechselscheibe, zu finden, bauen Sie sich eine kleine Schablone. Sie hat zwei Arme im Winkel von 90° zueinander und einen dritten Arm in der Mitte mit 45° zu den beiden anderen. Legen Sie die Schablone an zwei Stellen des Kreisstücks an und zeichnen Sie jeweils die Mitte an. Wo sich beide Markierungen überlappen, ist der Mittelpunkt.

Richtpunkte

Viele Fehler bei der Holzbearbeitung entstehen, weil die verschiedenen Oberflächen des Holzstücks durcheinander gebracht werden. Also sollten Sie sie eindeutig mit Bleistift markieren. Die beste Oberfläche sollte mit einer Schleife markiert werden, deren Schwanz zur besten Kante zeigt. Die beste Kantenseite wiederum bekommt einen Pfeil, der zur Schleife zeigt, Alle Messungen machen Sie dann von diesen Richtpunkten aus. Abfallteile zum Abschneiden sollten klar gekennzeichnet werden.

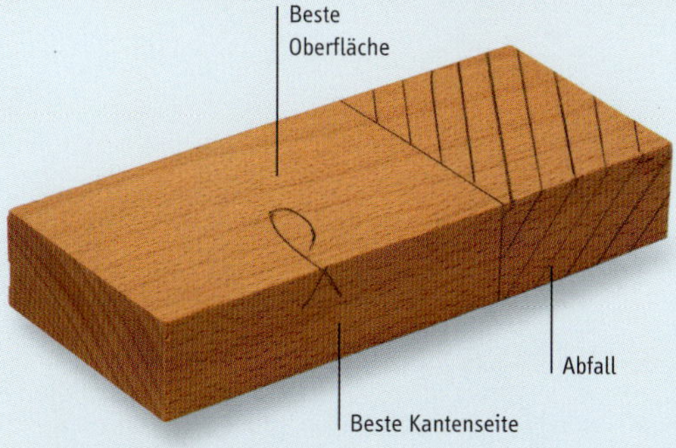

Messlatten

▶ **1** Eine Messlatte ist jedes flache, gerade Stück Holz, das man als Schablone benutzen kann. Markieren Sie die gewünschte Länge auf der Latte oder schneiden Sie die Leiste auf die gewünschte Länge zu. Danach können Sie die Maße mit der Schablone so oft Sie wollen auf Werkstücke übertragen.

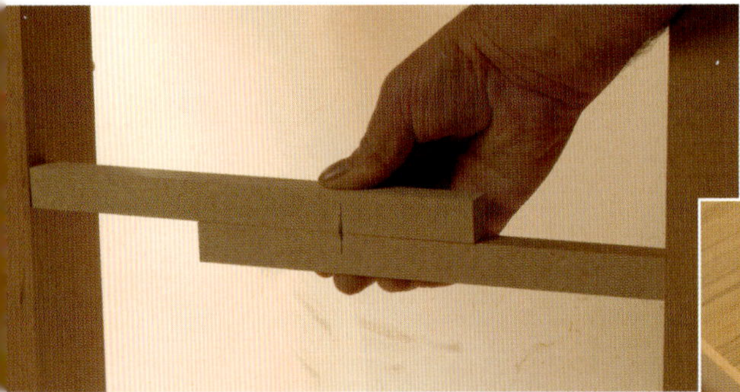

◀ **2** Nehmen Sie zwei Messlatten, um die Innenmaße zu ermitteln. Markieren Sie die Latten, wo sie sich überlappen.

▶ **3** Mit den überlappten Messlatten übertragen Sie die gewünschte Länge auf das Werkstück.

◀ Brettriss

Ein Brettriss (im Englischen Story Stick) ist eine komplexere Version der Messlatte. Alle Einzelteile eines Projekts werden ausgemessen und auf diesem Brett mit allen Einzelheiten und Informationen markiert. Sie brauchen dann beim Markieren immer nur dieses Brett anzulegen. Möglicherweise brauchen Sie für Vorder- und Rückseite und für Senkrecht- und Horizontalmaße je ein Brettriss.

Schublehren

▶ **1** Schublehren sind ideal, um innere, äußere und Tiefenmaße ganz exakt zu nehmen. Digitale Schublehren, die die Maße auf einem Display anzeigen, sind am einfachsten.

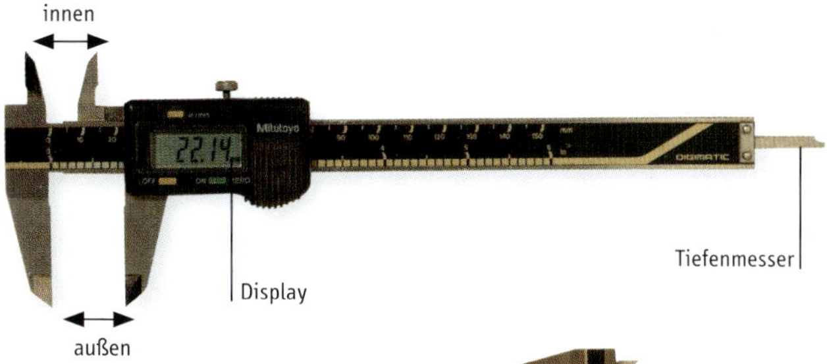

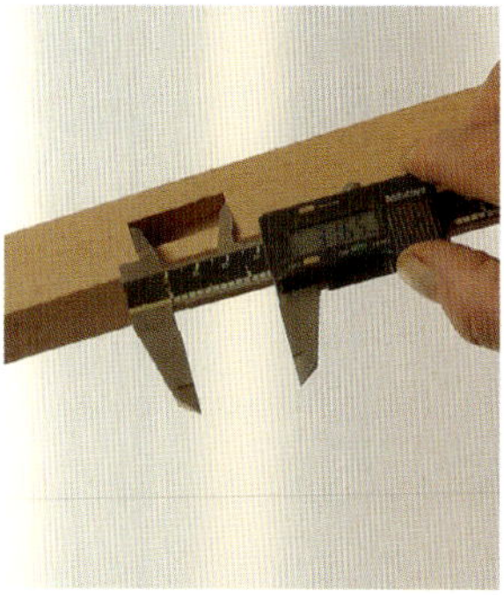

▲ **2** Mit den äußeren Armen messen Sie einen Zapfen oder Zinken.

▲ **3** Mit den inneren Armen messen Sie die Schwalbe oder andere Nuten.

▲ **4** Mit dem Tiefenmesser können Sie die Höhe des Sägeblatts messen.

Dreiecksmarkierung

Eine Dreiecksmarkierung ist eine gute Methode, um Werkstücke zu kennzeichnen, damit sie später wieder korrekt zusammengestellt werden können. Sie ist besonders nützlich, wenn es viele und zum Teil identische Stücke gibt, etwa bei einem Satz Schubladen. Malen Sie einfach ein Dreieck auf die Frontseiten von jedem Teilesatz, entweder nach oben oder unten. Zusätzliche Unterstreichungen markieren jeweils einen Satz Duplikate.

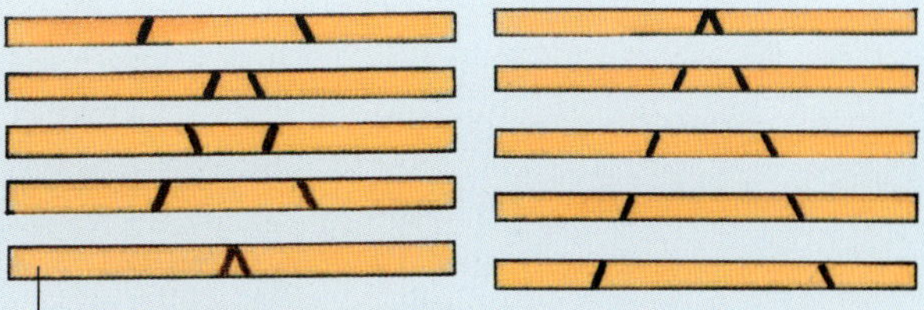

Leisten einer Tischplatte in falscher (links) und richtiger Reihenfolge (rechts).

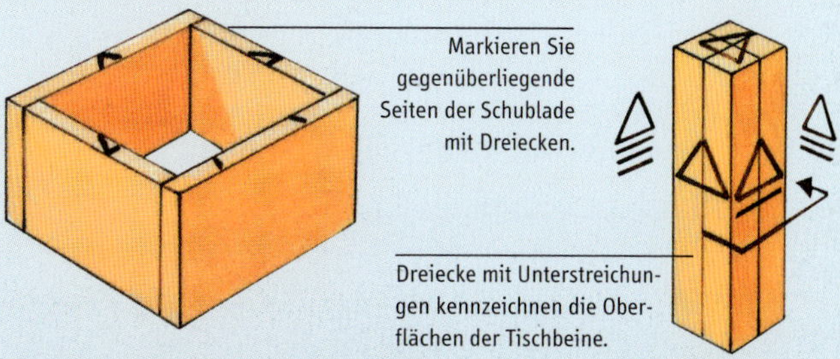

Anreißen mit Winkeln

Winkelmesser braucht man, um Linien in einem präzisen Winkel zu einer Kante anzureißen, ebenso, um die Winkel von Werkstücken zu überprüfen. Nehmen Sie einen Anschlagwinkel für 90°-Messungen, einen Gehrungswinkel für 45° und eine Schmiege für alle anderen. Alle gibt es in verschiedenen Längen.

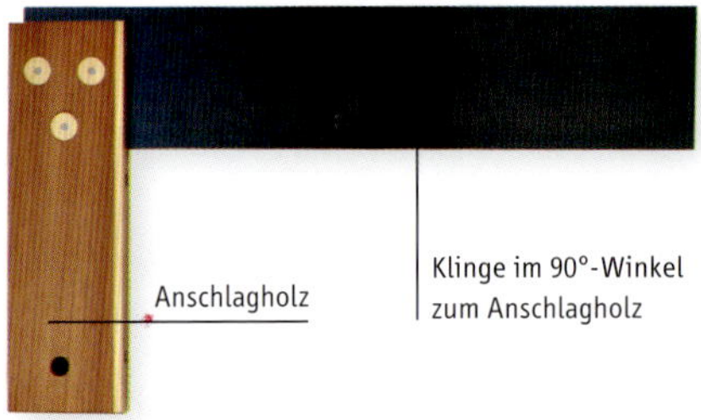

◀ ▲ Anschlagwinkel

Messen Sie an der Kante des Holzes den Punkt aus, an dem Sie die 90°-Linie setzen möchten. Drücken Sie das Markiermesser an diesem Punkt leicht in das Holz und schieben Sie die Klinge des Anschlagwinkels hoch bis zum Messer. Pressen Sie den Holzarm gegen die Holzkante und ziehen Sie mit dem Messer eine Linie an der Messklinge entlang.

▲ Präzision wiederholen

Um mehrere identische Werkstücke zu markieren, klemmen Sie sie einfach zusammen und ziehen Sie die Linien an der Messklinge entlang in einem Zug über alle Leisten.

Anschlagwinkel überprüfen

Ein Anschlagwinkel kann ungenau anzeigen, wenn er falsch behandelt wurde oder zu Boden gefallen ist. Um den 90°-Winkel zu testen, legen Sie den Anschlagwinkel mit dem Holzarm exakt an die Längsseite einer glatten, geraden Holzleiste. Ziehen Sie jetzt mit einem Kugelschreiber an der Klinge entlang eine Linie über das Holz. Drehen Sie den Anschlagwinkel um, halten Sie den Holzarm an die gleiche Kante der Leiste. Stimmt die Klinge noch mit der Kugelschreiberlinie überein, ist der Anschlagwinkel noch in Ordnung.

◄ ► Gehrungswinkel

Einen Gehrungswinkel benutzen Sie genauso wie einen Anschlagwinkel, allerdings für 45°-Messungen. In diesem Fall sind beide Werkzeuge eingesetzt worden, um einen Gehrungsschnitt anzuzeichnen.

► Schmiege

Eine Schmiege kann auf jeden Winkel eingestellt werden. Wie beim Anschlagwinkel soll der Holzarm an der Holzkante eng anliegen.

◄ ► Kombianschlag

Ein Kombinationsanschlag vereint einen Anschlagwinkel, einen Gehrungswinkel und ein Stahllineal. Er ist meist nicht so präzise wie Einzelwinkel und außerdem schwerer und fummeliger, kann aber manchmal ganz nützlich sein.

Sägestärke

Wenn Sie zwei oder mehr Stücke von einem Brett sägen müssen, denken Sie daran, den Platz für den Sägeschnitt mit zu berücksichtigen und entsprechend zu markieren. Die Kerbe, die das Sägeblatt schneidet, ist immer breiter als das Sägeblatt selbst. Ziehen Sie die Linien über beide Oberflächen und die Kanten, um die Säge zu führen.

Streichmaße und Lehren

Mit einem Streichmaß können Sie parallele Linien zu einer Kante ziehen. Das Streichmaß besteht aus einem Anstecklotz mit einer (manchmal auch mehreren) Zunge(n), in der eine Stahlreißnadel zum Markieren steckt. Die Zunge kann mit einer Flügelschraube arretiert werden.

▲ ▶ Streichmaß

Messen Sie mit einem Metalllineal die gewünschte Distanz zwischen Klotz und Reißnagel, also den Abstand, den die Parallellinie von der Kante des Werkstücks haben soll. Fixieren Sie die Zunge des Streichmaßes mit der Flügelschraube und halten Sie Zunge und Klotz noch mal zu Überprüfung und Nachjustierung an die Kante des Werkstücks. Drücken Sie den Klotz an die Holzkante und führen Sie das Streichmaß von sich fort. Der Reißnagel ist von Ihnen weggekippt und soll die Holzoberfläche nur ritzen. Machen Sie mehrere leichte Durchgänge statt eines mit zu viel Druck.

Linien kalken

Auf Werkstücken mit runden oder unregelmäßigen Kanten können Sie kein Streichmaß einsetzen. Spannen Sie einen langen gekalkten Faden über das Brett. Dann zupfen Sie daran, damit er einen Kalkstreifen auf das Holz überträgt.

▼ Schneidmaß

Ein Schneidmaß hat statt des Reißnagels eine Klinge wie bei einem Markiermesser. Es eignet sich zum Schneiden von Furnieren und für Querlinien auf Maserungen.

▲ ▶ Zinkenmaß

Ein Maß für Zinken, Zapfen oder Nuten hat zwei Reißnägel auf der Zunge. Wenn Sie die Reißnägel in einem gewünschten Abstand zueinander und in der nötigen Distanz vom Ansteckklotz fixieren, können Sie beide Linien anreißen, die Sie für Nuten oder Schwalben benötigen. Die Linien für die Nuten müssen immer von der gleichen Kante markiert werden.

Korrekt teilen

An diesem Beispiel sehen Sie, wie man ein Brett in vier gleichmäßige Leisten teilt. Das gleiche Prinzip können Sie fast überall anwenden. Legen Sie ein Lineal in einem Winkel schräg über das Brett, sodass die 0 auf der unteren Kante aufliegt und eine Maßeinheit, die am besten durch 4 teilbar ist, mit der oberen Kante abschließt, in diesem Fall 16. Markieren Sie jetzt die Punkte 4, 8 und 12 des Lineals auf dem Brett und ziehen Sie mit dem Streichmaß parallele Linien durch die Teilungspunkte.

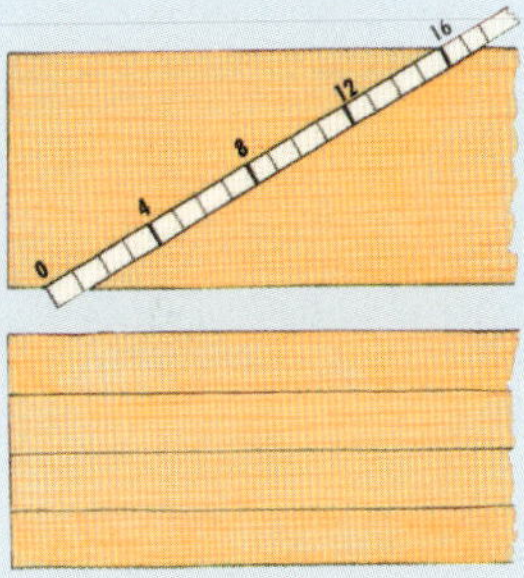

◀ ▼ Behelfsmaß

Halten Sie einen Bleistift oder ein Markiermesser an das Ende eines Kombiwinkels und ziehen Sie den an der Holzkante entlang. Wenn es nicht auf absolute Präzision ankommt, können Sie den Stift auch in die Hand nehmen und mit den Fingern die Kante entlangfahren.

▶ Profilmaß

Mit einem speziellen Profilmaß können Sie Muster und Verzierungen abnehmen und wie mit einer Schablone auf ein Werkstück kopieren.

Sägen

Die Säge ist eines der ältesten Werkzeuge, ihre Wirkungsweise ist sehr einfach. Auf einer Stahlklinge sitzt eine Reihe von nach außen geneigten Zähnen, die in bestimmten Winkeln geschärft sind. Der Winkel hängt von der Aufgabe ab, die die Säge erfüllen soll. Je mehr Zähne auf einem Zentimeter, umso feiner wird der Schnitt. Die Schnittbreite der Säge ist um Bruchteile breiter als das Sägeblatt selbst, damit sie beidseitig vom Schnittholz frei kommt. Exaktes Sägen mit der Hand setzt viel Erfahrung voraus und verlangt Sorgfalt, aber keine Kraft. Zusätzlich gibt es eine Vielzahl von elektrischen Sägen für schnelles, akkurates und leichtes Arbeiten. Suchen Sie sich das Werkzeug aus, das zu Ihnen und Ihrer Arbeit am besten passt.

Siehe auch

Halten und fixieren, Seiten 24-25

Messen und markieren, Seiten 32-41

Werkzeugpflege, Seiten 92-99

Verschiedene Sägeschnitte

Einen Querschnitt nennt man den Schnitt im Winkel von 90° zu den angrenzenden Flächen und Kanten. Das Holz kann aber in vielerlei Winkeln geschnitten werden, um Gehrungen oder Fasen zu erzielen. Mit einigen Sägen kann man auch Kurven und Rundungen schneiden. Die Nuten, Kehlungen und Falze, die die Grundlagen vieler Holzverbindungen sind, können ebenfalls mit verschiedenen Sägen hergestellt werden.

▶ Längs- und Querschnitt

Schnitte parallel zur Faser heißen Längsschnitte, Schnitte quer zur Faser sind Querschnitte.

▶ Schnittwinkel

Eine Gehrung erzielt man, wenn man das Holz in einem Winkel von 45° schneidet, Alle anderen Winkel außer 45 und 90° heißen Fasen. Wenn das Holz in zwei verschiedenen Winkeln beschnitten wird, nennt man das einen Winkelschnitt.

▼ Nuten und Falze

Eine Nut ist eine längs zur Holzfaser geschnittene Vertiefung im Holz, eine Quernut wird quer zur Faser geschnitten. Nuten können auf viele Arten geschnitten werden, etwa, indem man mit einer Rückensäge oder einem Fuchsschwanz die beiden Kanten des Kanals aussägt und dann das Holz dazwischen mit einem Beitel entfernt oder die Nut mit der Maschine sägt. Eine Stufe am Ende oder an der Seite des Werkstücks ist ein Falz.

Die richtige Säge

Alle Schnitte kann man mit Handsägen machen. Eine Allzwecksäge, ein paar Rückensägen in verschiedenen Größen und eine Spannsäge ergeben schon eine gute Basisausrüstung. Wenn Sie sich eine Elektrosäge zulegen wollen, helfen Ihnen unsere Tipps im Kasten weiter.

Sägetyp	Pro	Kontra
Dekupier- oder Motorlaubsäge (Seite 49)	Schwierige Formen, enge Winkel, kurvige und innere Schnitte	Eignet sich nur für kleinere Stücke
Stichsäge (Seite 50)	Kurvige, gerade, innere und Winkelschnitte, kann freihändig benutzt werden; auch schnurlos	Nicht so präzise wie Maschinenschnitte bei geraden und Winkelaufgaben
Tragbare Kreissäge (Seite 51)	Gerade und Winkelschnitte; schnurlos im Angebot	Nicht so präzise wie eine feststehende Maschine
Tischkreissäge (Seiten 52-55)	Ideal für Längsschnitte; kann genauso gut Querschnitte und Gehrungen, Fasen und andere Winkel, Nuten, Quernuten und Falze schneiden; kraftvoll und akkurat	Vorsicht ist geboten, Rückschlaggefahr! Braucht Ordnung und Sauberkeit ringsherum, daher großer Platzbedarf. Querschnitte durch die Breite des Tisches begrenzt, Schiebetische können aber Abhilfe schaffen
Gehrungssäge (Seiten 56-57)	Extrem präzise Querschnitte, Gehrungs-, Fasen- und andere Winkelschnitte; kann auch Quernuten und Falze schneiden; schnell einsatzbereit; tragbar	Längsschnitte nicht möglich
Ausleger-Kreissäge (Seiten 58-59)	Hervorragend für Querschnitte, macht auch Längsschnitte, Gehrungen, Fasen und andere Winkelschnitte, Nuten und Quernuten und Falze; kann an die Wand gelehnt werden; Zubehör auch für andere Aufgaben	Größte Vorsicht ist angebracht, das Sägeblatt hängt frei und bewegt sich; ist allerdings durch den Ausleger begrenzt, sodass Längsschnitte großer Flächen mühsam sind
Bandsäge (Seiten 60-61)	Ideal für Rundungen; macht auch Längs- und Querschnitte, Gehrungen, Fasen, andere Winkelschnitte und Falze; relativ leise und sicher; das Blatt sägt nach unten; kann dickes Holz schneiden	Gerade Linien schneidet die Maschine nicht so sauber und schnell wie andere Maschinen

Blätter für die Kreissäge

◀ ▶ Sägeblätter

Sägeblätter gibt es für eine Vielzahl von Aufgaben, vom Längsschnitt zum Querschnitt und zum Allzweckgebrauch, einige erzeugen sogar eine glatte Oberfläche. Einige werden entsorgt, wenn sie stumpf geworden sind, etwa Blätter der Stichsäge; andere, wie Kreissägeblätter, können nachgeschärft werden. Auf jeden Fall sollten Sie Sägeblätter mit gehärteten Zähnen kaufen. Sie sind zwar teurer und können nur professionell geschärft werden. Sie halten aber viel länger und schneiden erheblich besser.

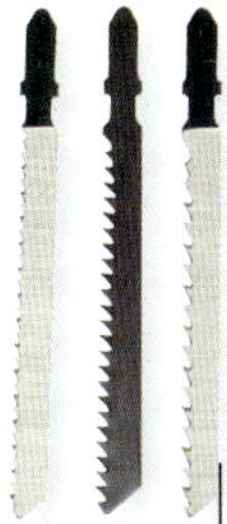

Blätter für die Stichsäge

▶ Sicherheit

Benutzen Sie Halterungen und entsprechendes Werkzeug, um das Holz in die Maschine zu schieben. Halten Sie Ihre Hände weg vom Sägeblatt. Ein Schiebestock aus Hartholz oder Sperrholz hat eine Aussparung zum Schieben des Werkstücks auf der einen Seite und einen runden Handgriff auf der anderen Seite.

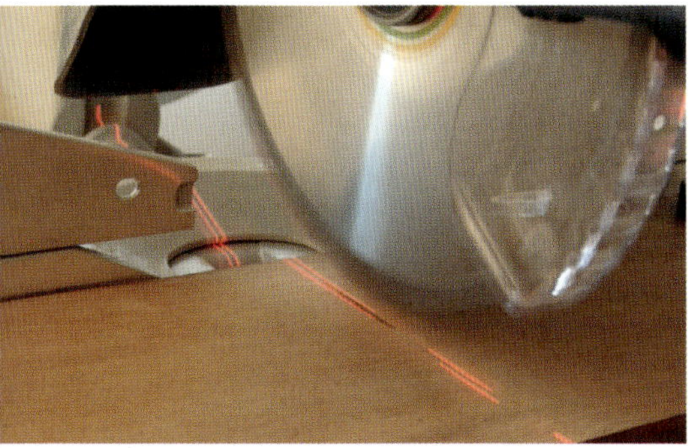

▲ Laserführung

Viele Elektrosägen wie Stichsägen oder Gehrungssägen werden schon mit Laserführungen ausgestattet. Sie können sie aber auch nachträglich kaufen und am Gerät anbauen. Der Laser zeigt mit einem schmalen roten Lichtstrahl den Schnittpfad an, manche zeigen auch mit zwei Richtstrahlern die Breite der Schnittkerbe an.

Tipps für die Handsäge

- Legen Sie das Sägeblatt so an, dass der Schnitt zur Abfallseite ausgeführt wird, sonst müssen Sie die Dicke des Sägeblatts von der Stärke des Werkstücks abziehen.
- Risse entstehen oft zum Schluss des Schnitts, wenn das Schneidblatt die letzten Fasern mitreißt. Sägen Sie so, dass mögliche Ausrisse an der nicht sichtbaren Holzseite entstehen.
- Sägen Sie nicht zu eng an der Kante, halten Sie mindestens 6 mm Abstand. Die Fasern können sonst leicht zerreißen.
- Stabilisieren Sie das Werkstück zum Ende des Schnitts, damit es nicht brechen und splittern kann.

Handsäge

Handsägen benutzt man, um Holz und Werkstoffplatten in kleinere Teile zu schneiden. Sie unterscheiden sich in der Zahl und in der Winkelstellung der Schneidezähne, was davon abhängt, ob sie mit der Faser oder quer dazu schneiden sollen. Spalt- oder Längsschnittsägen schneiden mit der Faser, Ablängsägen quer. Allzwecksägen können beides. Alle Typen gibt es in unterschiedlichen Klingenlängen.

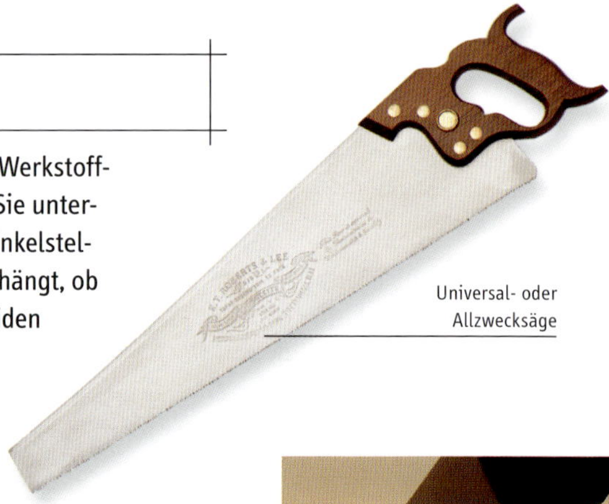

Universal- oder Allzwecksäge

Mit der Hand sägen

◄ **1** Fixieren Sie das Werkstück auf der Werkbank oder stützen Sie es auf einem Sägebock oder einem anderen Untergrund mit dem Knie fest ab. Halten Sie den Handgriff fest, der Zeigefinger zeigt nach vorn für eine bessere Kontrolle. Setzen Sie die Klinge in einem Winkel auf die entfernte Kante auf die Abriebkante der Schnittlinie.

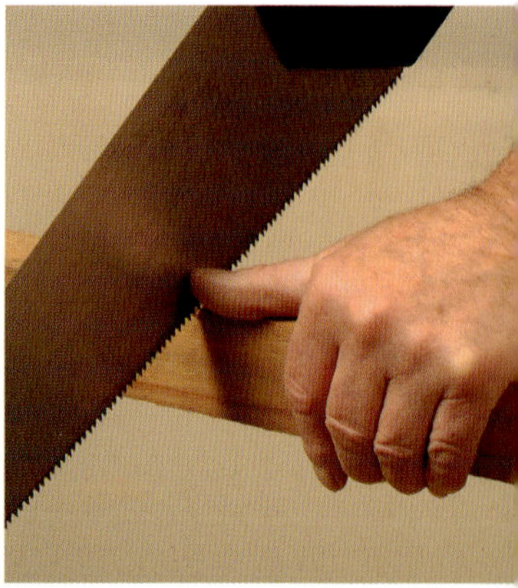

▲ **2** Machen Sie ein paar kurze Schnitte rückwärts, um das Holz einzukerben. Führen Sie die Klinge mit dem Daumen.

► **3** Gehen Sie zu langen gleichmäßigen Vor- und Rückwärtsschnitten über. Halten Sie Ihren Blick genau über der Klinge und in exakter Richtung mit dem Schnitt. Eine gute Säge sollte schon aufgrund ihres Eigengewichts leicht ins Holz gehen. Ihre Aufgabe ist es, die Säge zu führen, nicht sie herunterzudrücken. Wenn alles sehr rau klingt und sich mühsam anfühlt, sägen Sie möglicherweise in einem falschen Winkel. Stecken Sie ein kleines Stück Holz in den Spalt, wenn die Säge droht festzuklemmen.

Rückensäge

Rückensäge

Schwalben-
schwanzsäge

Rückensägen haben am Rücken der Klinge eine Schiene aus Stahl oder Messing, um dem Sägeblatt mehr Stabilität zu geben, und sind besser zu kontrollieren als eine Handsäge. Sie haben auch mehr feinere Zähne für einen saubereren und feineren Schnitt. Nehmen Sie die Rückensäge zum Ablängen und zum Schneiden von Verbindungen. Eine Zapfensäge ist die beste Rückensäge für alle Zwecke. Der Name sagt schon, dass man mit ihr sehr gut Zapfen schneiden kann. Eine Schwalbenschwanzsäge ist eine Zapfensäge im Kleinen für Feinarbeiten und – natürlich – für Schwalbenschwänze.

Arbeit mit der Rückensäge

◄ **1** Sichern Sie das Werkstück, in diesem Fall ist ein Bankhaken verwendet. Lassen Sie die markierte Schnittlinie mit dem Stopper des Bankhakens abschließen. Nehmen Sie den Sägegriff fest in die Hand, der Zeigefinger übernimmt zusätzlich Führung. Mit der anderen Hand drücken Sie das Holz gegen den Stopper des Bankhakens. Ziehen Sie jetzt auf der Abfallseite des Werkstücks die Säge über die Kante ein paar Mal vorsichtig zu sich, um den Schnitt einzuleiten. Behalten Sie Säge und Schnittrichtung stets im Auge.

► **2** Wenn der Schnitt steht, bewegen Sie die Säge parallel zur Oberfläche und ziehen sie zügig durch, um einen Schnittkanal zu schaffen. Dann schneiden Sie durch bis zum Ende.

▼ **3** Alternativ können Sie das Werkstück im Schraubstock fixieren und mit beiden Händen sägen.

Spannsäge

Spannsäge bestehen aus einem dünnen Sägeblatt, das in einem Rahmen gehalten wird. Während Hand- und Rückensägen nur gerade Schnitte durchs Holz sägen können, kann das Sägeblatt der Spannsäge gedreht werden, sodass Sie in jede Richtung sägen können. Nehmen Sie die Säge, um ganz feine Linien und Kurven zu schneiden. Eine Laubsäge ist eine gute Universal-Spannsäge und besonders effektiv beim Säubern von Schwalbenschwänzen, wenn eine Rückensäge zu groß ist.

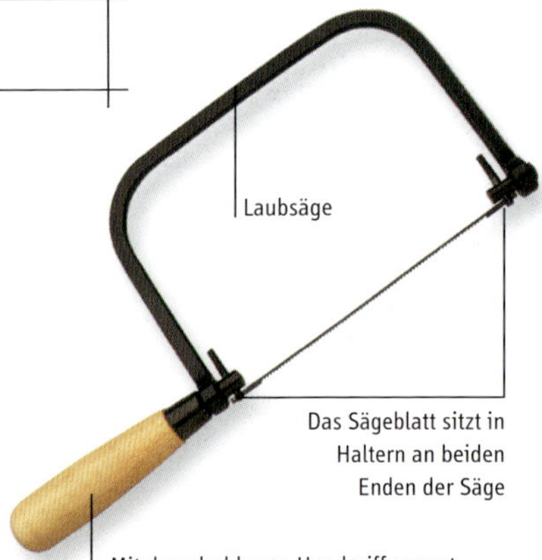

Arbeiten mit der Laubsäge

◀ **1** Fixieren Sie das Werkstück in einem Schraubstock, damit Sie beide Hände frei haben. Um eine innere Form auszusägen, bohren Sie in die Schnittlinie ein Starterloch. Lockern Sie den Sägerahmen, nehmen Sie ein Ende des Sägeblatts aus einer Halterung und stecken Sie es durch das Starterloch. Drücken Sie den Rahmen leicht gegen Ihre Hüfte, pressen Sie ihn etwas zusammen und setzen Sie das Sägeblatt wieder in die Halterung ein. Drehen Sie den Handgriff, um Rahmen und Sägeblatt wieder zu spannen. Achten Sie auf richtigen Sitz der Halterungen, damit das Blatt nicht wackeln kann.

▶ **2** Halten Sie die Säge mit beiden Händen und sägen Sie zügig entlang der Schnittlinie. Das Sägeblatt kann im Rahmen gedreht werden, sodass die Säge jede gewünschte Linie arbeiten kann. Drehen Sie den Handgriff, um das Blatt zu lösen oder zu fixieren. Nehmen Sie ein Ende wieder aus der Halterung, um die Säge nach Arbeitsende wieder aus dem Werkstück zu nehmen.

Dekupiersäge

Die Dekupiersäge ist die motorisierte Laubsäge. Sie hat ein preiswertes Einmalblatt, das mit hoher Geschwindigkeit auf- und niederfährt. Sie wird wie die Laubsäge zum Schneiden enger Winkel und aller möglichen Kurven und Rundungen und Formen eingesetzt. Der Tisch kann gekippt werden, um Fasen zu schneiden. Die Säge sollte auf der Werkbank oder auf einem Ständer montiert sein.

Arbeiten mit dem Gerät

◄ **1** Halten Sie sich an die Bedienungsanleitung, um die richtige Klingengröße für das Material zu wählen, das Sie sägen wollen. Um einen Innenschnitt zu machen, bohren Sie ein Loch in das zu beseitigende Holz, nehmen das Sägeblatt aus der Halterung der Maschine und stecken es durch das Loch. Dann wieder in die Halterung setzen.

▲ **2** Drücken Sie das Werkstück auf den Tisch und lassen Sie das Sägeblatt an der Markierung entlanglaufen. Halten Sie die Hände weg von der Säge. Sägen Sie langsamer vor Kurven oder engen Winkeln, damit die Säge genug Platz schaffen kann, dann wechseln Sie die Richtung.

▲ **3** Um eine Fase zu schneiden, kippen Sie den Tisch in den gewünschten Winkel, dann sägen Sie ganz normal.

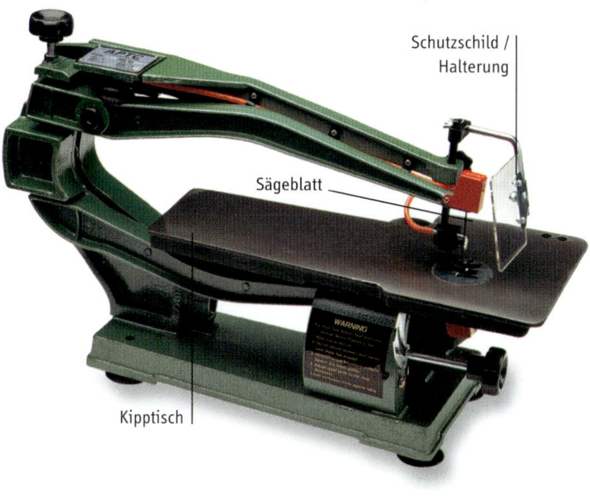

Schutzschild

Der Schutzschild vor dem Sägeblatt kann herumgedreht und als Halterung benutzt werden, etwa bei dünnen Werkstücken, damit sie nicht vibrieren.

Stichsäge

Die Stichsäge ist ein vielseitiges Werkzeug, um gerade, kurvige oder Winkelschnitte zu machen. Bei den meisten Geräten kann die Geschwindigkeit, die Hubrichtung (Auf und Ab) und Vor- und Rücklauf eingestellt werden. Die Stichsäge ist leicht zu bedienen, wenn Sie den richtigen Druck gefunden haben, um die Maschine gegen das Holz zu pressen. Bei falschem Druck wandert die Maschine durch die nach oben sägenden Zähne hoch.

◀ **Stichsägeblätter**
Die Sägeblätter sind Einmalblätter und leicht zu wechseln. Es gibt sie in den verschiedensten Größen für die unterschiedlichsten Materialien.

Arbeiten mit der Stichsäge

◀ **1** Wenn Sie Kurven sägen wollen, setzen Sie die Maschine auf die Linien, stellen sie an und sägen freihändig. Für enge Kurven sägen Sie gerade Schnitte in das Abfallholz bis zur Kurve, dann folgen Sie der Kurvenlinie.

▲ **3** Für gerade Schnitte führen Sie die Säge an einer angeklemmten Leiste entlang oder am Anschlag, der zur Maschine gehört. Um Winkelschnitte zu machen, können Sie die Säge kippen.

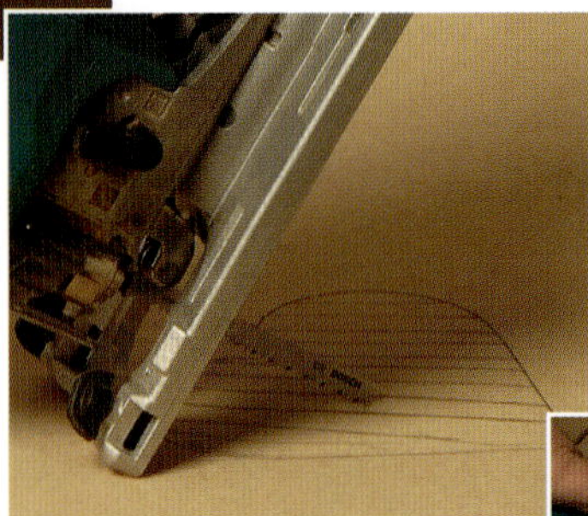

▶ **2** Um Innenschnitte zu machen, bohren Sie ein Anfangsloch für das Sägeblatt oder wenden eine Tauchtechnik mit einem Spezialblatt an. Dafür kippen Sie die Stichsäge nach vorne auf die Grundplatte, stellen die Maschine an und drehen sie senkrecht, sodass das Blatt ins Holz sägt.

▶ **4** Um Kreise zu sägen, basteln Sie sich einen Zirkel, den Sie in die Halterung für den Seitenanschlag einhängen.

Tragbare Kreissäge

Dieses Handgerät ist für gerade Schnitte gedacht. Für Längs- und Querschnitte zur Faser gibt es unterschiedliche Sägeblätter, auch in verschiedenen Durchmessern. Die Einschnitttiefe kann durch Heben oder Senken der Grundplatte verändert werden, sodass Sie das Holz ganz oder nur teilweise durchsägen können. Für einen Winkelschnitt von 45° kann die Grundplatte ebenfalls verstellt werden.

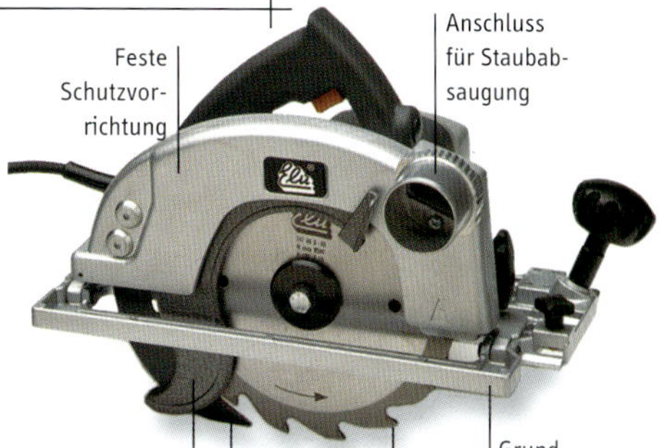

Kreissäge im Einsatz

◀ **1** Fixieren Sie das Werkstück und positionieren Sie die Säge mithilfe der Richtungsmarkierung der Grundplatte auf der Schnittlinie. Halten Sie die Maschine mit beiden Händen fest und starten Sie den Motor, bevor sich das Sägeblatt in das Holz arbeitet.

Spaltkeil

Ein Spaltkeil oder -messer ist ein gebogenes Stück Stahl hinter dem Sägeblatt. Der Keil verhindert, dass sich der Sägespalt um das Sägeblatt schließt und einen plötzlichen gefährlichen Stopp verursacht.

▶ **2** Um einen Schnitt parallel zur Holzkante zu machen, bauen Sie den Abstandshalter an die Grundplatte und stellen die gewünschte Distanz ein. Drücken Sie beim Sägen den Abstandshalter fest gegen die Holzkante. Um andere Schnitte zu machen, klemmen Sie eine Leiste als entsprechende Führung auf das Werkstück.

▼ **3** Für einen Winkelschnitt stellen Sie die Grundplatte entsprechend ein.

Tischkreissäge

Die Kreissäge besteht aus einem Metalltisch mit einer Öffnung in der Mitte, aus der das Blatt der Kreissäge hervorkommt. Das Blatt kann hochgefahren, gesenkt und um 45° gekippt werden. Die Tischkreissäge wird für schnelle und präzise Längs- und Querschnitte benutzt. Außerdem schneidet sie Nuten, Einkerbungen und Falze. Ein Sägeblatt mit gehärteten Zähnen ist ein gutes Universalblatt.

Gehrungsanschlag

Der Gehrungsanschlag läuft in Schlitzen beiderseits der Sägeöffnung. Der Anschlag hält das Holz beim Querschnitt und kann für Gehrungen und Fasen eingestellt werden. Bei langen Werkstücken ist es sinnvoll, den Gehrungsanschlag mit einer Holzleiste zu verlängern, einige Tischkreissägen können zusätzlich mit einem einstellbaren Wagen für langes Material ausgestattet werden.

Schutzhaube

Alle Tischkreissägen werden mit irgendeiner Form von Schutzeinrichtung ausgestattet. Es ist wichtig, dass Sie sie auch benutzen. Achtung: Auf einigen Fotos ist sie wegen der optischen Klarheit abgebaut!

Längsanschlag

Der rechteckige Längsanschlag sitzt parallel zum Sägeblatt. Wenn Sie ein Brett der Länge nach aufsägen, leitet dieser Anschlag das Werkstück, wenn Sie es in die Säge schieben. Arbeiten Sie niemals freihändig – also ohne Anschlag. Die Gefahr ist zu groß, dass Sie die Kontrolle verlieren.

Tischverlängerung

Blatt-Höhenverstellung

Für den saubersten Schnitt stellen Sie das Sägeblatt so ein, dass die Zähne ca. 6 mm über das Holz herausragen. Das ist auch die sicherste Stellung, stellen Sie das Blatt keinesfalls höher.

Blatt-Winkeleinstellung

Sie können das Sägeblatt bis zu 45° kippen.

Längssägen

▼ **1** Um mit der Holzfaser zu sägen, stellen Sie den Längsanschlag auf die korrekte Distanz vom Sägeblatt ein. Wenn Sie ein breites Brett sägen, halten Sie Ihre Hände weit genug entfernt vom Blatt, wenn Sie das Brett am Anschlag entlangschieben. Für schmalere Werkstücke benutzen Sie einen Schiebestock mit Einkerbungen, um das Holz weiterzuschieben, sodass Ihre Finger in Sicherheit sind.

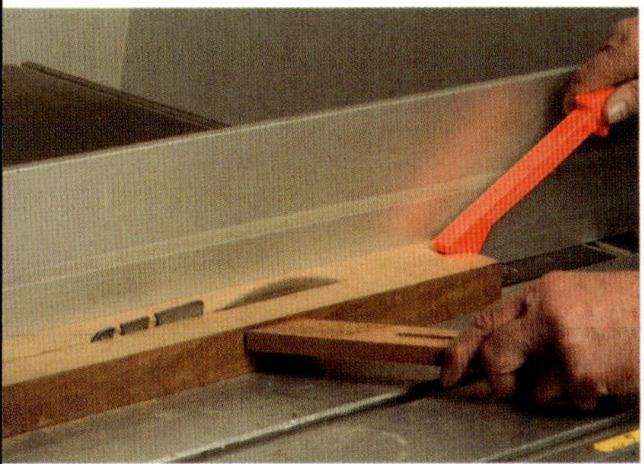

▶ **2** Um ein Brett mit ausgerissenen Kanten zu beschneiden, heften Sie ein etwas größeres Stück Sperrholz unter das Werkstück. Dann können Sie mit der Sperrholzkante am Anschlag entlangfahren und die beschädigte Holzkante absägen.

Achtung: Aus Gründen der klareren Darstellung ist auf den Fotos dieser Seite die Schutzvorrichtung abmontiert. Die Schutzhaube muss aber unbedingt benutzt werden!

Schutz vor Rückschlag

- Ein Rückschlag des Werkstücks ist immer eine Gefahr beim Einsatz einer Tischssäge. Sie können sich nicht darauf verlassen, dass der Spaltkeil (Seite 51) das verhindert. Stehen Sie deswegen immer neben der Maschine, niemals direkt dahinter, sodass ein sich losreißendes Holzstück Sie nicht treffen kann.
- Eine andere Schutzvorrichtung ist, den Längsanschlag so zu positionieren, dass direkt hinter dem Sägeblatt ein kleiner Zwischenraum entsteht. Dadurch kann das Holz nach dem Schnitt leichter passieren, den Kontakt zum Anschlag braucht das Holz nur vor dem Schnitt.

▼ Querschnitt

Um quer zur Holzfaser zu sägen, setzen Sie den Gehrungsanschlag auf 90° zum Sägeblatt. Für lange Bretter verlängern Sie den Anschlag mit einer Leiste. Nehmen Sie beide Hände, um das Holz gegen den Anschlag zu drücken und den Anschlag mit dem Werkstück über das Sägeblatt zu führen. Wenn nötig klammern Sie das Brett an den Anschlag. Als Führung und Stopper für Wiederholungsschnitte können Sie ein Stück Abfallholz an den Längsanschlag (rechts) oder die Verlängerungsleiste (unten) klemmen.

Winkel schneiden

◄ **1** Setzen Sie den Gehrungsanschlag für einen Gehrungsschnitt auf 45°. Sie können ihn aber auch auf jeden anderen Winkel einstellen, etwa für Fasen.

► **2** An einer anderen Stelle des Werkstücks können Sie einen anderen Winkel schneiden, indem Sie etwa die Gehrungslade bei 90° stehen lassen, das Blatt aber auf 45°kippen.

▲ **3** Wenn Sie Gehrungslade und Sägeblatt auf 45° einstellen, erhalten Sie eine abgeschrägte Gehrung.

Einen Falz oder eine Zunge schneiden

◄ **1** Entsprechend dem Kasten auf der Gegenseite brauchen Sie für diese Technik spezielle Schutzeinrichtungen. Schneiden Sie am besten die schmalere Kante zuerst. Setzen Sie den Längsanschlag in der gewünschten Distanz vom Blatt und machen Sie den ersten Schnitt für den Falz. Wenn Sie eine Zunge schneiden wollen, drehen Sie das Holzstück um und machen einen zweiten Falz auf der anderen Seite.

► **2** Setzen Sie den Anschlag wieder an und trennen Sie das Holz auf einer Seite ab, um den Falz zu formen. Schneiden Sie einen Falz auch auf der anderen Seite, um die Zunge zu erhalten.

⚠ Sicherheit

Wenn Sie das Holzstück drehen, um den zweiten Schnitt für den Falz zu machen, achten Sie darauf, dass die Holzspäne nicht gegen den Anschlag fliegen und einen Rückschlag verursachen.

Eine Nut schneiden

▶ 1 Entsprechend der Sicherheitshinweise im Kasten unten brauchen Sie für diese Technik besondere Schutzvorrichtungen. Senken Sie das Sägeblatt so weit, dass es nur bis zu der gewünschten Tiefe der Nut ins Holz einschneidet. Setzen Sie den Längsanschlag in der gewünschten Distanz zum Sägeblatt und führen Sie das Werkstück am Anschlag entlang, um den Schnitt für die erste Seite der Nut zu machen. Das Ganze wiederholen Sie für die andere Seite der Nut.

▶ 2 Das Holz zwischen den Seiten der Nut entfernen Sie mit vielen Sägedurchgängen, bei denen Sie immer den Anschlag leicht verstellen, bis Sie auf der anderen Seite der Nut angekommen sind und in der Nut kein Holz mehr stört.

Sicherheitshauben

- Die Standardsicherheitshaube kann nicht benutzt werden, wenn mit der Tischkreissäge Nuten, Falze oder Zungen gesägt werden sollen. Dafür gibt es spezielle Sicherheitshauben, die das Werkstück unten halten und wie ein Tunnel das Holz abdecken, wenn es über die Säge geschoben wird. Diese Sicherheitsvorrichtungen werden auf den Fotos dieser beiden Seiten nicht gezeigt, weil sie die dargestellten Techniken verdecken könnten. Aber Sie müssen sie unbedingt benutzen!
- Wenn Sie spezielle Sägeblätter wie den Set für Einschnitte und Vertiefungen benutzen, brauchen Sie besondere Schutzplatten rund um die Sägeblattöffnung.

▼ Eine Quernut schneiden

Eine Vertiefung können Sie genauso schneiden wie eine Nut. Wenn Sie allerdings viele Vertiefungen oder Einschnitte schneiden müssen, lohnt sich schon die Anschaffung eines besonderen Sägeblattsets. Dieses Set besteht aus zwei äußeren Sägeblättern, um die Seiten der Vertiefung herzustellen und Putzklingen dazwischen, die das Abfallholz beseitigen. Die Breite der gewünschten Einkerbung im Holz lässt sich durch Hinzufügen oder Herausnehmen der Putzklingen bestimmen. Wenn dieser Sägekopf auf die Maschine montiert ist, können Sie die Einkerbung oder Breitnut in einem Arbeitsgang sägen.

Gehrungssäge

Die Gehrungs- oder Kappsäge ist eine Kreissäge, bei der das Sägeblatt über dem Werkstück sitzt und die sehr genaue Querschnitte, Winkel und Fasen schneidet. Die tragbare Maschine besteht aus einem Kreissägeblatt, das über einem drehbaren Tisch montiert ist. Tisch und Sägeblatt können bis 45° gedreht werden, um Winkel zu schneiden. Die Schneidblätter von Kappsägen können ebenfalls zum Fasenschneiden und für Winkelstücke gekippt werden. Bei den meisten Gehrungssägen kann das Sägeblatt an einem Arm zum Bearbeiter gezogen werden, sodass auch größere Stücke geschnitten werden können.

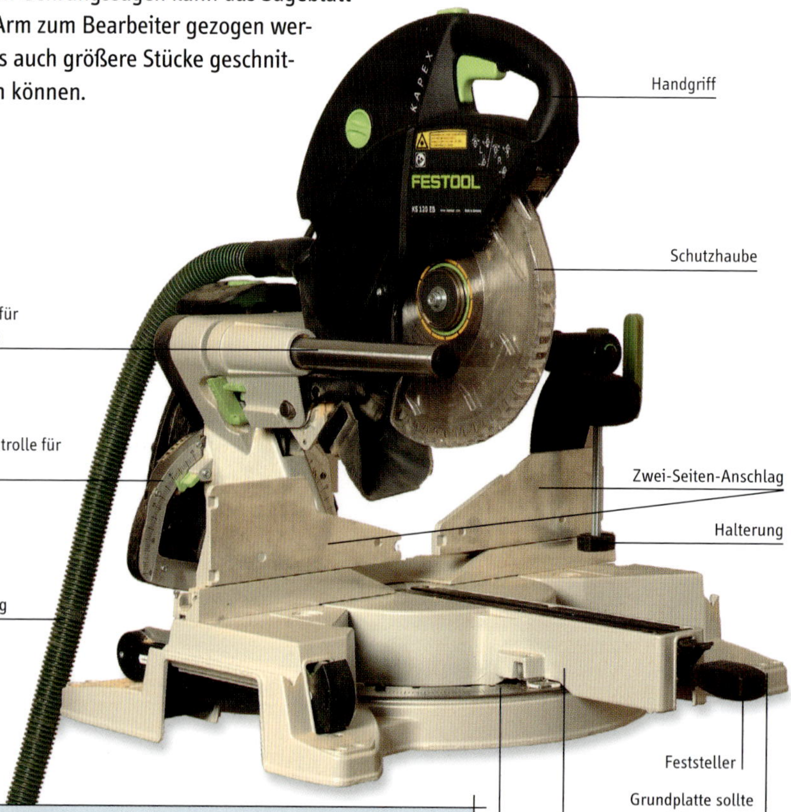

Mehrzwecksäge

Diese tragbare Maschine macht die Arbeit einer Gehrungssäge und einer Kreissäge. Sie besteht aus einer Kreissäge und einem Klapptisch. Die Säge kann oberhalb des Tisches als Gehrungssäge benutzt werden oder umgedreht als Kreissäge. Dann sitzt das Sägeblatt unter dem Tisch und die Zähne ragen nach oben über die Tischfläche hinaus.

▶ Querschnitte

Stellen Sie das Sägeblatt auf 90° ein, drücken Sie das Brett gegen den Anschlag, die Schnittlinie genau auf das Sägeblatt ausgerichtet. Schalten Sie die Maschine ein, drücken Sie mit dem Griff die Maschine herunter und schieben Sie sie zum Anschlag, um den Schnitt zu machen. Die Schutzhaube klappt automatisch zurück. Wenn Sie nach dem Schnitt das Sägeblatt heben, fällt die Sicherung wieder drüber. Wenn Sie mithilfe des Gleitarms ein längeres Stück schneiden wollen, ziehen Sie die Maschine zu sich hin, starten den Motor und machen den Schnitt.

Winkel schneiden

◀ **1** Um eine Gehrung zu sägen, stellen Sie den Drehtisch auf die 45°-Marke. Legen Sie das Werkstück an den Anschlag und sägen Sie in gewohnter Weise. Für Fasen stellen Sie andere Winkel ein.

▶ **2** Für den Schnitt eines Winkelstücks drehen Sie den Tisch und kippen ihn gleichzeitig. Wenn Sie beides auf 45° setzen, schneiden Sie eine abgefaste Gehrung. Möglicherweise müssen Sie dem Sägeblatt etwas mehr Raum geben; prüfen Sie das durch Absenken des Blattes bei abgeschaltetem Motor.

◀ Einschnitte und Falze

Mit einigen Gehrungssägen können Sie auch die Sägetiefe bestimmen. Dann können Sie ganz einfach die beiden Schultern einer breiten Nut oder Rinne schneiden und später mit leichten Sägeschnitten das überflüssige Holz dazwischen beseitigen. Genauso schneiden Sie einen Falz.

Ausleger-Kreissäge

Die Ausleger-Kreissäge ist eine von oben arbeitende Kreissäge, die an einem waagrechten Arm hängt und hin und her geschoben werden kann. Das Sägeblatt kann in jeder Position des Arms fixiert werden. Die Säge wird in erster Linie für Querschnitte benutzt, eignet sich aber auch für Längsarbeiten. Das Blatt kann gedreht und geneigt werden, um Gehrungen, Fasen und andere Winkel zu schneiden, es kann auch für die Schnitttiefe von Nuten, Falzen und anderen Einschnitten in der Höhe verstellt werden.

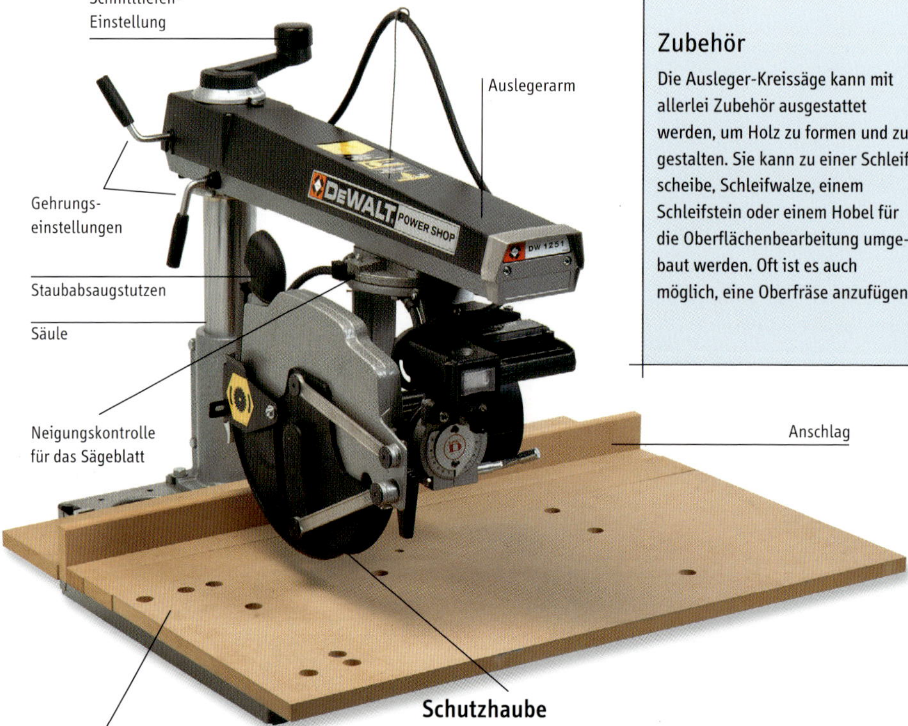

Zubehör

Die Ausleger-Kreissäge kann mit allerlei Zubehör ausgestattet werden, um Holz zu formen und zu gestalten. Sie kann zu einer Schleifscheibe, Schleifwalze, einem Schleifstein oder einem Hobel für die Oberflächenbearbeitung umgebaut werden. Oft ist es auch möglich, eine Oberfräse anzufügen.

Tisch

Wenn Sie ein Stück Holz komplett durchsägen, dringt die Säge naturgemäß auch in den Tisch ein, auf dem das Holz liegt. Schützen Sie die Tischplatte mit einer MDF- oder Sperrholzplatte, einfach aufgeklebt mit doppelseitigem Klebeband.

Schutzhaube

Wenn Sie den Schnitt beginnen, zieht sich die Schutzhaube automatisch zurück und gibt so viel vom Sägeblatt frei, um die gewünschte Schnitttiefe zu schneiden. Danach schließt sich die Schutzvorrichtung auch automatisch wieder. Bei Längsschnitten sollten Sie den Spaltkeil hinter dem Sägeblatt etwas tiefer setzen, um die Schneidkerbe sauber zu halten und einen Kickback-Effekt mit dem herumfliegenden Werkstück zu verhindern.

◀ Querschnitte

Stellen Sie den Anschlag auf 90° ein, halten Sie das Werkstück gegen den Anschlag und die Schnittlinie mit dem Sägeblatt in einer Linie. Es kann ganz hilfreich sein, für ein leichteres Ausrichten in den Anschlag Kerben zu schneiden. Wenn Sie mehrere Stücke gleicher Länge schneiden wollen, klammern Sie einen Stopper auf den Führungsanschlag. Führen Sie das Sägeblatt quer über das Holz, es fährt anschließend in die Ausgangsposition zurück.

▶ Längsschnitte

Setzen Sie nach den Herstellervorschriften den Spaltkeil ein und fixieren Sie das Sägeblatt auf 90°, sodass es parallel zum Führungsanschlag ist. Nehmen Sie Schiebestöcke, um das Holz unter die Säge zu schieben. Führen Sie das Holzbrett gegen die Rotationsrichtung des Schneidblatts ein; machen Sie es andersrum, kann das Blatt Ihnen das Holz aus der Hand reißen.

▼ Falze und Nuten schneiden

Stellen Sie die Schnitttiefe ein, dann ziehen Sie den Sägekopf in einer Serie leichter Schnitte über das Holz. Schlagen Sie das Holz gegen die Platte der Werkbank, sodass die angesägten Zwischenstücke abbrechen, dann egalisieren Sie die Oberfläche. Genauso können Sie Nuten und andere Einschnitte sägen.

▲ Winkel sägen

Um eine Gehrung zu sägen, fixieren Sie den Arm in der 45°-Position. Drücken Sie das Holz gegen den Führungsanschlag, richten es korrekt aus und ziehen den Ausleger zu sich heran, um einen Querschnitt zu machen. Fasen können im Querschnitt oder Längsschnitt entstehen, stellen Sie nur das Blatt auf den gewünschten Winkel ein.

Bandsäge

Die normale Bandsäge hat ein schmales Endlos-Sägeblatt, das über zwei oder drei Räder läuft, von denen eines elektrisch angetrieben wird. Mit dem flexiblen Blatt kann man Kurven und gerade Linien schneiden und der Tisch kann um 45° geneigt werden, um Gehrungen und Fasen zu schneiden. Da die Säge nach unten läuft, besteht keine Gefahr des Rückschlags.

Blattführung und -schutz

Die Führung sollte um 15-25 mm gesenkt werden, damit das Werkstück darunter gerade Platz hat. Stellen Sie die Klingenführung so ein, dass sie den Rücken und die Seiten des Sägeblatts hält. Ein kleiner Schlitz sollte am Rücken offen sein und das Blatt genau in der Mitte zwischen den Seitenführungen laufen. Achtung: In einigen Fotos der gegenüberliegenden Seite ist die Schutzeinrichtung nicht abgebildet, um die Arbeit des Sägeblatts zu verdeutlichen.

Breite und Dicke

Die Distanz zwischen Sägeblatt und senkrechter Säule bestimmt die maximale Breite des Sägeguts. Die Distanz zwischen Tisch und angehobenem Schutz bestimmt die Dicke des Holzes.

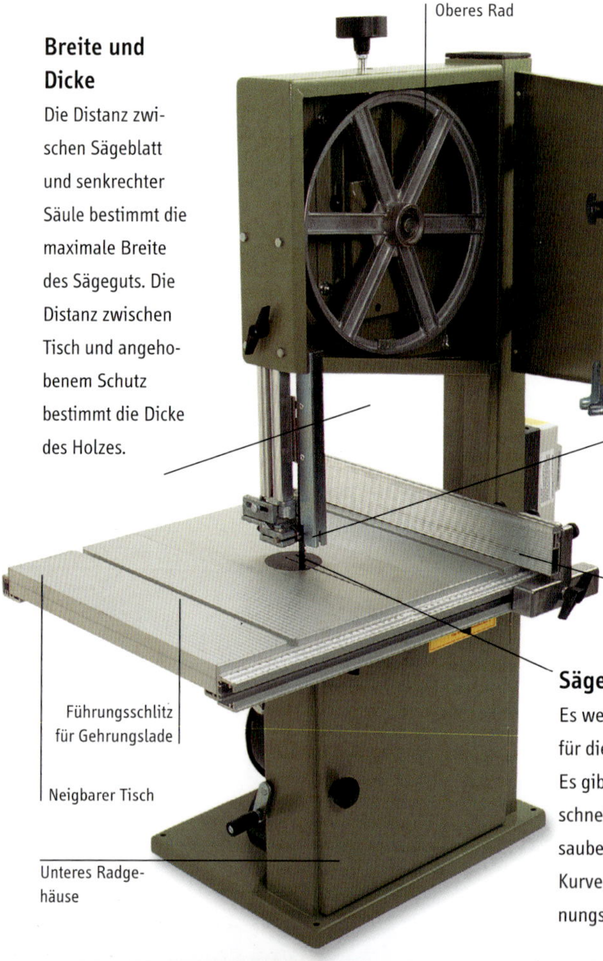

Sägeblatt

Es werden viele unterschiedliche Sägeblätter für die verschiedensten Materialien angeboten. Es gibt Blätter mit größeren Zähnen zum schnelleren Sägen und feinen Zähnen für ganz sauberes Sägen; außerdem schmale Blätter für Kurven. Setzen Sie die Sägeblätter nach Bedienungsvorschrift ein.

Kurven schneiden

▶ **1** Legen Sie das Werkstück auf den Tisch und schieben Sie es freihändig durch die Maschine, indem Sie Ihren Markierungen folgen. Halten Sie Ihre Hände weg vom Sägeblatt! Wenn sich das Blatt in einer engen Kurve festzufressen droht, lassen Sie es einfach geradeaus ins Abfallholz sägen. Dann beginnen Sie wieder mit leichteren Kurven, bis Sie Ihre gewünschte Form gefunden haben.

▶ **2** Wenn Sie die Maschine nicht in die Seite mit dem Abfallholz laufen lassen können, machen Sie eine Reihe von geraden Schnitten bis zur Kurvenlinie. Dann schneiden Sie die Kurve, das Abfallholz fällt herunter.

◀ Längsschnitte

Legen Sie das Werkstück an den Längsanschlag, stellen Sie ihn so ein, dass die Markierungslinie mit dem Sägeblatt in einer Linie ist. Schieben Sie das Holz in die Maschine. Zum Ende des Schnittes hin nehmen Sie aus Sicherheitsgründen einen Schiebestock.

▼ Querschnitte

Setzen Sie die verschiebbare Gehrungslade in die Führung auf dem Tisch und platzieren Sie das Werkstück so, dass die Schnittlinie in einer Linie mit dem Sägeblatt liegt. Wenn Sie mehrere identische Schnitte machen müssen, geben Sie eine Verlängerungsleiste an den Anschlag und klemmen einen Stopper daran. Um den Schnitt zu machen, schieben Sie den Anschlag über den Tisch.

Winkel und Falze schneiden

- Den Winkel für Gehrungen stellen Sie mit der Lade ein, die Neigung für Falze mit dem Kippen des Tisches. Wenn Sie beides zusammen machen, erhalten Sie ein Winkelstück.
- Schneiden Sie die Falze für einen Zapfen, indem Sie die Schulterlinien quer schneiden und dann im Längsschnitt den Abfall wegsägen. Einige Bandsägen besitzen Tiefenstopper, aber ein angeklemmter Klotz aus Abfallholz erfüllt den gleichen Zweck.

Hobeln

Es gibt kaum eine Tischlerarbeit, bei der nicht irgendwann gehobelt werden muss, sei es, um eine Oberfläche zu glätten, eine Eckverbindung anzupassen oder ein Werkstück auf die gewünschte Größe zu bringen. Maschinenhobeln geht schnell und ist sehr präzise, aber die grundlegende Handarbeit ist vielseitiger und vermittelt Ihnen ein besseres Gefühl und Verständnis für den Charakter der jeweiligen Holzart. Bei der Handarbeit spüren Sie, wie die Klinge schneidet und wie die Holzart und die Maserung das Endergebnis beeinflussen. Selbst die größten Könner werden auf der Holzoberfläche leichte Hobelspuren hinterlassen, die aber abgeschliffen werden können.

Siehe auch

Halten und fixieren,
Seiten 24-25

Messen und markieren,
Seiten 32-41

Schleifen,
Seiten 86-91

Werkzeugpflege,
Seiten 92-99

Handhobel

Bankhobel wie Schlicht- oder Schrobbhobel nimmt man, um die Oberfläche des Holzes zu glätten, bis sie perfekt eben ist; außerdem zum Begradigen der Kanten und Enden. Ein kleiner Hirnholzhobel ist gut für feinere und kleinere Arbeiten wie das Bearbeiten von Endstücken, ein Schabhobel für geschwungene Werkstücke.

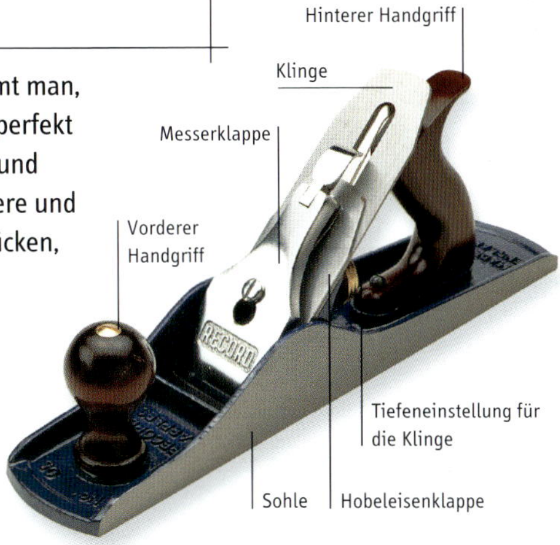

▲ **Schrobbhobel**
Der Schrobbhobel ist ein gutes Allzweckgerät und kann sowohl für grobe als auch für feine Glättungsarbeiten eingesetzt werden.

▶ **Schlichthobel**
Der Schlichthobel ist kürzer als ein Schrobbhobel; die Klinge kann sehr fein justiert werden und eignet sich gut, um feine Späne abzutragen und eine glatte Oberfläche zu produzieren.

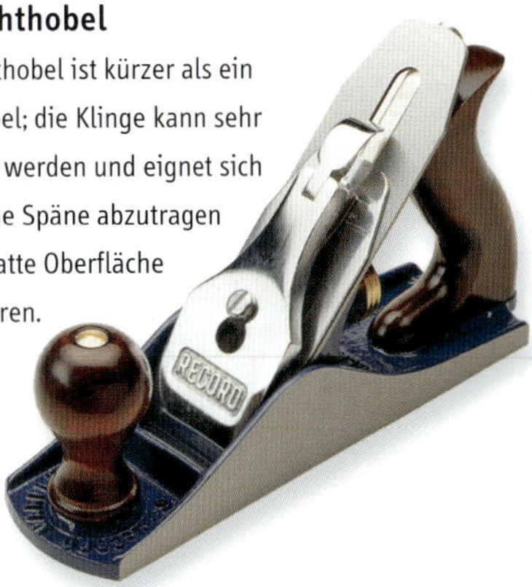

▶ **Hirnholzhobel**
Der kleinere Hirnholzhobel besitzt einen flacheren Klingenwinkel als andere Hobel und ist für feinere Arbeiten geeignet, etwa das Bestoßen von Holzenden, das Behobeln von Fasen oder das Abrichten von schmalen Kanten.

▼ **Schabhobel**
Ein Schabhobel ist ein Miniaturhandhobel, den man nach dem Hobeln zum Glätten der Oberfläche nimmt. Das Messer schabt papierdünn. Schabhobel gibt es mit geraden Klingen für glatte oder konvexe Oberflächen und mit gerundeten Klingen für konkave Oberflächen.

Die Größe von Bankhobeln

Bankhobel gibt es in den unterschiedlichsten Größen. Ein langer Hobel ermöglicht ein präziseres Ergebnis, weil er auch über Erhebungen im Holz hinwegfährt und sie nach und nach abträgt, bis die Oberfläche glatt ist. Ein kleinerer Hobel folgt stärker den Konturen des Holzes. Für den Anfänger empfiehlt sich eine Größe, die einerseits schwer genug ist, um beim Schneiden von Unebenheiten nicht ins Flattern zu geraten, andererseits sich aber noch einigermaßen bequem handhaben lässt. Ein Schlichthobel oder kleiner Schrobbhobel ist ideal.

Hobeln per Hand

Das Hobelmesser muss rasiermesserscharf und so genau eingestellt sein, dass es Späne in der gewünschten Stärke abhebt. Wenn der Schnitt zu tief geht, verlieren Sie die Kontrolle über den Hobel. Kontrollieren Sie während der Arbeit immer wieder die Tiefeneinstellung der Klinge, arbeiten Sie möglichst in Faserrichtung, bei unregelmäßiger Struktur stellen Sie den Hobel auf die feinste Stellung und arbeiten ganz langsam.

Eine Oberfläche hobeln

▶ **1** Fixieren Sie das Werkstück auf der Werkbank, drücken Sie es gegen einen Bankhaken, einen Stopper oder spannen Sie es in einen kleinen Schraubstock ein. Halten Sie den Bankhobel am hinteren Griff, spreizen Sie die Finger zur besseren Kontrolle. Die vordere Halterung greifen Sie mit der anderen Hand und sorgen für den Kontakt des Hobels mit dem Holz. Halten Sie zur besseren Kontrolle Schultern, Hüfte und Hobel in einer Linie, die Füße leicht gespreizt. Halten Sie den Hobel nahe am Körper und drücken Sie den Hobel nach vorn, wobei Sie Knie und Arme mit nach vorne beugen. Versuchen Sie, die ganze Fläche mit geschmeidiger Bewegung zu bearbeiten.

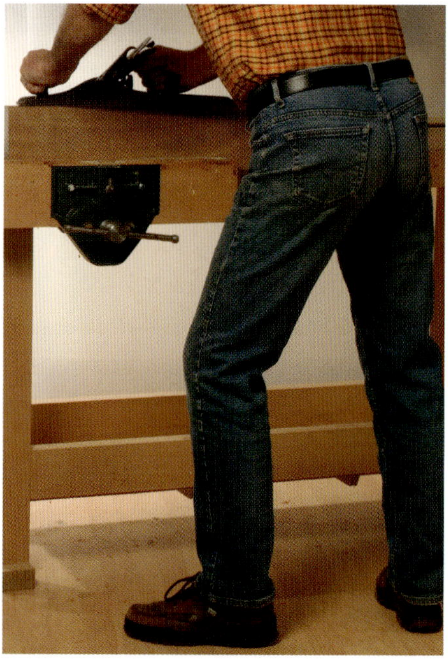

▼ **2** Während des Schnitts ändern Sie den Anpressdruck Ihrer Hände von vorne nach hinten. Durch diese Anpressänderung wird verhindert, dass der Hobel die Enden des Holzes abrundet. Heben Sie den Hobel nicht ab, bevor das Hobelmesser über das Ende hinaus ist.

Am Anfang des Schnitts

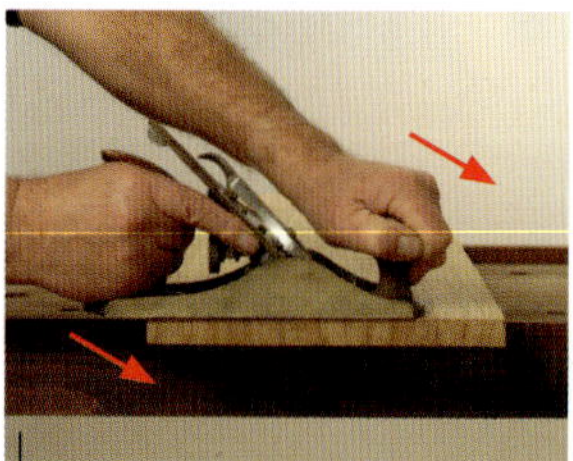

Zur Mitte des Schnitts

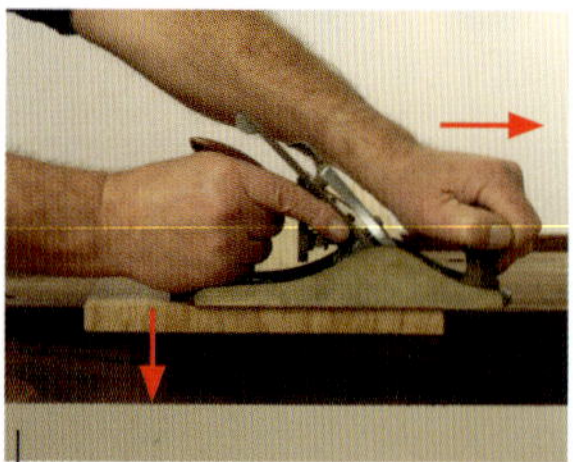

Das Ende des Schnitts

▼ Hobeln breiter Bretter

Breite Bretter oder Bretter, die schon zusammengesetzt wurden, können quer zur Maserung gehobelt werden, um schnell Holz abzutragen. Die Fasern sind quer zur Maserung weicher und leichter zu brechen. Zur Endbearbeitung hobeln Sie aber mit dem Faserverlauf.

▼ Unregelmäßige Struktur

Holz mit einer unregelmäßigen Faserung zu hobeln, kann schwierig sein. Für den ersten Schnitt halten Sie den Hobel in einem 45°-Winkel zur Holzkante, setzen ihn aber gerade auf. Wenn die Oberfläche glatter wird, reduzieren Sie den Winkel, bis er parallel zur Kante ist.

Hobeltest

Markieren Sie mit einem Kugelschreiber oder Bleistift drei Linien mit gleichem Abstand voneinander und nummerieren Sie am Rand gleichgroße Felder (hier 1 bis 6). Jetzt sollen Sie in einem einzigen langen Schnitt alle drei Linien im Feld 1 weghobeln. Das wiederholen Sie bis Sie bei Position 6 angelangt sind. Beginnen Sie immer, indem Sie die Mitte des Hobels auf die jeweilige Nummer auflegen. Überprüfen Sie die Linien und schauen Sie, ob Sie von Anfang bis Ende gleichmäßigen Druck ausgeübt haben.

Kanten hobeln

▶ **1** Klemmen Sie das Werkstück in einen Schraubstock. Um den Hobel zu führen und auf der Mitte der schmalen Kante zu halten, legen Sie Ihren Daumen auf die Oberseite neben den vorderen Griff und fahren mit den übrigen Fingern an der Holzseite entlang.

▶ **2** Um die Kante zu einer Fase abzuschrägen, kippen Sie das Werkstück im Schraubstock so weit, dass die Hobelklinge waagrecht arbeitet. Die Schwerkraft hilft dann beim Niederdrücken des Hobels.

Endstück hobeln

◀ **1** Das Hirnholz am Ende eines Werkstücks splittert, wenn die Fasern nicht unterstützt werden. Wenn das Brett breit genug ist, hobeln Sie erst von einer Richtung, dann von der anderen. Heben Sie den Hobel jeweils nach einem halben Schnitt ab. Diese Technik drückt die Fasern zusammen und verhindert ein Splittern.

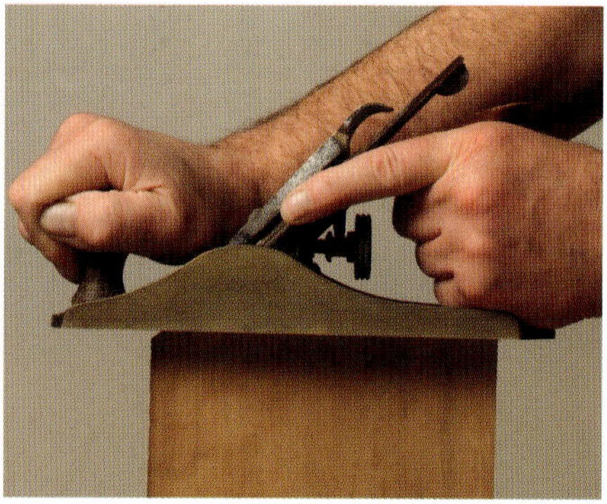

▶ **2** Alternativ hobeln Sie eine leichte Schräge an das Holzende, sodass die Fasern zwar abgeschrägt werden, aber vom Messer nicht zerrissen werden.

▼ **3** Eine andere Methode ist, ein Stück Abfallholz neben das Endstück vom Werkstück zu fixieren, um beim Hobeln Gegendruck auszuüben und das Splittern zu verhindern. Beide Holzteile müssen absolut gleich hoch sein. Ist das Stützholz zu hoch, beschädigt es die Hobelklinge, ist es zu niedrig, unterstützt es nicht das Hauptholz. Nehmen Sie für diese Arbeit einen Hirnholzhobel, den Sie mit einer Hand halten, mit der Handfläche über der Messerklappe und Finger und Daumen an den Seiten. Geben Sie mit Finger oder Daumen der anderen Hand noch zusätzlichen Druck auf den Hobel.

Splitter und Risse reparieren

- Wenn das Endholz beim Hobeln reißt, geben Sie einfach etwas Leim und Papier in die Splitter und fixieren Sie das Stück mit Klemme oder Klebeband. Wenn der Leim trocken ist, hobeln Sie noch einmal, diesmal mit einem Stützholz.
- Wenn ein Teil des Holzes beim Hobeln des Endstücks hochkommt und reißt, schneiden Sie das beschädigte Teil mit einer feinen Säge aus. Setzen Sie zwei Winkelschnitte, die sich zwar treffen, aber nicht kreuzen dürfen. Schneiden Sie ein passendes Stück aus vergleichbarem Holz, leimen es ein und fixieren es. Nach der Leimtrocknung wiederholen Sie das Hobeln.

Anschlagbrett

▶ 1 Ähnlich wie ein Bankhaken auf der Werkbank hält ein Anschlagbrett das Werkstück und führt den Hobel beim Bearbeiten der Kanten und Endstücke. Anschlagbretter mit einem gerade Stopper helfen beim rechtwinkeligen Hobeln.

▼ 2 Ein Gehrungsbrett hat einen Winkelanschlag zum Hobeln von Schrägen.

Schabhobel

▶ 1 Nehmen Sie einen Schabhobel, wenn Sie Kurven und Rundungen hobeln. Nehmen Sie beide Griffe in die Hand und schieben Sie den Hobel in kurzen Schüben in der Faserrichtung vorwärts. Arbeiten Sie vor und zurück, bis Sie eine glatte Oberfläche erzielen. Stellen Sie die Klinge nach, wenn nötig. Nehmen Sie eine gerade Klinge für konkave Rundungen, drehen Sie das Werkstück im Schraubstock, sodass Sie immer mehr oder weniger waagrecht arbeiten.

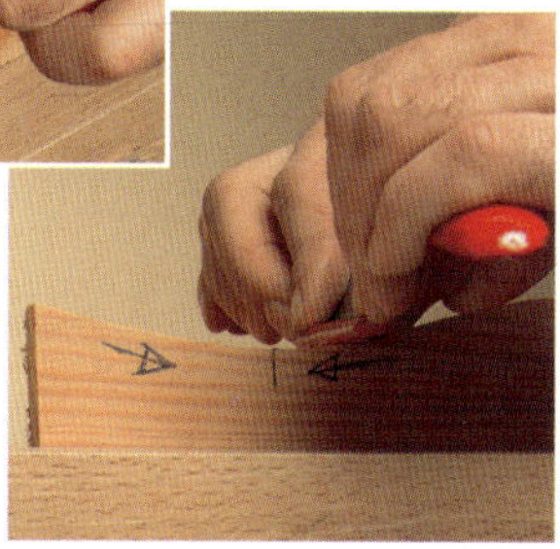

◀ 2 Für konvexe Rundungen nehmen Sie einen Schabhobel mit rundem Messer und setzen das Werkstück immer wieder um, damit Sie stets in Richtung der Holzfaser arbeiten.

Elektrohobel

Ein Elektrohobel ist ein nützliches Werkzeug zum schnellen Abtragen von Holz und zur Oberflächenbearbeitung. Er hat den Vorteil, auch lange und schwere Bretter bearbeiten zu können, die für die Handarbeit oder den Dicktenhobel zu umständlich sind. Der Elektrohobel kann ziemlich kräftig zur Sache gehen, halten Sie ihn also gut fest und achten Sie auf Ihre Finger. Stellen Sie die gewünschte Spantiefe ein. Der Elektrohobel kann auch umgedreht in eine Halterung gespannt werden und agiert dann als kleiner Dicktenhobel. Wird ein Anschlag montiert, lässt sich das Holz auch leicht quer hobeln.

Maschinelles Hobeln

Eine Abricht- und Dickenmaschine kann Oberflächen und Seiten mit einem Hobel im Oberteil der Maschine bearbeiten. In diesem Fall wird das Werkzeug per Hand geführt. Die Unterseiten werden vom Abrichter im Unterteil der Maschine bearbeitet. Dafür gibt es einen automatischen Einzug. Je länger der Tisch ist, desto gerader und glatter wird das Resultat. Halten Sie Ihre Finger immer weit weg vom Hobelmesser, benutzen Sie immer die Sicherheitsabdeckung und setzen Sie die Maschine nur bei Werkstücken ein, die länger als 300 mm sind.

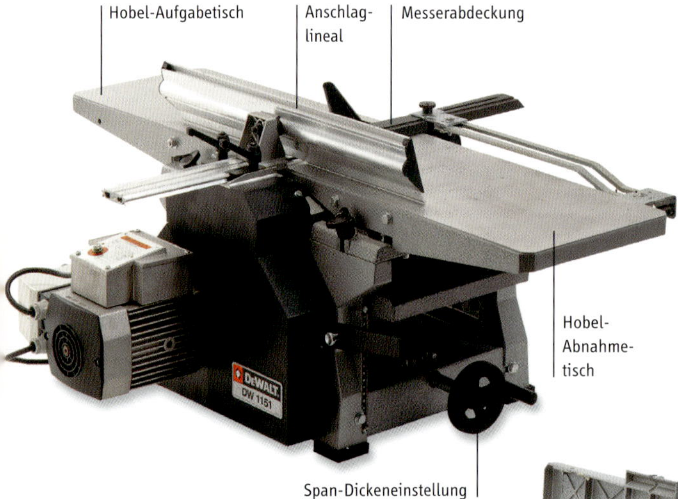

Hobeltiefe

Die Tiefe des Schnitts wird durch Heben oder Senken des Aufgabentisches eingestellt. Der Abnahmetisch sollte mit der Messeroberfläche abschneiden, stellen Sie den Aufgabetisch so ein, dass er etwas tiefer ist. Diese Höhendifferenz gleicht die Tiefe der Spanabnahme aus. Wie beim Hobeln per Hand ist es sinnvoller, mehrere flache Schnitte zu machen. Der letzte und flachste Schnitt bringt dann die glatte Oberfläche.

Abrichttiefe

Abhängig von der Maschine werden Aufgabe- und Abnahmetisch oder nur der letztere in der Höhe verstellt, um den Abrichter darunter zu benutzen. Die Schnitttiefe wird durch die Höhe des Abrichttisches und dem Verhältnis zum Messerblock bestimmt. Machen Sie mehrere Probedurchgänge, aber nicht stärker als ca. 2 mm.

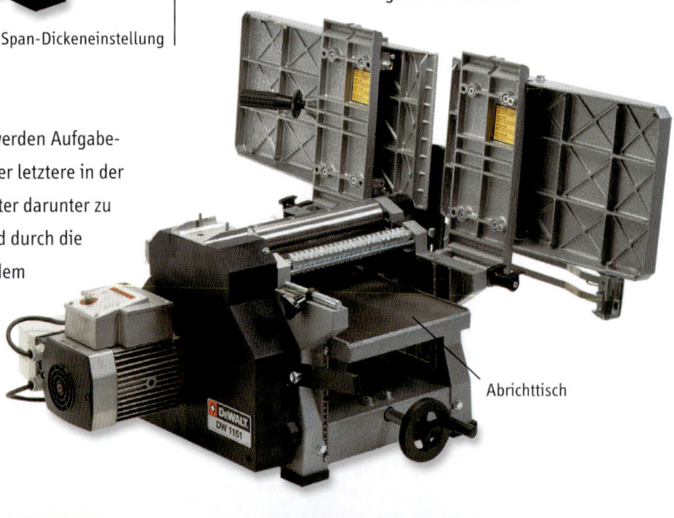

◀ Oberfläche hobeln

Stellen Sie die Schnitttiefe ein und justieren Sie die Messerabdeckung so, dass das Holz unten durchpasst. Schieben Sie das Werkstück vom Aufgabetisch über das Messer, drücken Sie es mit beiden Händen runter. Schieben Sie kleinere Stücke mit einem Stab über die Maschine.

Kanten hobeln

▶ **1** Positionieren Sie das Anschlaglineal rechtwinklig zum Tisch. Stellen Sie die Schutzabdeckung genau über dem Messerblock ein, die möglicherweise schon behobelte Seite ist zum Anschlaglineal gewandt. Führen Sie das Brett über das Messer.

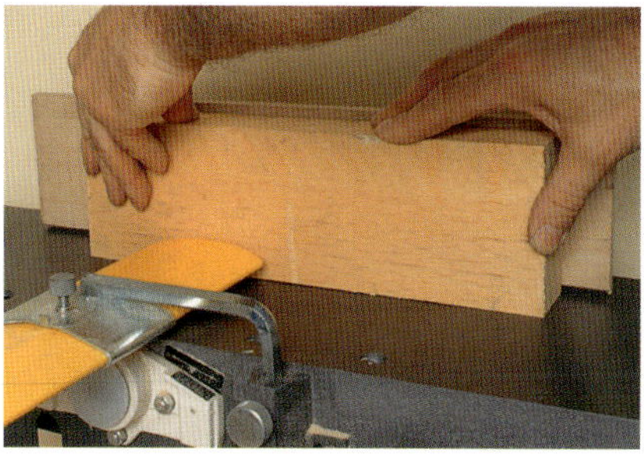

▼ **2** Um eine Gehrung zu hobeln, setzen Sie den Anschlag in den gewünschten Winkel und arbeiten wie zuvor.

▲ Dickenhobel

Stellen Sie die Schnitttiefe des Dicken-, Dickten- oder Abrichthobels ein und führen Sie das Holz über den Tisch. Die automatischen Einzugsrollen ergreifen das Werkstück und hobeln es, am anderen Ende des Tisches nehmen Sie es wieder in Empfang. Machen Sie mehrere Schnitte bis zur gewünschten Tiefe von Oberfläche und Seiten.

▼ Endstück hobeln

Klemmen Sie das Werkstück an ein größere Stück Abfallholz, um es leichter über das Messer ziehen zu können, dann verfahren Sie wie beim Kantenhobeln. Die Schutzabdeckung muss natürlich angebracht sein, hier ist sie nur wegen der Klarheit entfernt.

Holz zurichten

Wenn man grob gesägtes oder auch bereits gehobeltes Holz einkauft, muss es noch zugerichtet werden, um sicher zu gehen, dass alle Oberflächen eben sind, angrenzende Flächen im 90°-Winkel und gegenüberliegende Flächen parallel zueinander stehen. Das Zurichten bedeutet das Hobeln der Oberflächen in folgender Reihenfolge: Sichtfläche, Sichtseitenteile, Breite, Dicke, Endstücke. Sie können das Holz per Hand, Elektrohobel oder Hobelmaschine planieren.

Sichtseite

▶ **1** Wählen Sie die optisch beste Seite aus (Sichtfläche) und hobeln Sie sie glatt und plan. Um die Ebenmäßigkeit der Fläche zu prüfen, halten Sie einen Winkelanschlag quer drüber. Wenn der Anschlag wackelt oder Licht darunter durchscheint, ist die Fläche nicht plan. Prüfen Sie mit dem Anschlag an verschiedenen Stellen.

◀ **2** Nehmen Sie zwei Stahllineale oder glatte Holzleisten, um Verwindungen oder Krümmungen aufzuspüren. Legen Sie jeweils eins an jedes Ende des Brettes, und zwar überstehend. Wenn sie parallel sind, ist das Brett glatt und eben.

Sichtkante

▶ **3** Nehmen Sie die optisch beste Kante, um sie glatt und eben zu hobeln. Prüfen Sie mit einem Winkelanschlag über die ganze Länge der Platte, ob die Kante auch wirklich rechtwinklig zur Oberfläche ist. Die längere Seite des Anschlags soll auf der Sichtkante liegen. Halten Sie das Werkstück gegen das Licht, wenn möglich. Wenn Oberfläche und Seiten perfekt sind, markieren Sie sie mit den Richtpunkten.

Riefen beseitigen

Wenn Sie eine Dicktenmaschine benutzen, lohnt es sich, nach dem automatischen Maschinendurchgang und beidseitigem Hobeln das Werkstück noch einmal durch die Maschine zu geben, um alle schmalen Riefen zu beseitigen.

Breite und Dicke

▲ **4** Mit einem Streichmaß messen Sie die gewünschte Breite von der Sichtkante ab – machen Sie das von beiden Seiten, von der Sichtkante und von der noch nicht gehobelten Seite. Sägen und hobeln Sie das Brett auf diese Breite, zwischendurch immer mal nachmessend von der Sichtkante und von der rauen Kante aus. Mit der gleichen Prozedur messen und arbeiten Sie die gewünschte Dicke aus.

▶ **5** Unterbrechen Sie die Arbeit regelmäßig, um Größe und Rechtwinkligkeit zu prüfen.

Die Enden

◀ **6** Um die Länge zuzurichten, brauchen Sie einen Anschlagwinkel, ein Stahllineal und ein Markierungsmesser. Setzen Sie die 0 des Lineals auf das eine Ende des Werkstücks und messen Sie 6 mm ab, das ist das Minimum an Holz, dass Sie mit einem Fuchsschwanz absägen können. Jetzt legen Sie das Stahllineal so an, dass die 0-Markierung an der 6 mm-Linie anliegt und messen die gewünschte Länge ab. Lassen Sie am anderen Ende auch 6 mm übrig. Markieren Sie alle Seiten mithilfe des Anschlagwinkels. Sägen Sie das Brett auf Länge, dann hobeln Sie die Enden, wenn nötig.

Stechen und stemmen

Von allen Handwerkzeugen werden Beitel, Stemm- oder Stecheisen am meisten benutzt. Mit diesen Geräten können Vertiefungen, Aussparungen oder Nuten aus einem Holzstück gestochen, gestemmt oder geschnitzt werden. Die sehr scharf geschliffene Beitelklinge können Sie sowohl mit dem Holzhammer ins Holz treiben als auch wie beim Schnitzen von Hand führen. Damit die Klinge möglichst lange scharf bleibt, ist es wichtig, sie beim Schneiden immer im richtigen Winkel zu halten. Es gibt verschiedene Klingen: Stechbeitel, Lochbeitel, Hohlbeitel. Beitel werden oft einfach als Stech- oder Stemmeisen bezeichnet, Stemmeisen haben aber ein rechteckiges Blatt, bei Stecheisen ist es seitlich abgeschrägt.

Siehe auch

Halten und fixieren,
Seiten 24-25

Werkzeugpflege,
Seiten 92-99

Stechwerkzeuge

Die Klinge eines Beitels ist auf der Unterseite gerade und auf der anderen Seite abgeschrägt. Das Ende soll so scharf wie möglich sein. Beitel werden mit der Hand durch das Holz getrieben, stärkere Klingen werden durch Schläge mit dem Holzhammer oder Schreinerklüpfel vorangetrieben. Alle Typen von Beiteln gibt es in verschiedenen Größen. Schmalere Eisen können Sie mit der Hand besser kontrollieren, breitere Beitel schneiden aber breiter, glatter und präziser.

▶ Holzhammer oder Klüpfel

Ein Holzhammer hilft einen Beitel in das Holz zu treiben, um Nuten zu schneiden. Er ist normalerweise aus Buchenholz, einem sehr harten Holz, und die Schläge federn besser als mit einem Hammer. Schlagen Sie niemals mit einem Hammer auf einen Beitel. Klüpfel nimmt man auch, um Eckverbindungen einzupassen.

▼ Stechbeitel

Beim Stechbeitel sind Freifläche und Seitenfase angeschrägt, um auch Ecken sauber ausstechen zu können. Sie dienen zum Ausstechen von Zinken, Schwalbenschwänzen Gratnuten oder Überblattungen. Stechbeitel sind leichte, vielseitige Instrumente.

▶ Stemmeisen

Stemmeisen haben eine rechteckige Klinge, sind robuster als Stechbeitel und für fast alle Holzarbeiten geeignet.

◀ Lochbeitel

Lochbeitel sind eher für grobe Arbeiten gedacht und werden durch Schläge mit dem Holzhammer ins Holz getrieben. Lochbeitel werden vor allem für das Ausstemmen von tiefen Zapfenlöchern und Nuten benutzt, etwa bei der Herstellung von Dachstühlen. Sie sind länger als Stech- und Hohlbeitel.

Stemmarbeiten

Arbeiten Sie immer an einer markierten Linie entlang und immer in Richtung des Aushubs. Schälen Sie immer nur kleine Mengen Holz. Die Fase der Klinge sollte immer in Richtung des Aushubs zeigen. Grundsätzlich schneiden Sie immer das Holz zuerst quer zu Faser, dann machen Sie alle Schnitte hinterher in Richtung der Maserung. So vermeiden Sie ein Splittern.

◄ Senkrechtes Schneiden

Halten Sie den Griff mit einer Hand und geben Sie mit der Schulter Druck nach unten, um den Schnitt zu machen. Legen Sie die andere Hand auf das Werkstück und führen Sie damit die Klinge. Halten Sie die Ellbogen angewinkelt.

▲ Horizontales Schneiden

Halten Sie den Griff mit einer Hand, den Zeigefinger zur besseren Kontrolle in Richtung Klinge gestreckt. Mit dieser Hand üben Sie Druck aus; der Unterarm ist in Linie mit dem Beitel, der Ellbogen ist angewinkelt. Mit der anderen Hand führen Sie die Klinge. Um noch mehr Druck zu geben, beugen Sie sich in Richtung Werkstück.

Haltegestell

▶ **1** Es ist ganz leicht, sich eine Spannvorrichtung zu bauen, um präzisere Schnitte zu machen. Um die Schultern eines Zapfens sauber auszustechen, klemmen Sie ein rechteckiges Abfallholz so fest, dass es perfekt mit der angerissenen Schulterlinie abschließt. Dann stechen Sie senkrechte Schnitte, um den Zapfen herauszuarbeiten.

▶ **2** Ein gewinkelter Holzblock hilft Ihnen, an seiner Kante eine saubere Linie zu stechen.

Arbeiten mit Klüpfel

▶ **1** Normalerweise soll ein Beitel scharf genug sein, um auch ohne Holzhammer mit ihm arbeiten zu können. Einen Lochbeitel oder einen anderen großen Beitel schlagen Sie auch nur mit dem Klüpfel, um Holz aus dem Loch herauszuarbeiten.

◀ **2** Wenn Sie quer zur Maserung arbeiten, brechen Sie die Fasern erst mit einer Reihe von parallelen Schnitten, um sie zu lösen und dann mit dem endgültigen Schnitt abzuheben.

Nutfräser

◀ **1** Wenn sich Ihre Arbeiten so entwickeln, dass Sie viele Nuten zu schneiden haben, ist ein Nutfräser eine sinnvolle Anschaffung. Diese Maschine kombiniert den Andruck eines scharfen Stecheisens mit einem Bohreinsatz, der in dem Lochbeitel rotiert und ein rechtwinkliges Loch ins Holz schneidet.

▶ **2** Nuten und Löcher jeder Breite erzielt man, wenn man das Werkstück nach jedem Schnitt weiterbewegt.

⚠ Sicherheitstipps

- Wie bei den meisten Schneidwerkzeugen sollten Sie den Druck auf die Klinge nicht durch Hilfsmittel erhöhen, das kann zum Abrutschen und zu Verletzungen führen.
- Fixieren Sie das Werkstück im Schraubstock oder mit Zwingen, das verringert die Verletzungsgefahr.
- Halten Sie das Stecheisen immer mit beiden Händen hinter der Schneidfläche. Mit einer Hand halten und führen Sie die Klinge, mit der anderen halten Sie den Griff und üben den nötigen Druck aus.
- Die Längskanten neuer Beitel können scharf sein. Stumpfen Sie sie vor Gebrauch auf einem Abziehstein ab.

Fräsen

Die elektrische Oberfräse ist möglicherweise das kreativste Werkzeug in der ganzen Werkstatt. Sie ist in der Holzbearbeitung so populär und beliebt, weil die Maschine viele Aufgaben erledigen kann, die früher nur mit ganz speziellen Handwerkzeugen und viel Erfahrung machbar waren. Die einfachste Aufgabe für eine Fräse ist die Umgestaltung eines Lochs im Holz in eine Nut oder Aussparung, indem ein Fräseinsatz ins Holz getaucht wird und dann gegen oder mit der Faser über das Holz gezogen wird. Mit ein bisschen Zubehör und einigen zusätzlichen Halterungen, Führungen und Fräseinsätzen kann die Oberfräse Profilkanten schneiden, Holz formen oder glätten, Verbindungen auf Maß herstellen und vieles mehr.

Siehe auch

Halten und fixieren,
Seiten 24-25

Messen und markieren,
Seiten 32-41

Werkzeugpflege,
Seiten 92-99

Oberfräse

Die Oberfräse ist eigentlich nichts anderes als ein Elektromotor mit einer scharfkantigen rotierenden Schneidspitze am Ende einer Spindel, die in das Holz eintaucht und Nuten, Halterungen und eine Vielzahl von Formen schneidet. Zahlreiche Fräseinsätze und Halterungen für die unterschiedlichsten Aufgaben machen die Oberfräse zu einem extrem vielseitigen Werkzeug.

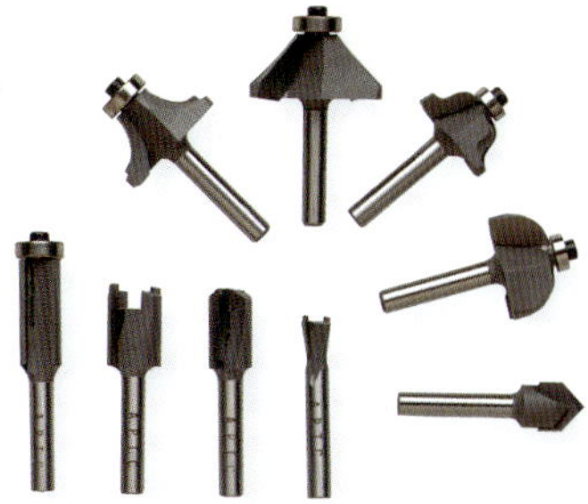

▲ **Fräseinsätze**

Fräser bestehen aus Hochleistungsschnellarbeitsstahl (engl. High Speed Steel HSS) Die Schneidfläche ist oft mit Tungsten Carbide (Wolfram) behandelt worden, dann heißen sie TCT-Fräser oder TCT-Cutter. TCT-Fräser sind viel teurer, halten aber wesentlich länger. Normalerweise brauchen Sie gerade Fräser, um Holzverbindungen zu schneiden und Profilfräser für Mulden und Vertiefungen. Einige Einsätze können sich selbst steuern und einer Holzkante oder Schablone folgen.

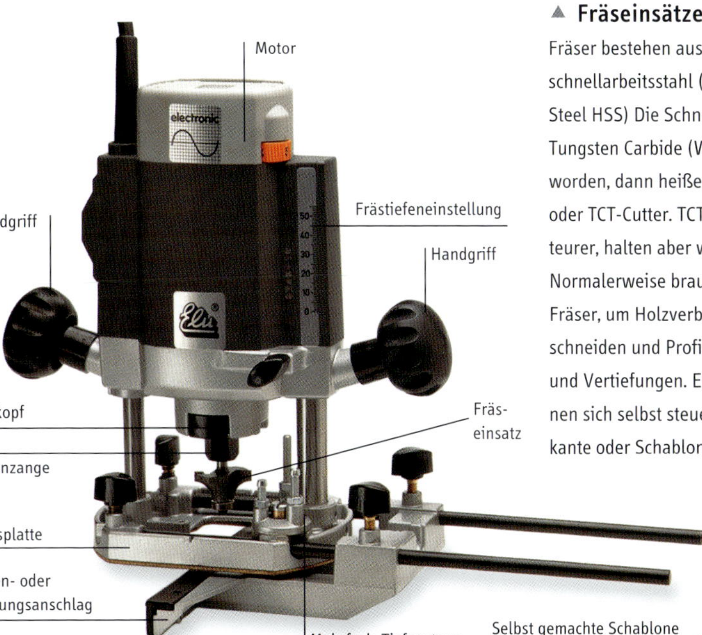

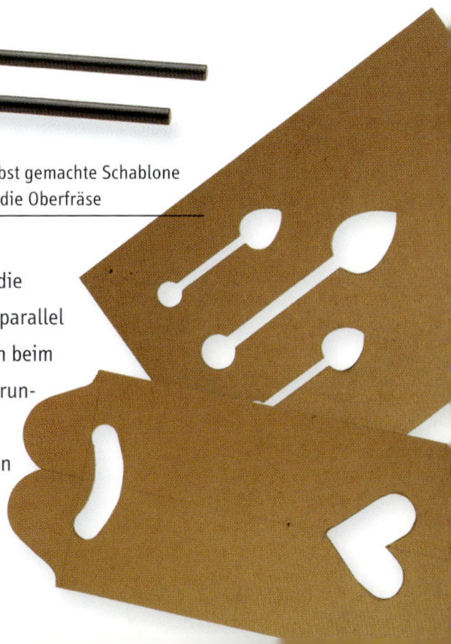

Selbst gemachte Schablone für die Oberfräse

▸ **Halterungen und Schablonen**

Die wichtigste Halterung ist der einstellbare Führungsanschlag, der an die Fräse geschraubt wird. Er wird eingesetzt, um Nuten, Kerben und Falze parallel zur Kante des Werkstücks zu schneiden. Die Führungsschiene kann auch beim Schneiden von Zinkenverbindungen benutzt werden. Mit anderen Halterungen und Führungen kann man parallele konkave oder konvexe Kanten und Kurven schneiden und eine Vielzahl von Kopierringen, so genannten Bushes, ermöglicht es dem Fräser, Schablonen zu folgen. Mit speziellen Führungen schneidet man Schwalbenschwanzverbindungen.

Frästechniken

Der Oberfräsenmotor lagert auf zwei Strahlsäulen und funktioniert mit einer Art Sprungmechanismus. Wenn Sie die Griffe niederdrücken, taucht der Fräseinsatz in das Holz ein, lockern Sie den Druck, geht der Fräser automatisch wieder hoch. An der Frästiefeneinstellung stellen Sie ein, wie tief der Fräser in das Holz schneiden soll. Mit den Handgriffen führen Sie die Fräse über das Holz.

▸ Fräser einsetzen

Vergewissern Sie sich, dass der Stecker gezogen ist, dann drehen Sie die Fräse um und lockern das Spannfutter. Nehmen Sie einen Schraubenschlüssel, um die Nuss des Fräskopfes zu lösen. Der Fräskopf ist die gehärtete Muffe, die den Fräseinsatz am Fuß der Spindel hält. Setzen Sie den Fräser ein und ziehen Sie die Nuss wieder fest. Bei manchen Fräsen braucht man einen zweiten Schraubenschlüssel zum Lösen des Spannfutters.

◂ Schnitttiefe einstellen

Generell sollte die Schnitttiefe bei einem Durchgang nicht mehr betragen als die Hälfte des Durchmessers des Fräsers. Machen Sie lieber mehrere flache Schnitte hintereinander. Manche Fräsen haben nur eine Frästiefeneinstellung, bei anderen können Sie die Tiefen für mehrere Arbeitsgänge hintereinander festlegen. Ein Mehrfach-Tiefenstopp ist nichts anderes als ein drehbarer Einsatz mit Schrauben und Muttern, normalerweise drei. Sie stellen die Tiefen für drei Arbeitsgänge ein und drehen nach jedem Arbeitsgang den Einsteller weiter für den nächsten Schritt.

Mehrfach-Tiefenstopp

Richtig eintauchen

▶ **1** Der Fräseinsatz ist hochgezogen und blockiert, wenn Sie die Fräse auf die gewünschte Position stellen. Lösen Sie den Fräser, um den Fräser in vorher eingestellter Tiefe ins Holz eintauchen zu lassen. Führen Sie die Fräse umgehend und gleichmäßig über die vorgesehene Schnittlinie. Zu schnelles Vorangehen kann den Motor überfordern, zu langsames kann das Holz verbrennen und den Fräseinsatz ruinieren. Orientieren Sie sich am Motorgeräusch.

▼ **2** Am Ende des Schnittes lassen Sie einfach den Feststeller los, der Fräser springt automatisch hoch.

◀ Arbeiten mit einer Schablone

Mit einer Schablone oder einem Kopierring kann man jede Form kopieren. Schneiden Sie Ihr Werkstück in Übergröße aus und kleben Sie die Schablone mit Doppelklebeband darauf. Fahren Sie mit dem Kopierring an den Kanten der Schablone entlang und machen Sie Ihre Schnitte.

Kopierringe und Schablonen

Kopierringe oder Bushes sind runde Abstandshalter aus Plastik oder Stahl, die an die Fräserplatte gesetzt werden und den Fräseinsatz umkreisen. Wenn der Kopierring gegen eine Schablone gedrückt wird, führt der Ring die Fräse und hält immer den gleichen Abstand zur Schablone. Wenn Sie den Kopierring einsetzen, bleibt ein kleiner Zwischenraum zwischen Fräseinsatz und Führung (A), den Sie bei der Herstellung der Schablone berücksichtigen müssen. Kalkulieren Sie die Größe des Zwischenraums, indem Sie den Radius des Fräseinsatzes vom Radius der Schablone abziehen. Wenn A beispielsweise 3 mm beträgt, müssen Sie die Schablone 3 mm schmaler machen als das später gewünschte Werkstück. Machen Sie die Schablone aus MDF oder Sperrholz.

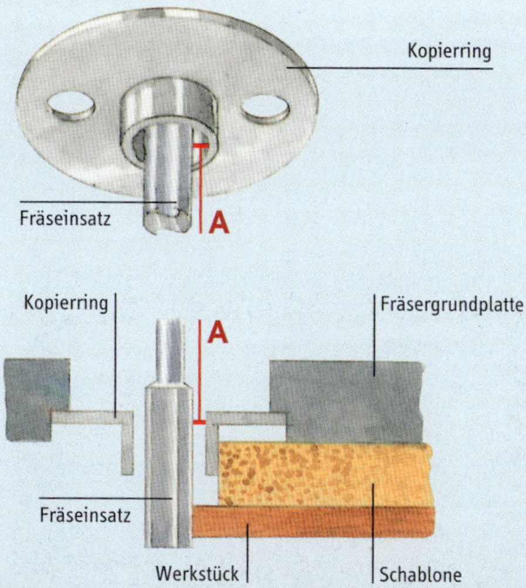

Nuten und Führungen

▶ **1** Um eine Nut oder Führung parallel zur Kante des Werkstücks zu schneiden, markieren Sie die Position der Nut auf dem Holz und stellen den Führungsanschlag so ein, dass der Fräseinsatz auf der markierten Linie steht. Fahren Sie mit der Fräse die Linie entlang, drücken Sie den Anschlag dabei an die Holzkante. Machen Sie mehrere Schnitte bis zur gewünschten Tiefe.

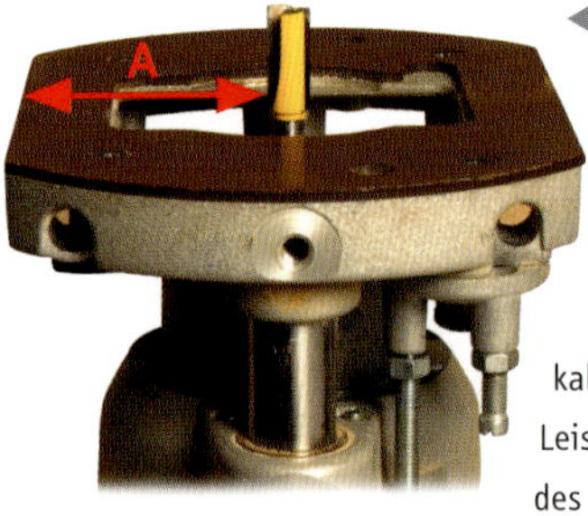

◀ **2** Nehmen Sie eine Latte oder Leiste zur Führung, wenn die Nut nicht parallel zur Kante verläuft oder die Platte sehr groß ist. Markieren Sie die Nut auf dem Werkstück, dann kalkulieren Sie die Distanz zur Leiste (A), indem Sie den Radius des Fräseinsatzes vom Radius der Fräsergrundplatte abziehen.

▼ **3** Klemmen Sie die Leiste im berechneten Abstand von der Nutlinie auf das Holz. Schneiden Sie entlang der Leiste.

◀ **4** Nehmen Sie zwei Leisten, wenn Sie in der Mitte eines Brettes eine breite Nut schneiden wollen. Setzen Sie die Leisten so, dass Sie die Außenseiten der breiten Nut schneiden können. Danach schneiden Sie das Holz in der Mitte weg.

▶ **5** Um einen Kreis zu schneiden, nehmen Sie den Führungsanschlag ab und setzen einen Zirkel oder eine Schnur mit einem Stift ein. Mit einem Stück beidseitigem Klebestreifen befestigen Sie ein Stück Abfallholz in der Mitte des geplanten Kreises. Drücken Sie den Stift hinein und schneiden Sie mit der Oberfräse den Kreis.

▶ Einen Falz schneiden

Markieren Sie die Maße des Falzes auf dem Werkstück. Setzen Sie den Führungsanschlag an die Kante des Holzes und nehmen Sie zum Schneiden des Falzes einen geraden Fräser. Starten Sie an der Kante und arbeiten Sie nach innen. Machen Sie mehrere flache Schnitte.

◀ Profilfräser

Traditionelle Formen und Kehlungen wurden früher mit den unterschiedlichsten Hobeln ausgearbeitet, jetzt hat diese Arbeiten die Fräse übernommen. Selbstführende Fräsereinsätze haben unter dem Einsatz Abstandhalter oder Führungsräder oder -kugeln, die an der Holzkante entlanglaufen und keine Führungsleiste benötigen. Wenn Sie keine selbstführenden Fräser benutzen, wenden Sie die gleiche Technik wie beim Falzschneiden an.

Schnittrichtung

Der Fräseinsatz rotiert im Uhrzeigersinn, sodass die Fräse immer leicht nach links zieht, wenn man geradeaus schneidet. Man arbeitet also am besten immer gegen den Uhrzeigersinn die äußeren Kanten des Werkstücks entlang, innere Kanten dagegen im Uhrzeigersinn. Das erleichtert es, den Fräser eng an der Kante zu halten.

Frästisch

▶ **1** Die meisten Fräser können umgedreht und in einen Frästisch eingespannt werden. Position und Höhe des Fräseinsatzes können verstellt werden, das Holz wird dann über den Tisch gezogen und dabei gegen den Anschlag gedrückt. Dafür sind allerdings kräftige Fräseinsätze und ein stabiler Anschlag nötig. Pressen Sie das Holz kräftig gegen Fräser und Halterung. Achten Sie auf Ihre Finger!

▼ **2** Hier ist der Frästisch mit einer Ringführung zum Schneiden von geschwungenen Kurven ausgestattet, eine Rundung wird geschnitten.

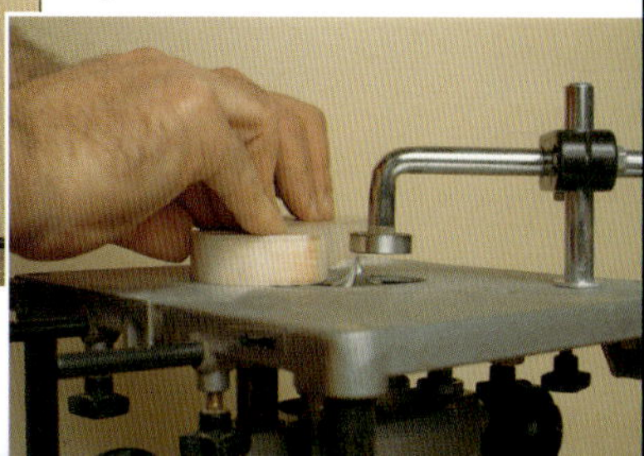

Bohren und hämmern

Die Technik des präzisen Bohrens ist normalerweise mit das Erste, was man beim Umgang mit Holz lernt. Bohren ist grundsätzlich wichtig, egal, ob man ein Loch für eine Schraube bohrt oder das Starterloch für eine Laubsäge oder Halterung. Löcher entstehen, wenn rotierende Schneidwerkzeuge die Fasern aus dem Holz entfernen, egal ob per Hand oder Elektrowerkzeug. Die Fasern werden durch die Auskehlungen des Bohrers gebrochen und aus dem Loch befördert. Größere Löcher können auch durch einen spatenähnlichen Breitbohrer erzielt werden, der speziell für den Einsatz in Bohrmaschinen gemacht wurde. Hämmer nimmt man, um Holzverbindungen zusammenzunageln, besonders auch für den Bau von Modellen und Halterungen.

Siehe auch

Halten und fixieren, Seiten 24-25

Messen und markieren, Seiten 32-41

Werkzeugpflege, Seiten 92-99

Bohrer

Obwohl Handbohrer noch immer in Gebrauch sind, werden doch inzwischen für die meisten Arbeiten Elektrobohrmaschinen eingesetzt, die es als Handgeräte oder stationär gibt.

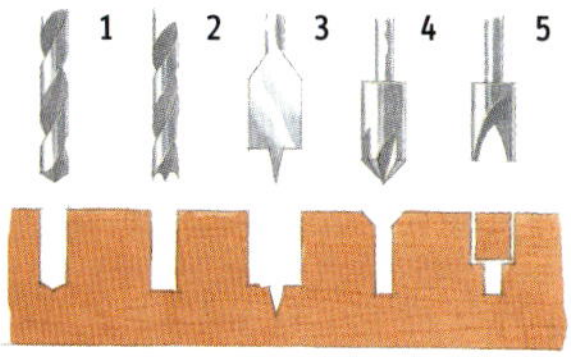

Bohreinsätze

1 Twist-Bit zum Bohren kleiner Löcher.

2 Dübel-Bit, um Holzdübel einzusetzen, die einen geraden Boden benötigen.

3 Spaten-Bit für größere Löcher.

4 Versenkbohrer, um eine Schraube mit der Holzoberfläche abschließen zu lassen.

5 Spundbohrer, der ein Stück Holz im Ganzen herausholt, das später leicht wieder eingesetzt werden kann.

▶ Bohrer und Bits

Empfehlenswert ist es, mindestens zwei Bohrmaschinen zu besitzen, eine schnurlose für leichtere Arbeiten und eine kräftige mit Kabel für härtere Aufgaben. Für die normale Arbeit nimmt man Twist-Bits, die auch einen Mitten-Anschlag haben können. Spaten-Bits haben einen kurzen Schaft und bohren weitere Löcher. Alle Bits gibt es in vielen Größen.

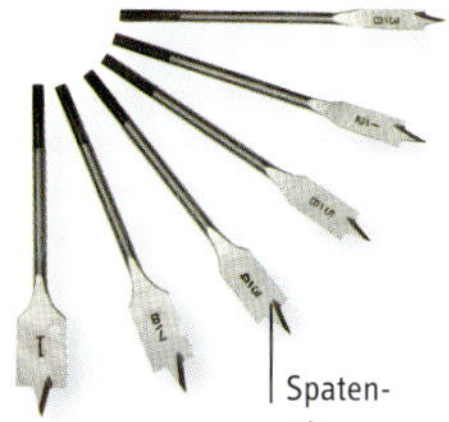

◀ Bohrständer

Ein tragbarer Bohrmaschinenständer ermöglicht genaueres Arbeiten.

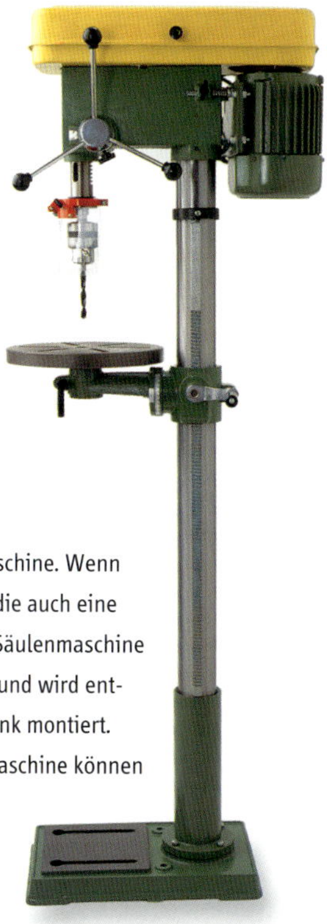

▶ Säulen-Bohrmaschine

Dies ist der große Bruder der Handbohrmaschine. Wenn möglich, kaufen Sie eine Säulenmaschine, die auch eine Einrichtung hat, um Nuten zu fräsen. Eine Säulenmaschine hat einen weiten Geschwindigkeitsbereich und wird entweder auf dem Boden oder auf der Werkbank montiert. Der Tisch ist verstellbar. Mit einer Säulenmaschine können Sie auch längere Stücke bearbeiten.

Bohren

Bohrmaschinen mit verstellbaren Geschwindigkeiten bieten die besten Einsatzmöglichkeiten. Starten Sie immer mit geringer Drehzahl, wenn Sie ein Loch bohren, und erhöhen Sie die Geschwindigkeit, wenn alles passt.

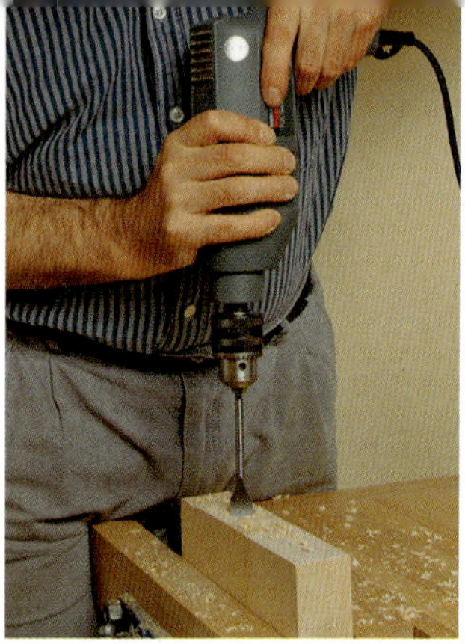

Arbeiten mit einer Elektromaschine

▶ **1** Setzen Sie den Bit in das Futter und drehen Sie ihn fest. Fixieren Sie das Werkstück und markieren Sie das Bohrloch mit einem Kreuz. Damit der Bohrer nicht verrutscht, können Sie mit einer Ahle ein kleines Loch ins Holz bohren oder einen zentrierten Bohreinsatz benutzen.

▲ **2** Legen Sie die Hände bequem um die Bohrmaschine, stellen Sie sich über das Gerät und beginnen Sie. Sie können einen Tiefenanschlag an der Maschine anbringen oder einfach ein Klebeband um den Bitschaft kleben, um nicht zu tief ins Holz zu dringen.

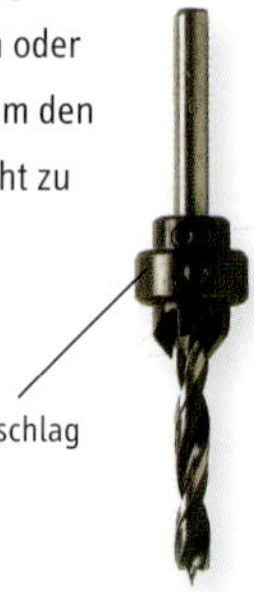

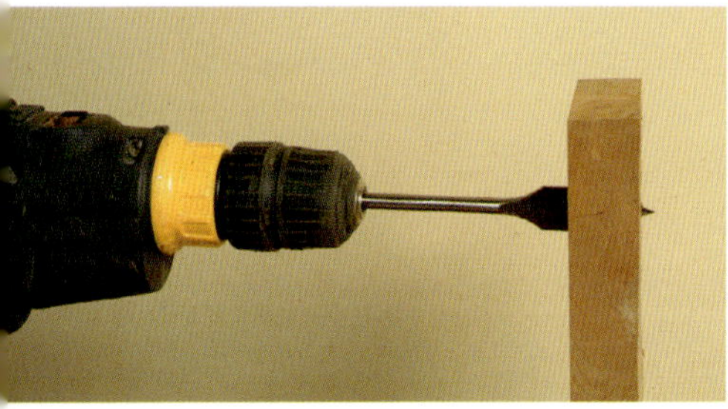

◀ **3** Wenn Sie ein gerades Loch durch das Holz bohren, stoppen Sie, wenn die Spitze des Bohrers auf der andern Seite erscheint. Um Splittern zu vermeiden, drehen Sie das Holz jetzt um und bohren von der anderen Seite.

▶ Arbeiten mit einem Bohrmaschinenständer

Mit einem Standgerät zu arbeiten, ist natürlich wesentlich präziser. Montieren Sie die Maschine in den Ständer, überzeugen Sie sich, dass sie sicher sitzt, und setzen Sie den Bit ein. Bei geraden Löchern legen Sie Abfallholz unter das Werkstück. Für Senklöcher, die nicht durch das ganze Holz gehen, können Sie am Ständer den Stopp für die Bohrtiefe einstellen. Halten Sie das Werkstück sorgfältig mit einer Hand fest, damit es durch die Rotation nicht davon fliegt, dann schalten Sie mit der anderen Hand die Maschine ein und senken den Bohrer langsam in das Holz.

Hämmern und befestigen

Es gibt die unterschiedlichsten Hämmer für die verschiedensten leichten und schwereren Aufgaben. Sie werden sowohl nach Gewicht als auch nach Größe sortiert. Nägel und Schrauben werden zur Befestigung von Verbindungen genommen, obwohl sie nur selten bei geleimten Verbindungen nötig sind. Nehmen Sie sie als Hilfen beim Zusammenbau und zum Sichern der Einzelteile. Schrauben werden auch benutzt, um Beschläge und Scharniere anzubringen.

◄ Klauenhammer

Ein 450 g schwerer Klauenhammer ist ein guter Mehrzweckhammer. Mit der Klaue zieht man Nägel heraus. Wenn Sie mit einem Hammer eine Holzverbindung zusammenklopfen, schützen Sie das Holz mit einem Stück Abfallholz.

▲ Nageldorn

Um einen Nagel unter die Holzoberfläche zu schlagen, ohne das Holz zu beschädigen, nehmen Sie einen Nageldorn. Danach können Sie das Loch mit Flüssigholz auffüllen. Nehmen Sie einen Dorn, der etwas schmaler ist als der Nagel, den Sie einschlagen.

► Holzhammer oder Klüpfel

Der Kopf des Klüpfels ist aus weicherem Material als ein Stahlhammer, sodass er beim Zusammenklopfen von Verbindungen das Werkstück nicht beschädigt.

◄ Dekorateurhammer

Dieses Leichtgewicht nimmt man, um Paneelnägel oder kleine Nägel für Furniere einzuschlagen. Halten Sie den Nagel mit den Fingern und tippen Sie ihn mit der schmalen Kopfseite fest. Mit der größeren Schlagfläche treiben Sie den Nagel dann hinein.

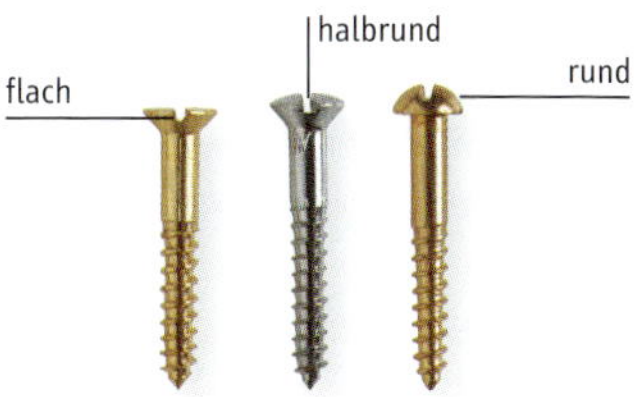

▲ Befestigungen

Tischler nehmen gewöhnliche Nägel, auch Kistennägel, Drahtstifte oder auch Paneelnägel genannt, gerne zum Fixieren von Schubladen oder Halterungen, bis die Leimverbindung getrocknet ist. Die normale Holzschraube ist aus Stahl oder Messing und hat einen flachen (versenkten), halbrunden (erhabenen) oder runden Kopf.

▲ Schraubenzieher

Schraubenzieher oder -dreher gibt es in allen Größen. Wichtig ist, dass man immer die richtige Klingenbreite für die jeweilige Schraube einsetzt. Schraubenzieher mit einem ballonartigen Handgriff sind leichter zu handhaben.

Abschleifen

Bevor ein Projekt beendet wird, muss die gesamte Oberfläche glatt und eben sein. Manche Experten können solch ein Ergebnis mit dem Hobel erzielen, aber normalerweise benötigen Sie Schleifwerkzeuge und entsprechende Techniken, besonders, wenn die Fasern im Holz unterbrochen sind oder es andere Schwierigkeiten in der Oberfläche gibt. Schleiftechniken setzt man auch zum Modellieren ein. Das Abziehen mit einer Klinge ergibt extrem feine seidenartige Späne, ähnlich denen beim Arbeiten mit einem Beitel. Schleifpapier gibt es in verschiedenen Körnungen, von grob bis fein, es erzielt von Körnung zu Körnung eine feinere Oberfläche.

Siehe auch

Halten und fixieren, Seiten 24-25

Werkzeugpflege, Seiten 92-99

Ziehklingen

Mit Ziehklingen und etwas Übung kann man exzellente Oberflächen erhalten, die keine weitere Bearbeitung mit Schleifpapier benötigen. Normalerweise nimmt man für die Oberflächenbearbeitung spezielle Ziehklingen, obwohl sich jedes scharfkantige Material wie ein Stück Glas auch eignet. Die lange Kante muss vor Gebrauch geschärft werden, um auf der Schnittkante einen Metallgrat zu produzieren. Weil sie so fein arbeiten, können Ziehklingen auf jeder Maserung benutzt werden.

▲ **Ziehklingen**

Ziehklingen sind aus bestem Stahl gefertigt und werden für Arbeiten mit furnierten Oberflächen hergenommen, auch wegen der Möglichkeit, kleinste Spritzer zu beseitigen und überschüssigen Leim zu entfernen. Ziehklingen gibt es für ebene oder geschweifte Flächen.

Arbeiten mit der Klinge

▼ ▶ **1** Halten Sie die Klinge mit beiden Händen, die Daumen hinter der Klinge. Biegen Sie mit den Daumen die Klinge, als wollten Sie sie von sich wegschieben. Setzen Sie die Klinge senkrecht auf die Oberfläche, dann kippen Sie sie, bis die gegratete Kante Kontakt mit dem Holz bekommt. Wenn Sie jetzt nur Staub und keine Späne produzieren, muss die Klinge geschärft werden. Arbeiten Sie mit der Faser oder diagonal dazu.

▶ **2** Ziehklingen werden bei der Arbeit heiß und können die Daumen verbrennen. Bequemer ist es, die Klinge in eine spezielle Halterung einzusetzen.

▼ **3** Mit der zentralen Schraube können Sie die Wölbung der Klinge einstellen.

Schleifmaterial

Schleif-, Sand- oder Schmirgelpapier ist nach dem Grad der Körnung der Schleifpartikel unterteilt. Üblicherweise arbeiten Sie mit der Körnung von grob nach fein, bis die Oberfläche glatt ist und keine Spuren des Schleifens mehr aufweist. Die typischen Schleifstufen bis zur Oberflächenbehandlung und Versiegelung könnten 100er, 180er und 240er Körnung sein. Wechseln Sie das Schleifpapier, wenn es die Schleifkörner verliert und mit Staub zugesetzt ist. Reinigen Sie die Oberfläche mit Bürste und Lappen vom Schleifstaub.

1 Granatschleifpapier: Wird für grobe Schleifarbeiten auf Holz und Farbanstrichen eingesetzt, nicht für Feinarbeiten geeignet.
2 Glaspapier: Glaspapier bricht die Holzfasern sehr sauber und erzeugt eine glatte Oberfläche. Gibt es in sehr feiner Körnung für Hand- und Maschinenarbeit.
3 Aluminiumoxidpapier: Ist die Alternative zu Granatschleifpapier, ist manchmal sogar noch härter und hält länger. Es gibt das Schleifpapier für Hand- und Maschineneinsatz, nicht geeignet für Feinarbeiten.

6

Mit Schleifbändern kann man verwinkelte Innenräume bearbeiten.

4 Siliziumkarbid: Dieses Schleifmittel hat einen Papierrücken und ist deswegen für grobe Holzvorarbeiten nicht geeignet. Man nimmt es für Glättearbeiten zwischen den einzelnen Oberflächenaufträgen, um kleine Schrammen zu beseitigen. Es ist eine moderne Alternative zu Wasser und Seife und Terpentinersatz und besitzt eine Art Puder zwischen den Schleifkörnern, das Schrammen und Kratzer zu vermeiden hilft. Gut für Handarbeit und Maschineneinsatz.
5 Flexible Schleifmittel: Diese Schleifmittel mit Aluminiumoxid oder Siliziumkarbid sind auf einer reißfesten Grundlage aufgebaut und für den Einsatz auf kurvigen und modellierten Oberflächen gedacht.
6 Stahlwolle: Wird in den feinsten Abstufungen zwischen den Arbeitsgängen zum Glätten benutzt oder um Wachs aufzutragen.

Grad	Körnung	Einsatz
Sehr grob	40 60	Erstes Schleifen
Grob	80 100	Schleifen und Entfernen von Kratzern
Mittel	120 150 180	Zwischenschleifen
Fein	220 240 280	Letzter Schleifgang vor dem Auftragen der Politur
Sehr fein	320 360 400 500 600	Entfernen von Staubkörnern und Luftblasen zwischen den Politurschichten.

1 5
4 2 3

Schleifen per Hand

Zum Schleifen gerader Holzstücke nehmen Sie am besten immer einen Schleifklotz. Wenn Sie mit dem Schleifpapier nur in der Hand arbeiten, werden Sie trotz aller Sorgfalt immer kleine Unebenheiten oder Fehler in die Oberfläche hineinarbeiten. Ein Schleifklotz aus Kork ist fest, nicht zu schwer und sollte eine angenehme Größe zum Arbeiten haben. Fixieren Sie das Werkstück in einem Schraubstock oder mit Zwingen und tragen Sie immer eine Staubmaske.

Schleifklotz aus Kork

Arbeiten mit dem Klotz

▶ **1** Schneiden Sie ein Stück Schleifpapier so zurecht, dass es um den Schleifklotz passt, mit den Enden nach oben. An den Seiten sollte es nur minimal überstehen. Halten Sie das Sandpapier stramm fest und schleifen Sie das Holz mit Druck in Richtung der Fasern. Schleifen Sie nicht quer, das ergibt Kratzer, die Sie kaum wieder beseitigen können.

▼ **2** Generell sollten Objekte aus Holz niemals scharfe Kanten aufweisen. Schleifen Sie alle Kanten mit feinem Sandpapier.

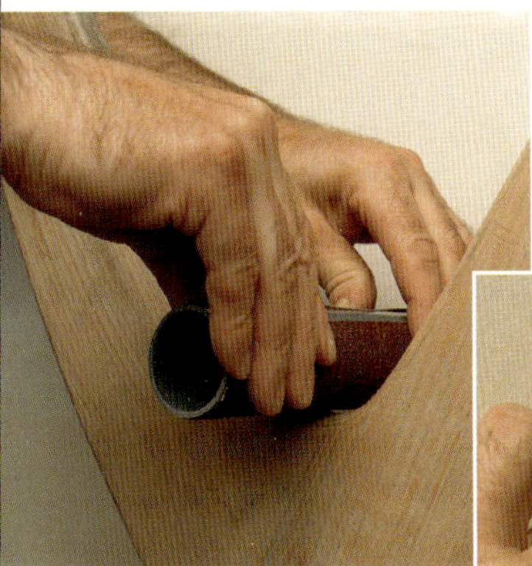

◀ ▼ Hilfsmittel

Um Rundungen zu schleifen, gibt es einfache Hilfsmittel. Nehmen Sie beispielsweise ein kurzes Stück Plastikrohr und wickeln Sie das Schleifpapier drumherum. Mit den Fingern halten Sie es an beiden Enden fest. Um ein rundes Stück Holz zu schleifen, wickeln Sie das Schleifpapier um ein Kantholz, halten es mit der einen Hand, während Sie mit der anderen das Werkstück drehend abschmirgeln.

Schleifen mit der Maschine

Das Arbeiten mit einer Schleifmaschine ist grundsätzlich schneller und effizienter als die Handarbeit. Diese Maschinen ermöglichen einen schnellen und überzeugenden Erfolg. Schleifmaschinen gibt es in vielen Formen und Größen sowohl als tragbare als auch als stationäre Maschinen. Ein bedeutendes Merkmal aller Maschinen ist die Möglichkeit, einen Staubbeutel oder eine Staubabsaugung anzuschließen. Trotzdem sollten Sie immer eine Staubmaske oder ein Atemschutzgerät tragen.

▲ Tragbarer Bandschleifer

Ein Bandschleifer hat ein Endlosband aus Schleifpapier, das über zwei Rollen läuft. Es ist für grobes Schleifen und schnelles Abarbeiten von Holz gedacht; es ist schwerer zu kontrollieren und kann feinere Arbeiten durch zu schnelles Abschleifen ruinieren.

▼ Band- und Scheibenschleifer

Diese fest montierte Kombi-Schleifmaschine eignet sich sehr gut für kleinere Werkstücke. Aber seien Sie sehr vorsichtig, auch diese Maschine kann ganz schnell zu viel Holz abarbeiten. Sie benötigt exakte Einstellungen für ein präzises Arbeiten. Anschlag und Tisch der Schleifscheibe können Sie beim Schleifen als Führungen nehmen für Winkel und Kanten.

◀ Schwingschleifer

Passende Stücke von Schleifpapier werden unter die Basisplatte der Maschine geklemmt, die gut geeignet ist, eine kratzerfreie Oberfläche für die Endbehandlung zu produzieren. Die Platte bewegt sich mehr in einer Kreisform statt in einer Vor- und Rückwartsbewegung. Es gibt auch Maschinen, deren Kreisbewegungen zufällig sind und die ein entsprechendes Schleifmuster kreieren. Kleine Handgeräte mit Akkuantrieb gibt es ebenfalls.

Bandschleifen

▶ **1** Halten Sie die Maschine hoch, wenn Sie sie einschalten, dann senken Sie sie auf das Werkstück und beginnen sofort mit der Schleifbewegung. Halten Sie sie gut fest und stoppen Sie niemals Ihre Bewegung, wenn der Schleifer läuft, sonst gräbt sich die Maschine sofort ins Holz ein. Diese Gefahr besteht besonders an Rundungen und Kanten. Heben Sie die Maschine an, bevor Sie sie ausschalten.

▶ **2** Ein Bandschleifer kann sowohl für plane Flächen als auch für Rundungen eingesetzt werden. Fixieren Sie die Maschine an der Werkbank und arbeiten Sie mit dem Werkstück aus der Hand.

▼ **3** Mit diesem kleinen Bandschleifer können Sie das Holz schnell und intensiv bearbeiten. Fixieren Sie das Werkstück in einem Schraubstock. Sie brauchen eine ruhige Hand.

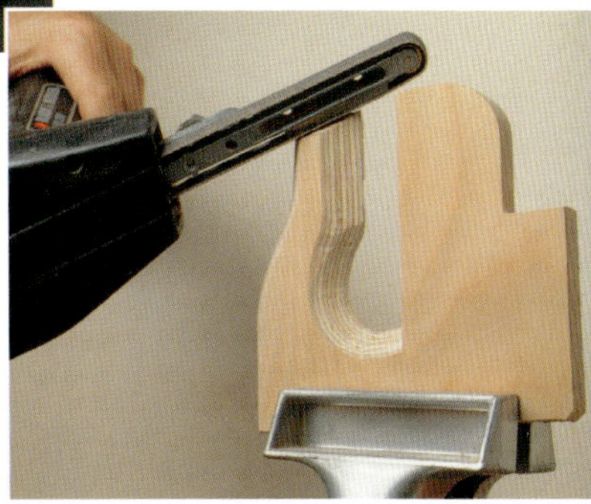

◀ Schwingschleifer

Das Eigengewicht der Maschine reicht für die meisten Arbeiten aus. Arbeiten Sie in Kreisen rauf und runter und quer über das Holz.

◀ Schleifscheibe

Eine Schleifscheibe ist sehr nützlich, wenn es um gerade, gerundete oder gewinkelte Endstücke geht. Achten Sie darauf, dass das Werkstück in die Richtung der Drehung der Scheibe zeigt, damit es nicht nach oben ausbrechen kann. Kippen Sie Werktisch und Anschlag, wenn Sie einen Winkel schneiden wollen.

Werkzeugpflege

Jedes Werkzeug braucht Pflege und wenn es nur ein Tropfen Öl auf einer Stahlklinge ist, um Rost vorzubeugen. Viele Werkzeuge haben eine scharfe Schnittkante, die instand gehalten werden muss, wenn sie nicht stumpf werden soll. Sie wird geschliffen, gefeilt oder gegratet, um mit ihr optimal arbeiten zu können. Die Wichtigkeit einer rasiermesserscharfen Klinge eines Markierungsmessers, eines Hobels oder Beitels wird man sehr schnell zu schätzen lernen, wenn man einmal versucht hat, mit einem stumpfen Messer eine Linie zu ziehen. Der Erfolg aller Arbeiten mit Holz beginnt mit dem richtigen und gepflegten Werkzeug.

Werkzeug schärfen

Um das Maximum bei der Arbeit mit Ihrem Werkzeug zu erreichen, sollten Sie es regelmäßig kontrollieren und pflegen. Viele neue Handwerkzeuge werden nur mäßig scharf ausgeliefert, darum sollten Sie sie grundsätzlich noch einmal schärfen, bevor Sie mit der ersten Arbeit beginnen. Die Grundausstattung zum Schärfen umfasst eine stationäre Schleifmaschine, einen Schleif- oder Abziehstein und einen Streichriemen aus Leder.

◄ Schleifmaschine

Die stationäre Schleifmaschine hat eine grobe und eine mittelfeine Schleifscheibe, um Klingen und Bohreinsätze zu schärfen. Mit speziellen Halterungen kann man den Schleifwinkel des Werkzeugs einstellen. Halten Sie einen Topf mit Wasser zum Kühlen bereit, beim Schleifen von Metall entsteht sehr große Hitze.

► Schleifsteine

Als Steine zum Schleifen und Schärfen gibt es natürliche oder synthetische Öl-, Wasser- und Diamantsteine. Ölsteine nutzen sich schnell ab, Wassersteine sind leicht zerbrechlich und Diamantsteine sehr teuer, aber extrem haltbar und für gehärteten Stahl geeignet. Alle Steine gibt es in verschiedenen Stufen, von grob bis fein, Kombisteine haben auf jeder Seite unterschiedliche Körnungen. Mit groben Schleifsteinen kann man Holz auch direkt abschleifen. Alle Schleifsteine benötigen Flüssigkeit, Öl für den Ölstein, Wasser für Wasser- und Diamantstein. Wetzsteine sind kleine Schleifsteine, um Rundungen und Bohrer zu schärfen.

◄ Streichriemen

Die meisten Werkzeuge müssen nach dem Schärfen auf einem Lederriemen abgezogen werden. Für den Streichriemen kleben Sie auf eine Holzlatte ein Stück weiches Leder auf oder umwickeln einen Rundstab mit Leder. Der Streichriemen sollte mit Riemenöl oder -paste eingerieben werden.

Schärftechniken

Es gibt drei Stufen zum Schärfen von Werkzeug: Schleifen (grobes Abschleifen), Schärfen (Feinschliff) und Abziehen auf dem Lederriemen (Stroppen). Grobes Abschleifen ist nur nötig, wenn die Klinge stumpf oder beschädigt ist oder nach sehr langem Gebrauch und häufigem Schärfen. Tragen Sie immer einen Gesichtsschutz oder eine Schutzbrille, wenn Sie schleifen. Schärfen ist der nächste Schritt nach dem Schleifen, wenn die Klinge über unterschiedlich gekörnte Wetzsteine gezogen wird. Zum Schluss wird die Klinge über einen Lederriemen gezogen, um die Schnittkante zu polieren. Hier zeigen wir Ihnen das Schärfen eines Handhobels, die gleiche Technik gilt aber auch für andere Werkzeuge, beispielsweise einen Beitel.

Schleifen

◄ **1** Schleifen Sie ein Werkzeug nur ab, wenn die Schnittkante der Klinge in irgendeiner Weise beschädigt ist. Halten Sie die Klinge mit der Fase nach unten im ursprünglichen Winkel gegen die Schleifscheibe (im Falle eines Hobels 25°), bewegen Sie die Klinge seitwärts über die Scheibe, pressen Sie mit den Fingern im gleich bleibenden Winkel. Tauchen Sie das Werkzeug häufig in Wasser, um ein Ausbläuen und Aufweichen der Stahlklinge zu verhindern.

▼ **2** Mit der Fase nach oben ziehen Sie die Klinge über ein Schleifpapier oder einen Abziehstein. Die Klinge muss ganz flach aufliegen.

Glätten

- Mit dem Glätten beseitigt man alle Kratzer und Beschädigungen auf der Rückseite der Klinge nach dem Schleifen und zwischen den einzelnen Schritten des Schärfens.
- Benutzen Sie einen mittelkörnigen Abziehstein oder kleben Sie mit beidseitig haftendem Klebeband ein Stück feines Sandpapier (Siliziumkarbid oder Glaspapier) auf ein Brett.
- Geben Sie ein paar Tropfen Öl auf das Sandpapier, legen Sie die Klinge flach auf das Schleifpapier und ziehen sie vor und zurück, um eine glatte Oberfläche zu erzielen.
- Damit Sie das Glätten nicht vergessen, färben Sie die Rückseite der Klinge vorher mit einem Marker ein. Die Farbe verschwindet beim Glätten.

Honen

◄ **1** Legen Sie die Klinge mit der Fase nach unten auf einen grobkörnigen Abziehstein, um tiefe Kratzer abzuziehen. Halten Sie die Klinge so, dass die ursprüngliche Fase auf dem Stein aufliegt, und ziehen Sie sie mehrfach kreuz und quer über den Stein. Achten Sie auf die Wässerung des Steins, um den Stahl nicht zu gefährden.

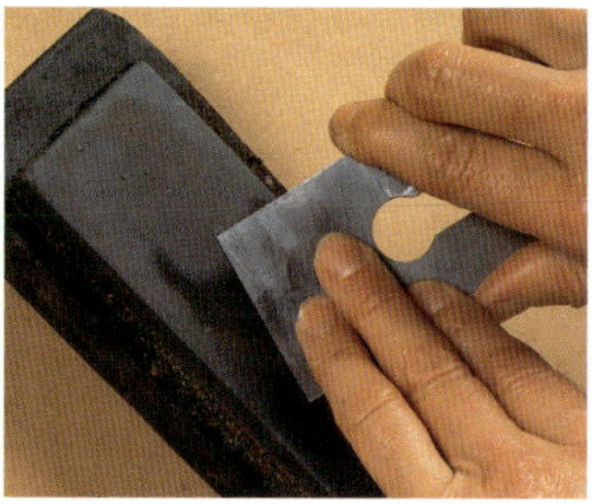

◄ **2** Das Honen kann an der Spitze der Klinge eine raue Kante hervorgerufen haben. Legen Sie die Klinge mit der Rückseite auf den Stein und beseitigen Sie die Kante. Wiederholen Sie den Prozess des Honens mit feineren Abziehsteinen, um das Ergebnis zu verfeinern. Zum Schluss heben Sie die Klinge beim Honen leicht an, damit die Schneidfase den korrekten Winkel erhält.

◄ Stroppen

Mit der Fase aufwärts ziehen Sie die Klinge über den Lederriemen, um auch den letzten feinen Grat zu beseitigen.

Fasenwinkel

- Beitel und Hobelklingen haben zwei Fasenwinkel. Der Grundwinkel, mit dem das Werkzeug normalerweise gekauft wird, beträgt 25°, der beim Honen in der Werkstatt angeschärfte Winkel beträgt 30 bis 35°.

- Eine Beitelklinge in einen flacheren Winkel zu schleifen, erhöht die Schneidleistung, macht aber die Schnittkante empfindlicher.

- Es gibt eine ganze Reihe von Halterungen, um das Werkzeug im richtigen Winkel zu fixieren.

- Um sicher zu gehen, dass der Grundwinkel beibehalten wird, färben Sie einen Teil der Fase mit einem Marker ein. Fixieren Sie die Klinge und drehen Sie den Schleifstein eine halbe Umdrehung weiter, um etwas von der Markierung abzuschleifen. Jetzt können Sie ermessen, ob das Werkzeug nachjustiert werden muss.

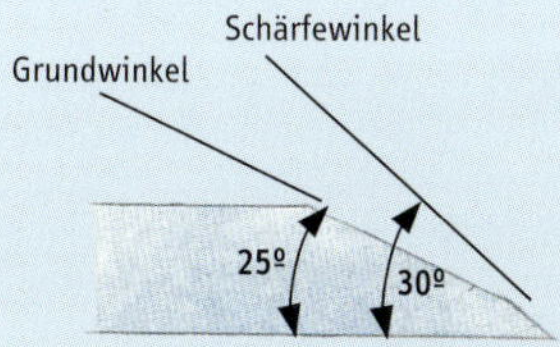

Aufbau eines Hobels

Nach dem Schärfen einer Hobelklinge ist es sehr wichtig, sie auch wieder richtig einzusetzen. Wir zeigen, wie ein Hobel im Einzelnen aufgebaut ist.

- Die Hobelklinge ist eigentlich ein breiter Beitel in einer genau justierten Halterung. Mit einer Einstellschraube kann man die Schnittkante des Hobeleisens mehr oder weniger aus dem Hobelmaul hervorschieben, und zwar exakt parallel, sodass keine Ecke der Klinge Riefen ins Holz reißen kann.

- Eine Hobeleisenklappe liegt über der Klinge, dem Hobeleisen, und 2-3 mm zurückversetzt von der Schnittkante. Sie übt Druck aus auf die Klinge und verhindert das Vibrieren. Wenn die Klinge geschärft wird, muss diese Klappe entfernt werden, es ist also wichtig, sie korrekt wieder zu montieren.

- Die Klinge ist normalerweise in einem Winkel von 45° in den Hobel gesetzt. Die Schnittkante hat üblicherweise 25° und die Schneide ist gehont zu einer zweiten Fase mit 30-35°. Bei stationären Hobeln zeigt die Fase der Klinge nach unten, bei Handhobeln nach oben. Trotz der Unterschiede im Aufbau dieser beiden Typen haben beide einen Schneidewinkel von 45°.

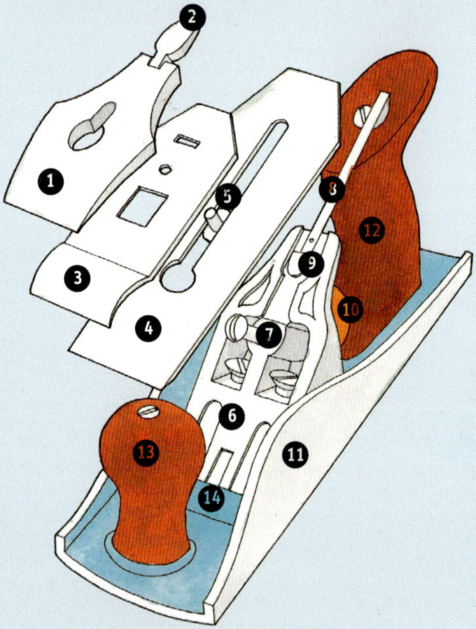

Elemente des Hobels

1 Messerklappe
2 Feststeller
3 Hobeleisenklappe
4 Klinge oder Hobeleisen
5 Messerklappenschraube
6 Messerplatte (Frosch)
7 Klappenschraube
8 Seiteneinstellhebel
9 Tiefeneinstellhebel
10 Tiefeneinstellknopf
11 Sohle
12 Hinterer Handgriff
13 Frontknauf
14 Hobelmaul

◄ Sichtprüfung des Hobels

Sichtprüfen oder Visieren ist die Kontrolle, ob die Klinge im Hobel korrekt sitzt. Halten Sie den Hobel mit der Unterfläche nach oben und kontrollieren Sie, wie weit die Hobelklinge aus dem Hobelmaul hervorlugt und ob alle Ecken parallel zur Sohle stehen. Halten Sie ein Stück weißes Papier dagegen, um alles besser erkennen zu können. Betätigen Sie den Tiefeneinstellknopf und den Seiteneinstellhebel, damit die Hobelklinge stufenlos vor- und zurückgleitet und einen parallelen Schatten wirft. Machen Sie einen feinen Probeschnitt, bevor Sie die eigentliche Arbeit beginnen. Ein feiner Schnitt bietet weniger Widerstand und mehr Kontrolle als ein Schnitt durch dickeres Holz. Verstellen Sie den Hobel während der Arbeit, bis Sie mit dem Schnittergebnis zufrieden sind.

Schärfen einer Ziehklinge

▶ **1** Ziehklingen werden geschärft, indem man auf beiden Seiten der Kante einen Schneidgrat anbringt. Als Erstes muss aber ein noch vorhandener Grat auf beiden Seiten der Klinge auf dem Abziehstein beseitigt werden.

▶ **2** Honen Sie die Kanten der Klinge von Stufe zu Stufe auf immer feineren Abziehsteinen.

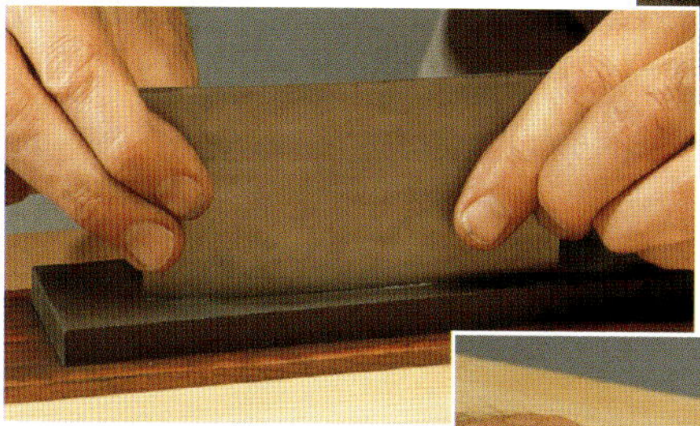

▶ **3** Mit einem Abziehstahl (einem besonders gehärteten Stahlstab) bringen Sie neue Schneidgrate an der Klinge an. Die Klinge in einem Schraubstock festschrauben oder auf die Werkbank pressen, die Klingenkante muss leicht überstehen. Fahren Sie jetzt mit dem Abziehstahl die Kante entlang, üben Sie kräftig Druck aus. Reiben Sie von sich weg und leicht nach unten. Ein paar Durchgänge für jede Seite der Schnittkante sollten ausreichen.

◀ Ölstein säubern

Einen Ölabziehstein reinigen Sie mit Terpentinersatz. Tränken Sie die Oberfläche und lassen Sie den Terpentinersatz einziehen, dann abtropfen lassen. Wenn die Oberfläche mit Holzstaub zugesetzt ist, reinigen Sie sie mit einer kräftigen Bürste. Tragen Sie eine Schutzbrille und Gummihandschuhe. Um die Oberfläche nach dem Säubern zu glätten, färben Sie die Oberfläche mit einem Marker ein und reiben sie über eine Lage Schmirgelpapier, bis die Farbe verschwunden ist.

Schärfen einer Säge

Für einen Anfänger ist es nicht ganz einfach, eine Säge zu schärfen. Die meisten Hobbytischler lassen ihre Sägen von professionellen Diensten schärfen, statt selbst Hand anzulegen. Außerdem gibt es viele Hand- und Elektrosägen, die gehärtete Zähne besitzen, die nicht nachgeschärft werden können. Sie halten wesentlich länger als normale Sägeblätter und werden einfach weggeworfen, wenn sie stumpf sind.

Maschinenpflege

Maschinen und Elektrogeräte können in der Werkstatt eine große Hilfe sein, aber nur, wenn sie auch gut arbeiten. Eine sorgfältige Pflege ist für die Funktion wichtig. Hier finden Sie einige generelle Tipps, aber befolgen Sie in jedem Fall auch die speziellen Vorschriften des Herstellers.

Pflege von Oberfräsen und Einsätzen

◀ **1** Eine Oberfräse produziert eine Menge Staub, und der kann die Leistung des Geräts erheblich mindern. Sie sollten also die Maschine regelmäßig von Staub und Abfällen befreien. Mit einem Staubsauger und einer schmalen Aufsetzdüse holen Sie den Staub aus den kleinsten Ecken. Reinigen Sie alle Metallteile und besonders die elektrischen Pole.

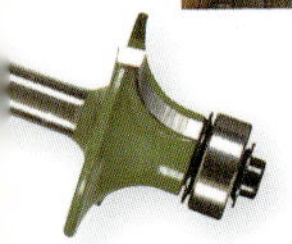

Prüfen Sie die Führungen von Kopierringen regelmäßig auf Funktion.

◀ **2** Sprühen Sie ein bisschen Öl auf alle beweglichen Teile und reiben Sie die ganze Maschine mit einem fusselfreien Lappen ab. Bedenken Sie, dass Oberfräsen in bestimmten Abständen je nach Hersteller für eine Grundreinigung zerlegt werden müssen.

◀ **3** Fräseinsätze für die Oberfräse sind teuer und empfindlich, das Harz im Holz kann sie rutschig und stumpf werden lassen. Nehmen Sie eine Bürste, einen Lappen und Terpentinersatz, um das Harz zu entfernen. Bearbeiten Sie den Stift des Fräsers nicht mit Stahlwolle, nach mehreren solcher Reinigungen passt der Fräser nicht mehr richtig. Geben Sie zum Schluss einen dünnen Ölfilm auf den Einsatz.

▶ **4** Honen Sie die Innenkanten der Fräseinsätze auf einem Abziehstein, nehmen Sie einen Diamantstein für gehärteten Stahl. Honen Sie nicht die Außenkanten, das würde den Fräsvorgang stören.

Rechten Winkel bei der Tischsäge messen

◀ **1** Eine Tischsäge muss im rechten Winkel schneiden, sonst ist sie nutzlos. Das müssen Sie bei jedem Wechsel des Sägeblatts und bei allen Serviceintervallen überprüfen. Setzen Sie einen metallenen Anschlagwinkel in die Halterung des Parallelanschlags, sodass der Anschlag leicht hin und her bewegt werden kann. Machen Sie zwei Messungen, eine von der Vorderseite des Sägeblatts, eine von der Rückseite. Wenn beide identisch sind, liegt das Sägeblatt korrekt am Anschlag, Wenn nicht, müssen Sie das Blatt nachjustieren.

▶ **2** Setzen Sie den Anschlagwinkel senkrecht an das Blatt, um den rechten Winkel zu überprüfen. Justieren Sie nach.

▼ **3** Überprüfen Sie den Zwischenraum zwischen Sägeblatt und Tischplatte. Halten Sie sich an die Herstellervorgaben.

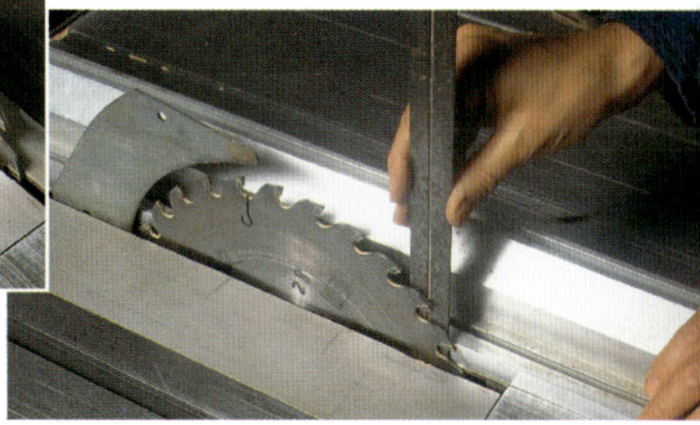

◀ **4** Um die Rechtwinkeligkeit zu prüfen, zeichnen Sie mit einem Anschlagwinkel eine Linie rund um ein Stück Abfallholz. Legen Sie das Brett gegen den Führungsanschlag und starten Sie die Säge. Schneiden Sie bis zur Hälfte des Bretts. Drehen Sie das Brett um und sägen Sie von der anderen Seite. Stoppen Sie, wenn die Schnitte nur noch 3 mm auseinander liegen.

▶ **5** Wenn die zwei Schnitte sich treffen, ist der rechte Winkel in Ordnung. Wenn Sie nicht passen, müssen Sie Sägeblatt, Werktisch und Führungsanschlag überprüfen.

Die Sägeschnitte sollten sich treffen.

⚠ Schmieren

Das richtige Schmieren steht ganz oben auf unserer Checkliste für Maschinen. Die Oberflächen der Werkzeuge sollten immer mit Öl oder Wachs leicht eingesprüht werden, die beweglichen Teile der Maschine werden nach den Herstellerangaben geschmiert. Wenn Sie beim Starten einer Maschine Knack- und Qietschgeräusche hören, muss sie wahrscheinlich dringend geschmiert werden. Wenn ein bewegliches Teil trocken läuft, kann das für die Arbeit katastrophale Folgen haben.

3
Verbindungs-techniken

Schritt-für-Schritt-Anleitungen für die grundlegenden Holzverbindungen

Grundsätzliche Holzverbindungen

Die meisten Holzarbeiten bestehen darin, aus den unterschiedlichsten Gründen Holzteile miteinander zu verbinden, um die Form zu verändern, Teile anzufügen, die Tragkraft zu erhöhen oder beschädigte Teile zu reparieren. Eine gut gemachte Verbindung ist stabil, optisch attraktiv oder geschickt verborgen und überlebt lange Zeiten, obwohl die Holzfasern immer etwas arbeiten und ihre Struktur verändern.

Stabilität

▼ **1** Eine geleimte Verbindung zweier Endfaserstücke ist am instabilsten, weil sich keine Fasern überlappen und der Leim von den Fasern absorbiert wird, sodass zu wenig auf den Klebeflächen zurückbleibt. Spätere Bewegungen im Holz können die Verbindung lockern oder trennen.

◄ **2** Endstücke, die auf eine andere Faserung geleimt werden, haben nur eine eingeschränkte Stabilität. Endfaser-auf Langfaser-Verbindungen schrumpfen mehr quer als längs.

► **3** Die stärkste Leimverbindung entsteht, wenn zwei Faserrichtungen nebeneinander geleimt werden und damit auch die Maserung verstärken. Jede Bewegung des Holzes ist verträglich, weil beide Stücke in die gleiche Richtung arbeiten.

Holz arbeitet

Eine einfache Regel besagt, dass Holz quer zur Faser mehr arbeitet als in der Länge und die Jahresringe gern zur Außenseite aufreißen. Versuchen Sie quergeschnittenes Holz mit kurzen Wachstumsringen im Endstück zu verarbeitet. Das arbeitet weniger.

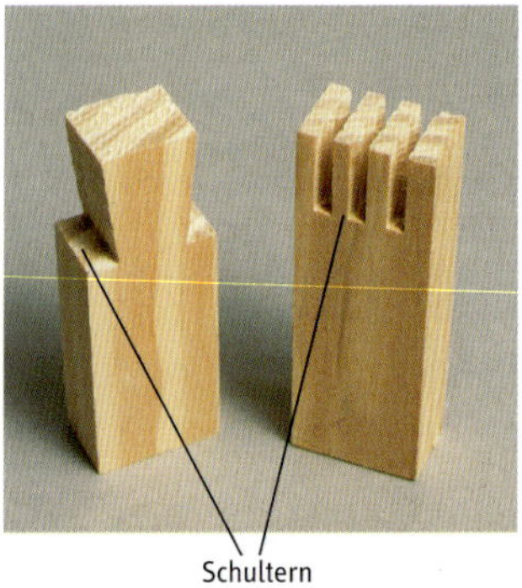

◄ **4** Arbeitet man Zinken in die Verbindung ein, die ineinander greifen, erhöht man die mechanische Stabilität wesentlich. Dann überlappen sich viele Langfasern und die verleimte Fläche wird größer. Außerdem sehen diese Verbindungen gut aus.

◄ Grundkonfigurationen

Vier Grundkonfigurationen gibt es für Holzverbindungen: L,T,X und I, und die können in allen möglichen Winkeln angelegt werden. Übergreifende Kanten-, Stoßkanten-, Gehrungs-, Dübel-, Schwalbenschwanz- und Zinken- und Zapfenverbindungen können alle in der L-Figuration gebaut werden.

▼ Gesägte und gefräste Teile

Die Bestandteile einer Verbindung sind entweder gesägt oder gefräst. Gesägte Teile können in einem Schnitt hergestellt werden, gefräste Teile sind das Ergebnis eines Schritt-für-Schritt-Prozesses, etwa bei einem Falz. Es gibt nicht nur eine alleinige Methode, die Teile herzustellen. Die verschiedenen Methoden lernen Sie noch in diesem Kapitel kennen. Weitere werden in Kapitel 2 vorgestellt (Seiten 28-99).

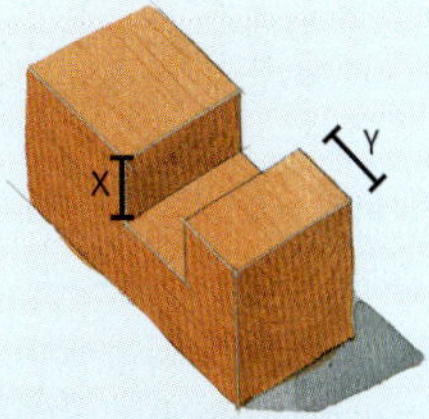

Das X-Y-Gesetz

Ein wichtiges Gesetz besagt, kurze Enden zu vermeiden. Wenn Sie eine Nut ziemlich am Ende des Werkstücks schneiden, darf die Tiefe des Schnittes (X) die Länge des am Ende verbleibenden Holzes (Y) nicht überschreiten. Wenn doch, wird dieses kurze Stück mit Sicherheit abbrechen. Der Druck auf diese Eckverbindung ist dann einfach zu groß für die zu kurze Ecke.

Einwirkende Kräfte

Bevor Sie sich mit den grundlegenden Verbindungen stärker befassen, ist es sinnvoll, sich die Kräfte anzusehen, die auf eine Holzverbindung einwirken. Sie können dann Schwierigkeiten vorbeugen und die passende Verbindung finden.

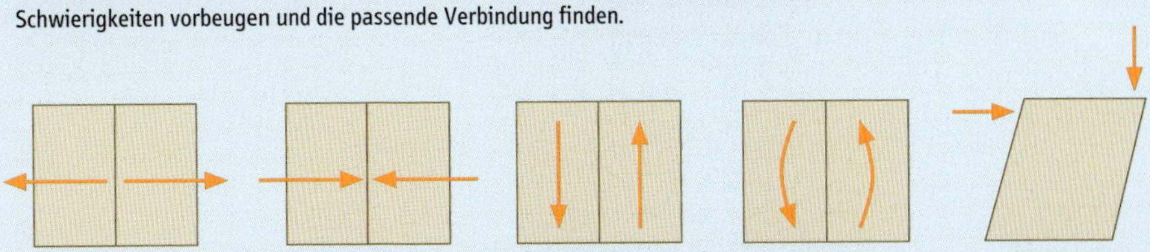

Spannung
Die Kraft, die die Teile auseinander treibt.

Druck
Die Kraft, die die Verbindung zusammenhält.

Scherung
Zieh- und Druckkräfte an einer Leimverbindung.

Krümmung
Tendenz des arbeitenden Holzes, auseinanderzugehen.

Verziehen
Gleichmäßige Verbindungen verziehen und ändern ihre Winkel und Ecken.

Die richtige Verbindung

Viele Verbindungen haben sich über Jahrhunderte entwickelt, um besondere Aufgaben zu erfüllen, etwa die Schlitz- und Zapfen- oder die Schwalbenschwanztechnik beim Bau von Schränken und Schubladen. Sie repräsentieren eine lange und andauernde Tischlerkultur, am meisten wohl die Schwalbenschwanztechnik. Es gibt hunderte von Verbindungsmöglichkeiten, Ihre Auswahl wird immer von der Funktion und vom Aussehen geprägt sein.

▶ Zerlegbare Schnellverbindungen

Es gibt immer Gelegenheiten, in denen eine nur zeitlich begrenzte Verbindung auch großer Möbelteile sinnvoll ist, etwa weil der Gebrauch nur vorübergehend ist. Dafür gibt es Schnellverbindungen aus Metall, die in Dübellöcher eingesetzt werden und mit Schrauben befestigt oder auch wieder ausgebaut werden können.

Stumpfe Verbindung mit Metalldübel und Verbindungsschraube

Verbindung von Werkstoffplatten

Werkstoffplatten wie MDF sind zwar unempfindlicher und arbeiten nicht wie Vollholzstücke, sind aber nicht so stabil und brechen an den Kanten gern weg, wenn traditionelle Verbindungen eingesetzt werden sollen. Dieses Material eignet sich besser für Lamello- oder Dübelverbindungen. Werkstoffplatten können auf Gehrung geschnitten werden, wenn der Kern verborgen bleiben soll, oder wie Nut und Feder über Kante verbunden werden.

Verbindungen zur Wahl

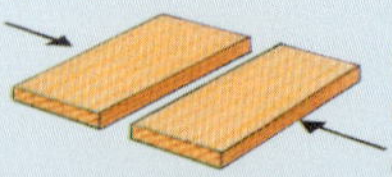

▲ Paneele
Eine simple Stoß-auf-Stoß geleimte Verbindung, die mechanisch durch Nut und Zapfen, Splinte, Dübel oder Lamellos verstärkt werden kann.

▼ Flachrahmen
Dafür nehmen Sie stumpfe Gehrungsstöße, Dübel oder Nut und Zapfen. Wenn Sie Werkstoffplatten benutzen, schneiden Sie den ganzen Rahmen aus einer Platte.

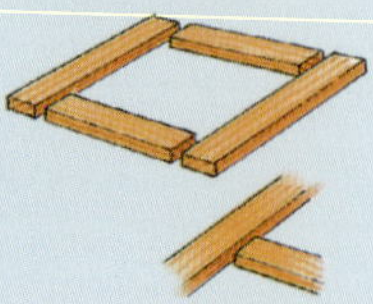

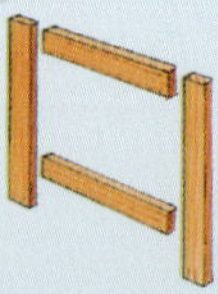

▲ Geländer, Untergestell oder Rahmen
Verbinden Sie mit Nut und Zapfen, entweder gerade durch, stumpf oder über Eck. Werkstoffplatten sind nicht geeignet.

▼ Unterteilung
Schneiden Sie eine große Nut für das Querbrett, aber eine Zapfen-, Lamello- oder Dübelverbindung kann auch genügen.

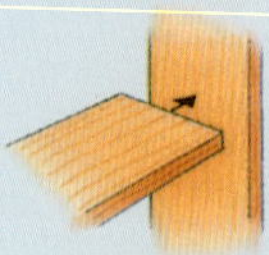

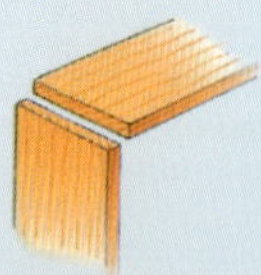

▲ Ecken
Schwalbenschwanz- oder stumpfe Verbindung, Gehrung oder Überlappung verstärkt mit Dübeln oder Lamellos – alles ist möglich.

Verbindung	Stabilität	Einsatz
Stoß und Falz (Seiten 110-111)	Nicht wesentlich stabiler als eine einfache Stoßverbindung. Kann durch Nägel, Schrauben, Splinte, Nut und Zapfen, Dübel und Lamellos verstärkt werden	Zur Verlängerung von Platten und Paneelen. für einfache Gestelle, leichte Rahmen und kleine Kästen, die durch Boden und Deckel zusätzliche Stabilität erhalten. Gehrungsverbindungen werden aus optischen Gründen bevorzugt, weil sie die Maserung des Holzes um das Werkstück fortführen und den Kern der Holzplatte verbergen. Auch bei der Falzverbindung wird der größte Teil der Endfasern verdeckt. Sie sieht besser aus als eine stumpfe Verbindung
Kanten und Laschungen (Seiten 112-115)	Nicht sehr stabil, kann verstärkt werden durch Splinte, Nut und Feder, Dübel oder Lamellos	Verlängerung oder Verbreiterung von Tischplatten oder Paneelen
Dübel (Seiten 116-117)	Stabile, schnelle und leichte Alternative zu Nut und Zapfen, ideal für Werkstoffplatten	Schränke, Türen, Tischplatten, Tischgestelle, Stuhlgestelle, Kästen
Lamellos (Seiten 118-119)	Schnell und stabil, aber nicht ganz so stabil wie traditionelle Verbindungen, ideal für Holzplatten	Tischplatten, Grundplatten und Seitenteile von Schubladen, einfache Gestelle und Rahmen (aber nicht die Rahmenecken), kleine Kästen
Anblattung (Seiten 120-121)	Nicht sehr stabil	Kleine einfache Rahmen, Schranktürrahmen
Zinken (Seiten 122-125)	Effektiv und leicht	Regale und Unterteilungen in Schränken und Kommoden, halten Geländer in Gestellen
Schlitz und Zapfen (Seiten 126-131)	Sehr stabil und steif	Schrankrahmen, Tischuntergestelle, Stuhlgestelle, Türrahmen, Beingestelle, tragende Elemente
Schwalbenschwanz (Seiten 132-137)	Sehr stabil und attraktiv	Kästen, Schubladen, Schränke, Regale

Leimen und klammern

Bei den meisten Werkstücken aus Holz kann man Leim benutzen, um haltbare Verbindungen zu erhalten. Moderne Holzleime sind stärker als die umliegenden Holzfasern, wenn etwas bricht, dann nur sehr selten an der Leimkante. Sorgen Sie dafür, dass alle Oberflächen vor dem Zusammenfügen sauber und fettfrei sind. Die meisten Verbindungen müssen zusammengeklammert werden, um den beim Trocknen des Leims nötigen Druck zu erhalten. Schützen Sie das Werkstück beim Klammern mit etwas Holz vor den Klauen der Zwinge. Setzen Sie vor jedem Leimen einen Probelauf an, um zu überprüfen, ob alle Teile bereit liegen und exakt passen.

◀ Eine Platte fixieren

Nehmen Sie Spannknechte, um Bretter zusammenzuleimen. Jeweils eine Zwinge brauchen Sie für die Enden und dazwischen eine oder mehrere quer über die Brettmitte. Setzen Sie die Spannknechte abwechselnd über und unter das Brett, um ein Durchbiegen zu verhindern. Legen Sie die unteren Zwingen auf die Werkbank, geben Sie Leim auf, ziehen Sie die Zwingen an und wischen Sie überflüssigen Leim ab. Dann setzen Sie die oberen Zwingen.

Einen Rahmen klammern

▶ **1** Nehmen Sie zwei Spannknechte, die Mitte der Zwingen muss mit der Mitte der Holzdicke übereinstimmen. Mit einem Anschlagwinkel überprüfen Sie, ob alle Ecken rechtwinklig sind. Korrigieren Sie notfalls.

Siehe auch

Halten und fixieren, Seiten 24-25

Leimarten, Seiten 108-109

▶ **2** Überprüfen Sie die Diagonale des Rahmens oder Gestells, indem Sie ein Lineal von Ecke zu Ecke legen. Die Gegendiagonale muss exakt die gleichen Maße haben.

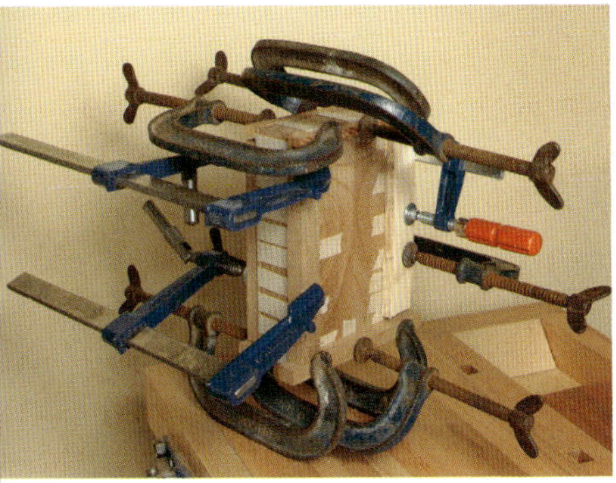

▲ Fixieren eines Korpus

Das Fixieren und Überprüfen auf Rechtwinkligkeit und Diagonale ist bei einem Rahmen recht einfach. Ein Möbelkorpus hat aber vier Seiten mit Unter- und Oberteil, sodass Sie viele Zwingen brauchen. Der Korpus kann in mehreren Durchgängen fixiert werden (etwa mit dem Rahmen zuerst) oder in einem Gang. Dann brauchen Sie viel Klebeband, um alles am richtigen Platz zu halten. Hier wurden viele G-Zwingen benutzt.

Fixieren einer Gehrung

▼ **1** Kleben Sie mehrere Streifen Klebeband über die Eckverbindung. Das Ganze wiederholen Sie auf der anderen Seite des Werkstücks, um gleichen Druck zu erzeugen.

▶ **2** Alternativ kleben Sie mit einer Heißluftpistole zwei 45°-Blöcke Abfallholz auf die Eckverbindung und fixieren sie mit zwei Schraubzwingen (G-Zwingen). Wenn der Leim trocken ist, stemmen oder sägen Sie das Abfallholz weg und hobeln die Ecken glatt.

Fixierpunkte für die beste Haltbarkeit

Die Schnittkanten der Verbindungen sollten eng passen und die Zwingen so gesetzt werden, dass der größte Druck auf die langen Holzfasern ausgeübt wird. Dann hält der Leim am besten.

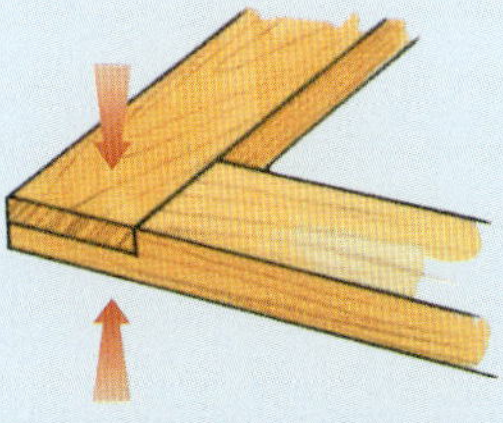

Der Druck entfaltet sich auf die beiden Wangen mit langen Fasern.

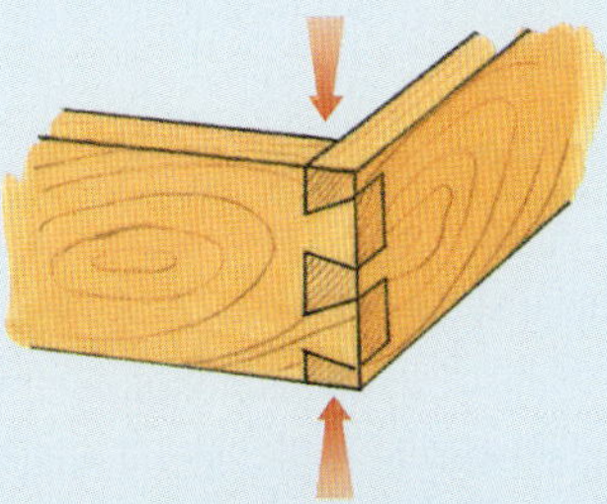

Die Klebekraft entsteht zwischen Zinken und Schwalbenschwänzen.

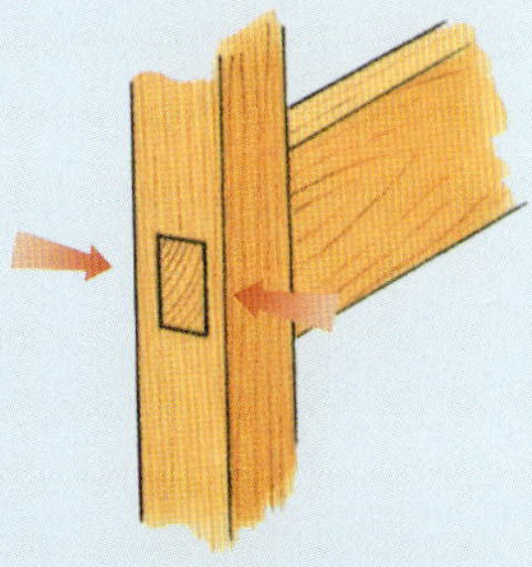

Die Leimschicht liegt zwischen dem Zapfen und den Wangen des Schlitzes.

Leimarten

	PVA Weißleim	Gelbleim Tischlerleim	Hautleim	PU-Leim	
Holz und Holzteile	Ja	Ja	Ja	Ja	
Undurchlässiges Material	Nein	Nein	Ja	Ja	
Vorbereitung/ Mischen	Nein	Nein	Ja	Nein	
Aushärtung	Ausdünstung, Verdunstung	Ausdünstung, Verdunstung	Ausdünstung, Verdunstung	Oxidation	
Verarbeitungs-/ Topfzeit	Durchschnitt	Durchschnitt	Hoch	Durchschnitt	
Einspannzeit	Durchschnitt	Durchschnitt	Keine bis normal	Durchschnitt	
Wasserfest	Nein	Nein	Nein	Ja	
Wasserdicht	Nein	Nein	Nein	Ja	
Schleifen	Nein; verklebt	Ja	Ja	Ja	
Poren schließend	Nein	Nein	Ja	Nein	
Zu entfernen/ Hausbesserungsfähig	Ja	Nein	Ja	Nein	
Verformbar	Ja	Ja	Nein	Nein	
Klebt ölige oder harziges Holz	Ja; mit Aceton abwaschen	Ja; mit Aceton abwaschen	Ja; mit Aceton abwaschen	Ja	
Reinigung mit Wasser oder Lösungsmittel	Wasser	Wasser	Wasser	Lösungsmittel	
Kosten	Niedrig	Niedrig	Niedrig	Mittel	
Sicherheit	Nein	Nein	Nein	Hautreizungen; Dämpfe	

	PRF-Kleber	UF-Harz Harnstoffharz	Epoxidharz	Sekundenkleber	Kontaktkleber
	Ja	Ja	Ja	Ja	Ja; nicht für Strukturklebung
	Nein	Nein	Ja	Ja	Ja
	Ja	Ja	Ja	Nein	Nein
	Katalyse	Katalyse	Katalyse	Oxidation	Ausdünstung, Verdunstung
	Hoch	Hoch	Hoch	Keine	Hoch
	Hoch	Hoch	Hoch	kurze Fixierung	Keine
	Ja	Ja	Ja	Ja	Ja
	Ja	Nein	Ja	Nein	Nein
	Ja; giftiger Staub	Ja; giftiger Staub	Ja; schwierig	Ja	Nein
	Ja	Nein	Ja	Ja	Nein
	Nein	Nein	Nein	Nein	Ja
	Nein	Nein	Nein	Nein	Ja
	Ja; mit Aceton abwaschen	Nein	Ja	Ja	Nein
	Wasser	Wasser	Lösungsmittel	Lösungsmittel	Je nach Kleber, Wasser oder Lösungsmittel
	Hoch	Mittel	Hoch	Sehr hoch	Hoch
	Gasdämpfe	Gasdämpfe	Giftig bis zur Trocknung; Hautreizung	Verklebt die Haut; Gefahr für die Augen	Giftige Dämpfe; entzündlich

Stoß- und Falzverbindungen

Die Stoßverbindung ist die einfachste Möglichkeit, Holz über Eck zu verbinden, hat aber keine große Stabilität, weil die Teile nicht miteinander verzahnt werden. Sie stoßen einfach aufeinander. Aus diesem Grund wird solch eine Verbindung in der Regel verstärkt – durch Nägel, Schrauben, Dübel, Lamellos oder Splinte. Die Überblattung oder Falzverbindung kombiniert eine Stoßverbindung auf der einen Seite mit einem Falz auf dem anderen Teil. Dieses Ineinandergreifen und die dadurch bedingt größere Leimfläche gibt eine stabilere Verbindung. Eine gefalzte Verbindung kann natürlich auch noch verstärkt werden.

◄ Stoßverbindung

Allein der Leim hält die beiden Endstücke zusammen, gibt aber keine dauerhafte und belastbare Verbindung, weil die kurzen Endfasern im Holz sehr viel Leim aufnehmen. Endstücke sollten möglichst nicht geleimt werden. Ständiges Arbeiten im Holz kann die Teile im Laufe der Zeit lösen. Dübel oder Lamellos geben zusätzlich Halt.

► Stoßverbindung mit Gehrung

Bei dieser Verbindung werden zwei Werkstücke zusammengefügt, deren Enden auf 45° geschnitten sind und dann einen rechten Winkel ergeben. Ein typisches Beispiel ist die Ecke eines Bilderrahmens. Gehrungsstöße sehen gut aus, weil die Endfasern verdeckt sind. Nichtsdestoweniger ist es nur eine einfache Stoßverbindung, deren Stabilität nur durch den Leim erzeugt wird. Ein leichter Rahmen mit Expoxidharz kann zwar einiges aushalten, normalerweise müssen solche Rahmen aber verstärkt werden.

◄ Abgeschrägte Gehrungsverbindung

Kombinieren Sie den Gehrungswinkel mit einer Neigung des Sägeblatts, um abgeschrägte Winkel sägen zu können. Diese Schräggehrungen bilden die Seiten von Kästen oder Dauben innen oder außen. Gehrungs- oder Tischsäge stellen die Gehrung zwar schnell her, sind aber nicht immer ganz genau. Dieser Verbindungstyp verträgt eine Verstärkung.

Eine Falzverbindung herstellen

▶ **1** Schneiden Sie die Bretter auf Größe und hobeln Sie sie glatt. Setzen Sie ein Streichmaß auf die Dicke des Holzes und markieren Sie die Innenlinie des Falzes, etwa zwei Drittel der Dicke, und ziehen diese Linie über die Kanten. Mit der Schulter des Streichmaßes fahren Sie jetzt über die Kante und markieren die Tiefe des Falzes. Die beiden Linien treffen sich. Schraffieren Sie das Abfallholz.

▶ **2** Spannen Sie das Werkstück senkrecht in einen Schraubstock, um mit einer Rückensäge die Linie im Endstück auszuschneiden und danach die Schulterlinie. Sägen Sie mit beiden Händen, dann haben Sie eine bessere Kontrolle.

◀ **3** Fixieren Sie das Holzstück im Schraubstock oder drücken Sie es gegen den Bankhaken und sägen Sie entlang der Schulterlinie. Säubern Sie den Falz mit einem Beitel. Überprüfen Sie mit einem Anschlagwinkel den rechten Winkel. Geben Sie Leim drauf und fixieren Sie die Teile.

Mit der Maschine

Mit der Maschine eine Falzverbindung herzustellen, geht natürlich viel schneller. Klemmen Sie das Holz in die Werkbank und fräsen Sie mit der Oberfräse und einem geraden Fräseinsatz am Anschlag entlang den Falz aus. Wenn Sie mehrere Stücke zusammenklemmen, können Sie sie alle auf einmal bearbeiten.

Siehe auch

Halten und fixieren, Seiten 24-25

Messen und markieren, Seiten 32-41

Sägen, Seiten 42-61

Hobeln, Seiten 62-71

Fräsen, Seiten 76-81

Leimen und klammern, Seiten 106-107

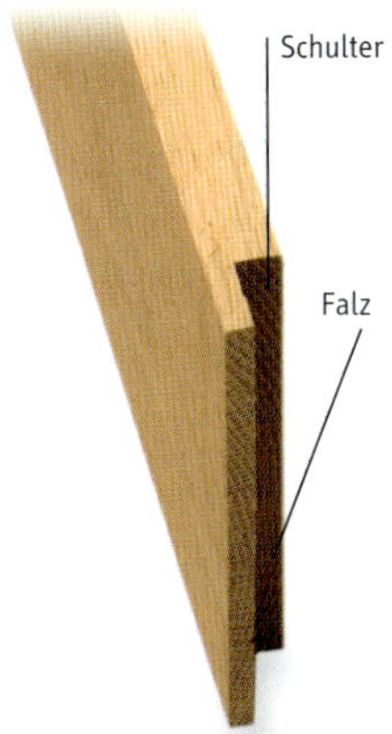

▼ **Falzverbindung**

Diese Verbindung ist leicht herzustellen, aber nicht besonders stabil.

Kantenverbindungen und Laschungen

Wenn man breitere Bretter braucht, ist es nötig, die schmaleren Bretter an ihren langen Kanten zu verbinden. Am einfachsten geht das, wenn man die Holzstücke auf Stoß zusammenfügt. Für bessere Haltbarkeit können die Verbindungen durch Splinte, Dübel, Lamellos oder Nut und Feder verstärkt werden. Für längere Bretter werden kürzere Hölzer an den Enden abgefast, also abgeschrägt, und zusammengeleimt.

Siehe auch

Halten und fixieren, Seiten 24-25

Messen und markieren, Seiten 32-41

Sägen, Seiten 42-61

Hobeln, Seiten 62-71

Stemmen, Seiten 72-75

Fräsen, Seiten 76-81

Leimen und klammern, Seiten 106-197

◄ Stoßkantenverbindung

Eine Stoßkantenverbindung ist für viele Ansprüche haltbar genug, sie kann sogar ohne Klemmen oder Zwingen einfach durch Leimen und Zusammenpressen gebaut werden. Zusammengedrückte Platten können nicht arbeiten und aufreißen, weil bei der Leimtrocknung ohne Fixierung nicht genügend Kantenkontakt entsteht. Diese Methode eignet sich nur für Werkstücke unter 1 m Länge, die absolut rechtwinklig und glatt sind.

► Gehrungsstoß

Eine abgeschrägte Stoßkantenverbindung, die wegen der über Eck laufenden Maserung im Englischen Wasserfall-Verbindung genannt wird, hat einen Faserverlauf, der nach dem Leimen eine große Festigkeit bringt, aber beim Einsatz der Zwingen Sorgfalt erfordert, um nicht zu verrutschen.

Fasern und Muster

- Viertelgeschnittenes Holz bleibt bei der Trocknung relativ stabil, tangentiale Bretter neigen zum Verziehen, weil die Jahresringe an den Endstücken nach außen reißen. Wenn Sie Tangentialholz verwenden, sollten Sie die Bretter im Fischgrätmuster zusammensetzen, um Krümmungen zu vermeiden.

Fischgrätmuster

- Die Maserung auf der Brettoberfläche kann bei der Zusammenstellung interessante Effekte ergeben.

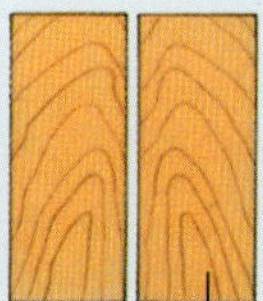

Vor- und Rückseitenmuster wie beim Umblättern eines Buches.

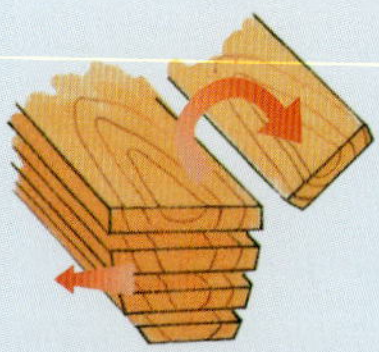

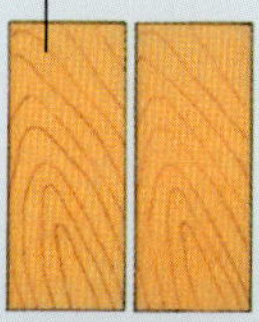

Spiegelmuster mit immer der gleichen Oberfläche.

Stoßkantenverbindung

▼ **1** Schneiden Sie die Bretter in die richtige Größe und hobeln Sie sie glatt. Nummerieren Sie sie in der gewünschten Reihenfolge. Spannen Sie die zwei ersten Bretter mit den guten Oberflächen nach außen in den Schraubstock und hobeln Sie die Kanten, die zusammengefügt werden sollen. Versuchen Sie quer zur Oberfläche zu hobeln. Da Sie sie als Paar hobeln, werden sie auf jeden Fall zusammenpassen.

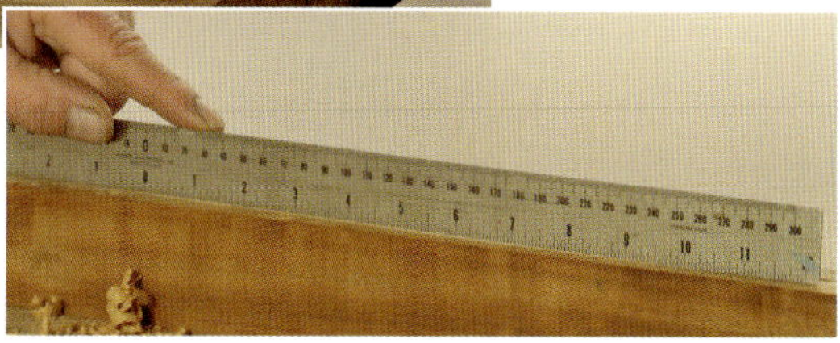

▲ **2** Prüfen Sie mit einem Lineal, ob die Kanten glatt und gerade sind. Das ist wichtig für eine nur zusammengedrückte Verbindung. Eine minimale Fuge ist akzeptabel, aber keine runden Ecken.

◄ **3** Fahren Sie mit dem paarweisen Hobeln der Kanten für die Verbindungen fort. Leimen Sie alles zusammen, fixieren Sie, falls nötig. Nach der Trocknung glätten Sie das neue breite Brett mit dem Hobel.

▲ Leimen ohne Zwingen

Eine Stoßverbindung kann oft ohne Klemmzwingen geleimt werden, wenn die Kanten perfekt glatt und rechtwinklig sind. Geben Sie den Leim drauf, dann legen Sie die beiden Stücke flach auf die Werkbank, geschützt durch Papier, und schieben sie mit einer kräftigen Bewegung zusammen. Der Leim wird herausgequetscht und saugt die Teile zusammen. Wischen Sie den überschüssigen Kleber weg und lassen Sie das Brett trocknen.

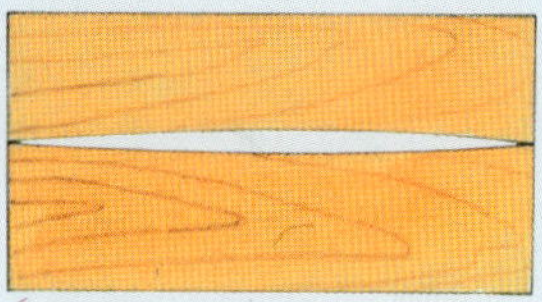

▲ Fugenriss

Ein größerer Feuchtigkeitsverlust an den Enden des Brettes kann eine Schrumpfung bewirken, die eine Kantenverbindung aufplatzen lässt. Dem kann man vorbeugen, indem man die Verbindung nicht exakt parallel gestaltet, sondern die Enden leicht konkav hobelt, etwa 1mm über die ganze Länge. Auf unserem Bild ist der Spalt übertrieben dargestellt. Die Bretter werden geleimt und fixiert, dabei entsteht an den Enden des Bretts eine größere Spannung. Wenn später die Endfasern schrumpfen, verlieren sich Spannung und Fuge.

◄ ► Splintverbindung

Splinte sind eine schnelle und leichte Möglichkeit, Kantenverbindungen zu verstärken. Von der Sichtoberfläche gemessen, braucht es nur ein bisschen Berechnung für eine perfekte Verbindung mit sauberer Kante zur Oberfläche. Splinte verhindern auch das Verrutschen, bis der Leim getrocknet ist. Holz- oder Werkstoffplatten eignen sich besonders gut für Splinte, sie müssen dann doppelt so breit sein wie die Tiefe der Nuten. Wenn Sie optisch kontrastierendes Material verwenden, können Sie interessante Akzente setzen. Der Splint kann über die ganze Länge des Brettes gezogen werden oder kurz vorher enden.

Kantenschutz

Grundsätzlich sollte man die Kanten von furnierten Holz- und Werkstoffplatten schützen. Diese Schutzkanten können in allen Verbindungsmethoden aufgebracht werden – mit Leim, Nut und Feder, Splinten oder Lamellos. Wenn die Platten furniert sind, können die Kanten behandelt werden, als seien sie aus Massivholz; Hauptsache, der Kantenschutz ist breit genug, er sollte mindestens 6 mm breit sein. Kantenprofile werden traditionell mit speziellen Handhobeln geschnitten, aber die Oberfräse macht das wesentlich schneller.

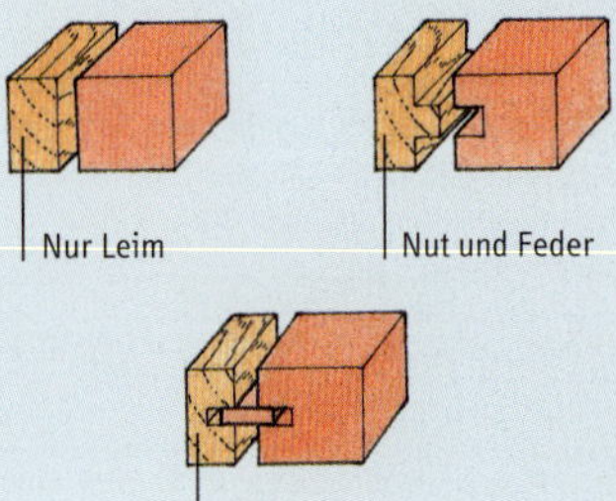

◄ ▼ Nut- und Feder-Verbindung

Diese Verbindung ist bestens bekannt als Qualitätsverbindung für Bodenbeläge. Die Feder ist wie ein integrierter Splint, der die Verbindung verstärkt und ausrichtet, aber beim Schneiden etwas mehr Berechnung erfordert. Die Bretter müssen wegen der Zunge breiter geschnitten werden. Schneiden Sie in jedes Brett eine Nut in eine Kante und in die gegenüberliegende Kante die Zunge bzw. Feder. Das geht per Hand, mit einer Rückensäge und einem Beitel, schneller allerdings mit einer Elektrosäge oder einer Oberfräse mit den entsprechenden Bits.

Laschungen

Der flache Winkel der normalen verleimten Laschungen lässt die langen Holzfasern eine gute und haltbare Verbindung eingehen. Eine Streckung von 1:8 ist üblich. Die 1 steht für die Dicke des Materials und die 8 für die Länge der Schräge. Einfaches Leimen macht die Verbindung so stabil wie ein Vollbrett, sagt die Theorie. Wie bei den Kantenverbindungen gibt es keine perfekte Lösung für den Umgang mit den Wuchsringen, ob man sie nun gegeneinander setzt oder in gleiche Richtung. Laschungen müssen sorgfältig fixiert werden, damit sie beim Trocknungsprozess nicht verrutschen.

▶ Endlaschungen

Bretter mit den Enden zu verleimen, ergibt keine schöne, aber sehr praktische Verbindung. Mit dieser Laschung kann man auch Winkelstücke herstellen, je nachdem, ob man die beiden Fasen aufeinander leimt oder die eine Fase auf die Rückseite der anderen.

▶ Kantenlaschung

Diese Verbindung sollten sie durch Splinte verstärken, dann können Sie auch das 1:8-Verhältnis reduzieren. Wenn Sie auf diese Weise Bretter verlängern wollen, sollten Sie sie mit Nägeln, Schrauben oder Fixierplatten verstärken.

▲ Gezahnte Laschung

Eine gezahnte Laschung bietet mehr lange Holzfasern zum Verleimen. Durch einen oder mehrere Absätze oder Zähne in den Laschen ergibt sich eine größere Stabilität. Da das Material recht dünn ist, ist absolut präzises Arbeiten nötig. Hier ein Beispiel, wie man durch nur einen Absatz das Brett stabiler macht.

Brettgröße verändern

Mit der Laschung kann man recht einfach die Größe eines Brettes verändern. Um es zu verlängern, schneidet man es zuerst diagonal durch und schiebt die Teilstücke auf die gewünschte Länge auseinander und leimt die Laschung. wieder zusammen. Nach dem Trocknen schneidet man das Brett wieder auf einheitliche Breite. Wenn Sie das Brett kürzen wollen, machen Sie es umgekehrt.

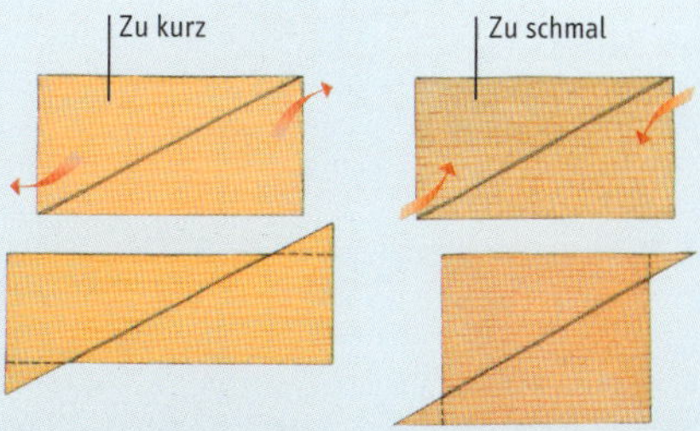

Dübelverbindungen

Eine Dübelverbindung ist eine vielseitige und stabile Möglichkeit, zwei Werkstücke auf Stoß miteinander zu verbinden, indem in beide Endstücke sorgfältig eingepasste Löcher gebohrt werden und diese mit Holzstiften, den Dübeln, zusammengesetzt werden. Es gibt spezielle Halterungen, um diese Löcher schnell und präzise zu bohren, man kann sich aber auch leicht eine Bohrlade selbst bauen. Setzen Sie immer mindestens zwei Dübel ein, für größere Stücke auch mehr.

▲ ▶ Gedübelte Stoßverbindung

Wenn die Dübel statt einer Nut-und Zapfen-Verbindung eingesetzt werden, sollten sie in jedes Verbindungsteil mindestens eineinhalb Mal so tief eingesetzt werden, wie der Dübel breit ist. Wenn sie nur zum Ausrichten dienen, können sie kürzer sein.

◀ Gedübelte Gehrung

Dübel sind eine gute Möglichkeit, Gehrungsverbindungen zu verstärken, aber achten Sie darauf, dass die Dübel weit genug nach innen gesetzt werden, um genügen tiefe Löcher bohren zu können. Bohren Sie die Löcher schon in die beiden Endstücke, bevor Sie die Gehrung schneiden.

Dübel

- Dübel werden normalerweise aus kräftigem Holz in verschiedenen Stärken und Längen hergestellt, etwa aus Buche oder Ahorn. Der Durchmesser sollte ein Drittel bis zur Hälfte der Dicke des Werkstücks betragen.
- Die Lochtiefe des Dübels in jedem Teil sollte mindestens 19 mm betragen, die Gesamttiefe beider Löcher sollte etwas größer sein als der Dübel lang ist, damit der Leim noch Platz hat.
- Dübel haben Rinnen oder Kerben, damit die Luft entweichen kann und sich der Leim gleichmäßig ausbreitet. Ohne Kerben würde der Dübel den Leim wie ein Kolben zusammendrücken.
- Dübel gibt es fertig zu kaufen, es gibt sie aber auch als Stangenware, von der Sie sich jede gewünschte Länge abschneiden können. Sie müssen dann aber noch mit einer Säge Kerben schneiden und die Enden mit einer Raspel anspitzen.

◀ Dübelzentrierung

Schneiden Sie die Bretter zurecht und hobeln Sie sie glatt. Markieren Sie mit einem Streichmaß und einem Winkelanschlag die Dübelpositionen auf dem ersten Brett. Bohren Sie die Löcher und setzen Sie die Zentrierstifte hinein. Drücken Sie das erste Brett gegen das zweite, um die Lochpositionen zu markieren.

Siehe auch

Halten und fixieren, Seiten 24-25

Messen und markieren, Seiten 32-41

Sägen, Seiten 42-61

Hobeln, Seiten 62-71

Bohren und hämmern, Seiten 62-85

Leimen und klammern, Seiten106-107

Nagelmethode

▶ **1** Markieren Sie die Positionen für jeden Dübel, dann schlagen Sie Nägel ein. Schneiden Sie mit einer Drahtzange die Köpfe ab und drücken Sie beide Seitenteile zusammen, um die gegenüberliegenden Löcher zu markieren.

▶ **2** Für eine T-Verbindung ziehen Sie mit einem Winkelanschlag eine Linie über das zweite Brett, drücken das erste Brett drauf, um die Löcher zu markieren, trennen beide Bretter wieder und ziehen die Nägel aus dem ersten Brett, um alle Löcher zu bohren.

▲ Zusammenbauen

Nehmen Sie einen Bohreinsatz mit Zentrierung, um das Dübelloch präzise zu bohren. Setzen Sie einen Tiefenstopp an und bohren Sie gerade nach unten. Geben Sie Leim auf das Holz und in die Löcher, aber nicht auf die Dübel, weil die anschwellen können. Bauen Sie die Verbindung zusammen und fixieren Sie sie.

Bohrladen

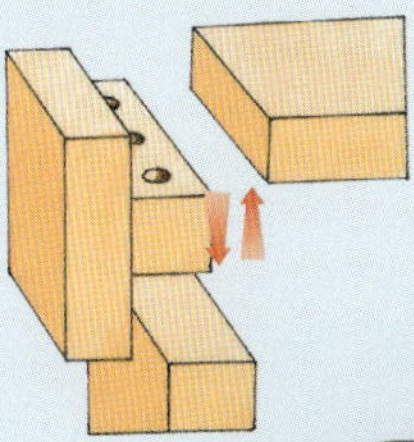

◀ Selbstgemachte Bohrlade
Um jede Abweichung vom rechten Winkel zu verhindern, bohren Sie die anzufügenden Teile von der Gegenseite der Lade.

◀ Profi-Lade
Sie hat verschiedene Lochgrößen für unterschiedliche Dübeldurchmesser.

Lamello-Verbindungen

Eine Lamello-Verbindung ist eine einfache Stoßverbindung, die durch auf beide Seiten eingeschobene elliptische Holzscheiben (Lamellos oder manchmal Biscuits genannt) verstärkt wird. Mit einem Lamelloschneider werden elliptische Schlitze in das Holz gesägt. Dieses Gerät ist eine kleine Handkreissäge, deren Sägeblatt in das Holz eintaucht. Die Holzscheibchen werden dann in die Bretter der Verbindung geleimt. Durch den Leim quellen die Lamellos auf und füllen die Schlitze aus. Mit einigen dieser Lamelloschneider kann man auch Nuten schneiden, etwa für die Führungen von Schubladen.

Siehe auch

Halten und fixieren, Seiten 24-25

Messen und markieren, Seiten 32-41

Sägen, Seiten 42-61

Hobeln, Seiten 62-71

Leimen und klammern, Seiten 106-197

◄ ▲ T-Verbindung mit Lamellos

Lamellos haben einen kleinen Spielraum zur Seite, um beim Trocknen verschoben werden zu können, die Markierung muss also nicht hundertprozentig sein. Wenn Sie die trockenen Lamellos in die Schlitze einführen, sollen sie ein kleines Stück herausragen. Nehmen Sie Leim auf Wasserbasis, damit die Lamellos aufquellen können.

Verteilung der Lamellos

Die Anzahl der Lamellos ist nicht sehr wichtig, alle 50 bis 75 mm eines genügt. In sehr dicken Rahmen können die Lamellos doppelt gesetzt werden, wechselseitig in beiden Werkstücken, aber in gerader Linie. Diese Verbindung sollte aber für Mittelteile benutzt werden und nicht an den Ecken eines Rahmens statt einer Loch- und Zapfen-Arbeit.

Eine Lamello-Verbindung schneiden

◀ **1** Schneiden Sie die Bretter auf Größe und hobeln Sie sie glatt. Markieren Sie die Linien für die Lamellos. Für eine T-Verbindung markieren Sie eine Querlinie, wo das Brett angebracht werden soll.

▶ **2** Fixieren Sie das Brett auf der Werkbank und stellen Sie die Schnitttiefe für die Lamellomaschine ein. Um die Schlitze in die Seite zu schneiden, legen Sie die Maschine auf die Seite und legen den Anschlag auf die erste Markierungslinie. Justieren Sie mit dem Führungsanschlag auf die Mitte des Holzes. Tauchen Sie für jeden Schlitz das Sägeblatt ins Holz.

◀ **3** Wenn Sie für eine L-Konstruktion Schlitze schneiden wollen, fixieren Sie das anstoßende Brett in einem Schraubstock. Richten Sie die Sägeführung und den Anschlag aus und machen Sie die Schnitte wie vorher.

▶ **4** Für eine T-Konfiguration klemmen Sie eine Leiste auf das Brett und nutzen Sie als Führung für Ihre Schnitte.

▶ **5** Für eine Gehrungsverbindung machen Sie die Schlitze so, dass sie etwa näher an der Innenkante des Brettes liegen. Einige Geräte haben einen separaten Gehrungsanschlag. Oder machen Sie ihn sich selbst aus einem Stück Winkelholz.

▼ **6** Geben Sie Leim auf die Kanten der Bretter und in die Schlitze, setzen Sie die Lamellos ein, bauen Sie die Verbindung zusammen und fixieren Sie sie.

Anblattung

Eine Anblattung fügt zwei Stücke zusammen, jedes allerdings auf die Hälfte der Weite oder Dicke reduziert. Die Stücke überlappen sich, sodass der entfernte Teil des Holzes des einen Teils durch das verbliebene Holz des anderen Teils ersetzt wird. Anblattungen sind sehr vielseitig und können in den verschiedensten Variationen gestaltet werden. Die Grundtechnik für alle Schnitte ist dieselbe, wir zeigen hier die Kreuzblattung als Beispiel, weil sie am stabilsten ist und am häufigsten gebraucht wird.

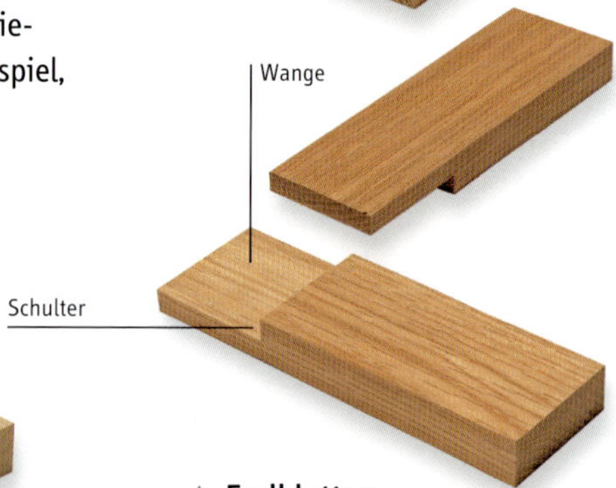

▲ Endblattung

Eine Endblattung hat eine einzige Schulter und ist gekennzeichnet durch einen breiten Falz in der Hälfte der Dicke des Holzes. Die Verbindung kann mit Nägeln, Dübeln oder Schrauben verstärkt werden.

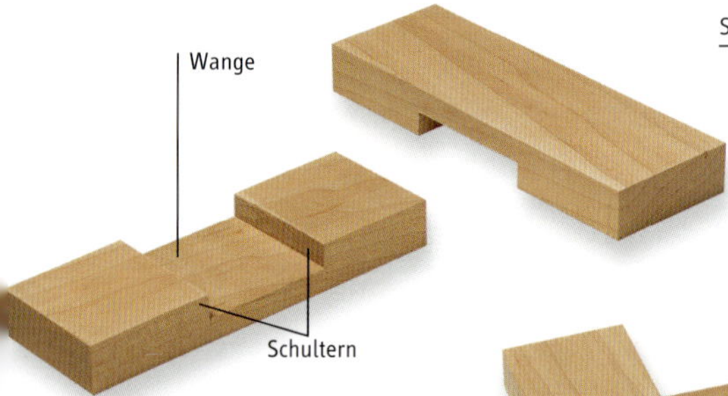

▲ ▶ Kreuzblattung

Eine Kreuzblattung mit Doppelschulter hat eine weite Ausklinkung irgendwo auf der Längsseite.

Siehe auch

Halten und fixieren, Seiten 24-25
Messen und markieren, Seiten 32-41
Sägen, Seiten 42-61
Hobeln, Seiten 62-71
Stemmen, Seiten 71-75
Fräsen, Seiten 76-81
Leimen und klammern, Seiten 106-107

▶ T-Blattung

Das ist eine Kombination von End- und Kreuzblattung. Eine stabilere T-Blattung erzielen Sie, wenn Sie die Schultern als Schwalbenschwanz schneiden.

Kreuzblattung

▶ **1** Schneiden Sie die Bretter auf Größe und hobeln Sie sie glatt. Legen Sie die Hölzer zusammen und markieren Sie die Größe des Einschnitts auf jedem Stück. Mit einem Anschlagwinkel ziehen Sie die Markierungslinien für die Schultern über die Oberflächen und an den Kanten bis zur Hälfte herab.

◀ **2** Mit einem Streichmaß markieren Sie die Hälfte der Holzdicke zwischen den Schultermarkierungen und damit die Einkerbtiefe. Markieren Sie das Abfallholz.

▶ **3** Fixieren Sie das Brett in der Werkbank und sägen Sie mit einer Rückensäge die Schulterseiten des Einschnitts aus. Setzen Sie mehrere Schnitte in das Abfallholz.

◀ **4** Stemmen Sie die Holzreste zwischen den Schultern weg. Um ein Splittern an den Seiten zu vermeiden, arbeiten Sie von den Seiten zur Mitte.

▶ **5** Um zu prüfen, ob die Aussparung glatt und eben ist und die zwei Stücke ineinander passen, klopfen Sie sie mit einem Klüpfel oder Hammer zusammen (siehe Seite 85). Justieren Sie nach, dann leimen und fixieren Sie. Säubern Sie die Oberfläche mit einem Hobel.

Alternativ

Die Einschnitte für die Blattungen sind eigentlich Aussparungen oder breite Nuten, wenn sie mitten im Brett angelegt werden, oder Falze, wenn sie am Ende sind. Mit Elektrosägen oder Fräsen können Sie sie schneller schneiden.

Zinkenverbindungen

Diese einfache Verbindung besteht aus einer Ausklinkung oder großen Quernut in dem Teil der Verbindung, in die das andere Teil eingesetzt wird. Diese Nut oder Fuge kann über die ganze Breite des Brettes gehen oder nur über einen Teil, sodass die Enden nicht berührt werden und die Verbindung unsichtbar ist. Es gibt mehrere Variationen, etwa die Schwalbenschwanz-Verbindung, in der Zunge und Nut entsprechend geformt sind.

Siehe auch

Halten und fixieren, Seiten 24-25

Messen und markieren, Seiten 32-41

Sägen, Seiten 42-61

Hobeln, Seiten 62-71

Stemmen, Seiten 72-75

Fräsen, Seiten 76-81

Leimen und klammern, Seiten 106-107

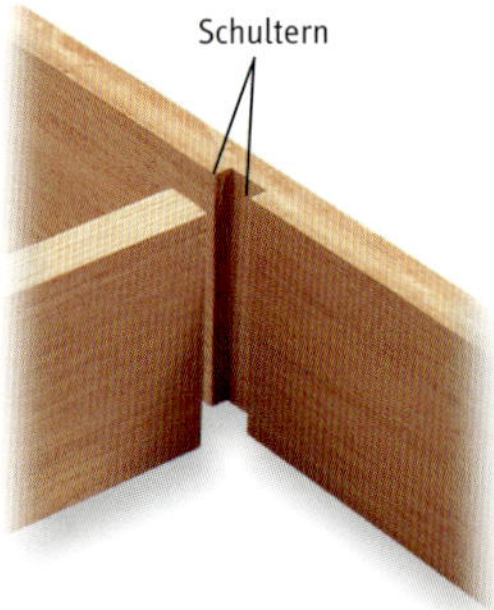

◀ Durchgehende Nut

Diese Verbindung ist nicht sehr stabil und bietet kaum Widerstand gegen Zug und Druck, weil es beim Leimen keinen Langfaser-Kontakt gibt. Geeignet für Zwischenborde oder Schrankrückseiten.

▶ Begrenzte Nut

Wenn Sie den Einschnitt begrenzen und 10-12 mm vor den Kanten enden lassen, bleibt die Nut-Verbindung unsichtbar.

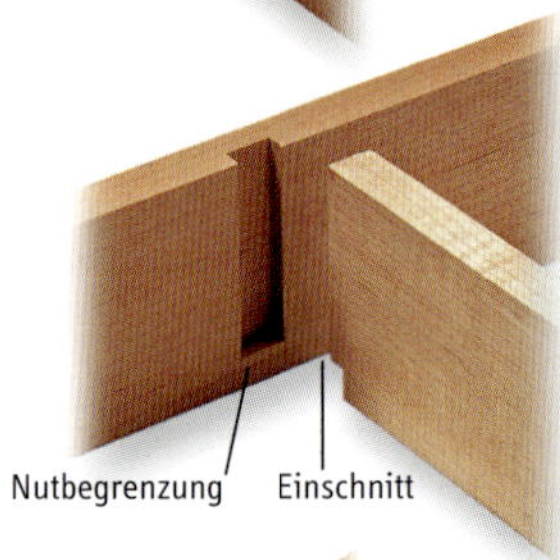

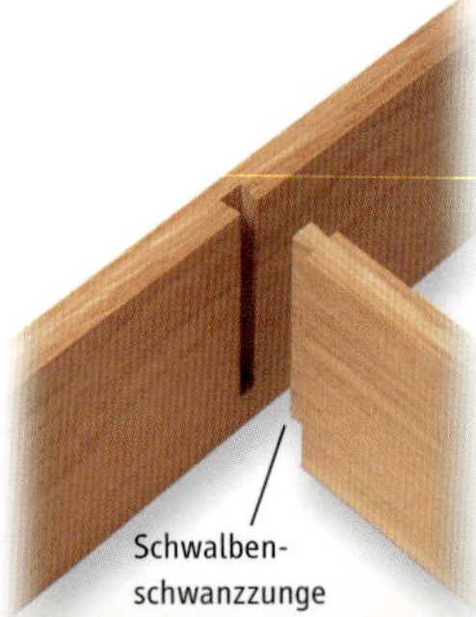

◀ Schwalbenschwanz-Einschnitte

Die Schwalbenschwanzform erhöht die Stabilität enorm. Diese Verbindung wird oft für Seiten- und Rückenteile von Schubladen genutzt.

Durchgehendes T

▶ **1** Schneiden Sie die Bretter auf Größe und hobeln Sie sie glatt. Nehmen Sie das einzusetzende Element als Schablone zum Anreißen von Position und Breite der Nut auf dem anderen Brett.

Fräsen

Nach dem Messen und Anreißen der Ausklinkung ist es viel leichter und schneller, die Nut mit einer Oberfräse und einem geraden Fräseinsatz wegzufräsen. Sie können auch mehrere Teile zusammenklemmen, eine Führungsleiste darüber legen und etliche Aussparungen in einem Arbeitsgang herstellen. Das geht auch mit einer Elektrosäge.

◀ **2** Führen Sie mit einem Winkelanschlag die Schulterlinien über die Sichtfläche weiter. Verlängern Sie notfalls den Anschlag mit einem Lineal. Führen Sie die Linien um die Kanten bis auf ein Drittel der Dicke des Brettes. Das ist die Tiefe des Einschnitts.

▶ **3** Mit einem Streichmaß markieren Sie ein Drittel der Dicke des Holzes. Ziehen Sie die Linien für die Schnitttiefe über beide Kanten.

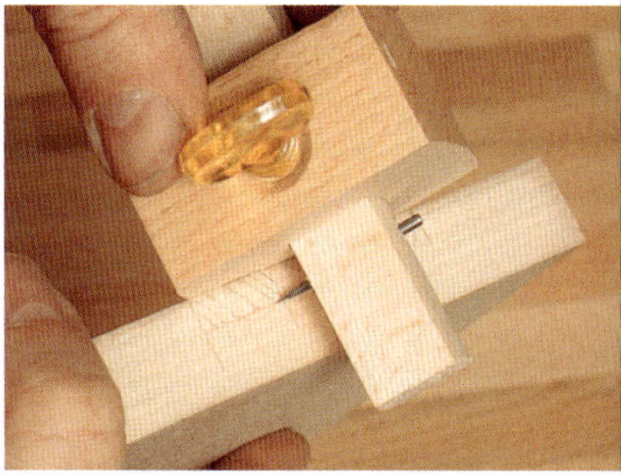

Maß für Handsäge

- Schneiden Sie eine Leiste zu, deren Höhe plus der Tiefe der Nut genauso hoch ist wie das Sägeblatt von den Zähnen zum Rücken. Klemmen Sie die Leiste an der markierten Linie über das Holzbrett. Die Leiste gibt jetzt die Führung vor für die Richtung und die Tiefe – wenn der Rücken der Säge die Oberkante der Leiste erreicht, hat die Nut die richtige Tiefe.
- Klemmen Sie ein Stück Holz an die Seite Ihrer Säge, sodass die Basis dieses Holzstücks die Tiefe der Nut über den Zähnen der Säge anzeigt. Das ist ein guter Tiefenstopp.

▼ **4** Fixieren Sie das Werkstück im Schraubstock und schneiden Sie mit einer Rückensäge die Schulterlinien heraus. Sägen Sie auf der Abfallseite. Um das Sägen auf einem breiten Brett zu erleichtern, stemmen Sie mit einem Beitel eine flache Nut entlang der markierten Linie. Dann sägen Sie an dieser Nut.

◀ **5** Stemmen Sie das Holz mit dem Beitel aus der Nut, etwa bis zur Hälfte der Breite, arbeiten Sie sich mit leichten Schnitten in die Tiefe. Drehen Sie das Werkstück herum und arbeiten Sie von der anderen Seite. Wenn Sie eine lange Nut schneiden müssen, ist ein Stecheisen ganz nützlich, es hat eine extra lange Klinge mit einer Fase. Überprüfen Sie, ob die Fläche der Nut glatt ist. Schleifen Sie nach.

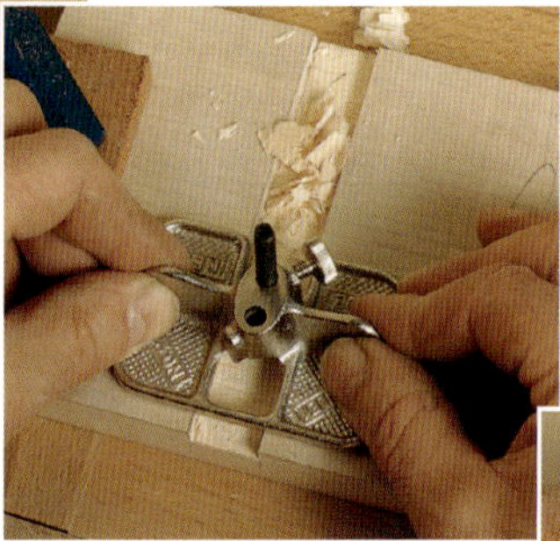

▼ **7** Passen Sie die zwei Teile ein, nehmen Sie einen Klüpfel oder Hammer (siehe Seite 85). Die Kanten müssen glatt sein. Die Teile leimen und fixieren.

▶ **6** Statt eines Beitels können Sie auch einen speziellen Hobel benutzen, der wie ein Schabhobel aussieht, aber einstellbare Hakenmesser hat. An den Seiten sitzen Führungsplatten, die verhindern, dass man tiefer als gewünscht einschneidet. Manchmal wird dieses Gerät Grundhobel genannt.

Unterbrochene Nut

◀ **1** Markieren Sie mit dem Streichmaß, wo die Nut enden soll, dann arbeiten Sie die Nut in der normalen Weise heraus. Stemmen Sie am Ende der Nut das Holz heraus, arbeiten Sie senkrecht. Entfernen Sie die Holzreste, arbeiten Sie von außen nach innen zum Nutende.

▼ **2** Das eingesetzte Teil braucht jetzt eine Kerbe, um über das Restholz hinter dem Nutende zu passen. Markieren Sie mit dem Streichmaß die entsprechenden Linien und sägen Sie die Ecke mit der Rückensäge aus. Glätten wie gewohnt.

Unterbrochene Nut fräsen

Der Rundeinsatz der Oberfräse produziert eine Nut mit einem abgerundeten Ende. Sie können das runde Ende mit einem Beitel begradigen oder die Ecke des Bretteinsatzes mit Beitel oder Sandpapier abrunden.

Schwalbenschwanz-Nut

▶ 1 Mit einer Oberfräse kann man diese Verbindung am schnellsten herstellen. Markieren Sie die Position des Einschnitts, dann setzen Sie eine gerade Fräse ein und klammern eine Leiste als Führung über das Werkstück. Fräsen Sie in mehreren Abschnitten und Durchgängen, bis Sie die gewünschte Tiefe erreichen.

◀ 2 Wechseln Sie den Fräseinsatz zum Schwalbenschwanz-Fräser. Der kann wegen seiner Form nicht von oben in die Nut geführt werden, sondern von der Seite. Setzen Sie die Tiefenkontrolle, sodass der Fräser die Nut in einem Durchgang ausarbeiten kann. Wenn Sie eine unterbrochene Nut fräsen, müssen Sie den Fräser in der Nut wieder zurückführen. Für eine breitere Nut setzen Sie eine zweite dünne Leiste neben die Führung und schneiden ein zweites Mal daran entlang.

▶ 3 Die Schwalbenschwänze zu schneiden, geht am einfachsten, wenn Sie die Fräse über Kopf in einen Frästisch einspannen und den Schwalbenschwanz-Bit einsetzen. Stellen Sie Tiefe und Breite des Schnitts ein und setzen Sie einen Seitenanschlag als Führung. Ziehen Sie das Werkstück über den Tisch und schneiden Sie eine Seite, danach die andere. Wenn Sie keinen Frästisch besitzen, klemmen Sie das Werkstück zwischen zwei Holzstücke und nutzen Sie den Seitenanschlag der Fräse, um am Werkstück entlangzufahren.

◀ 4 Wenn Sie eine unterbrochene Nut gebaut haben, müssen Sie am Ende des Schwalbenschwanzes ein Stück abschneiden. Weil das Ende der Nut durch den Fräser angerundet ist, müssen Sie auch das Ende des Bretteinsatzes abrunden, nehmen Sie dafür ein scharfes Stemmeisen. Passen Sie die beiden Teile an, leimen und fixieren Sie die Teile wie immer.

Schlitz- und Zapfenverbindungen

Mit den zahlreichen Variationen von Zapfen und Schlitzen sind diese Verbindungen in der Holzbearbeitung wohl am häufigsten. Die Grundtechnik besteht aus einem rechtwinkligen Zapfen (Zunge), der genau in einen Schlitz passt. Üblicherweise wird der Zapfen in den horizontalen Teil (Querfries) geschnitten und die Schlitze in den vertikalen (Höhenfries). Die Verbindung sollte etwa ein Drittel der Dicke des Holzes betragen. Am besten schneidet man die Schlitze zuerst, es ist der kompliziertere Teil der Aufgabe und es ist leichter, den Zapfen nachzujustieren. Eine durchgehende Schlitz- und Zapfenverbindung zeigt unser Beispiel.

Siehe auch

Halten und fixieren, Seiten 24-25

Messen und markieren, Seiten 32-41

Sägen, Seiten 42-61

Hobeln, Seiten 62-71

Stemmen, Seiten 72-75

Fräsen, Seiten 76-81

Bohren und hämmern, Seiten 82-85

Leimen und klammern, Seiten 106-107

◄ ▼ Durchgehende Zapfen

Eine durchgehende Schlitz- und Zapfenverbindung bietet ein Maximum an Stabilität, weil der Zapfen die volle Tiefe des Schlitzes ausfüllt.

▼ ► Stumpfer Zapfen

Eine stumpfe oder begrenzte Schlitz- und Zapfenverbindung geht ungefähr zwei Drittel ins Holz hinein. Diese Verbindung wird gern in der Möbelfabrikation benutzt, weil das Endstück des Zapfens beim Tisch- und Stühlebau dann nicht sichtbar ist.

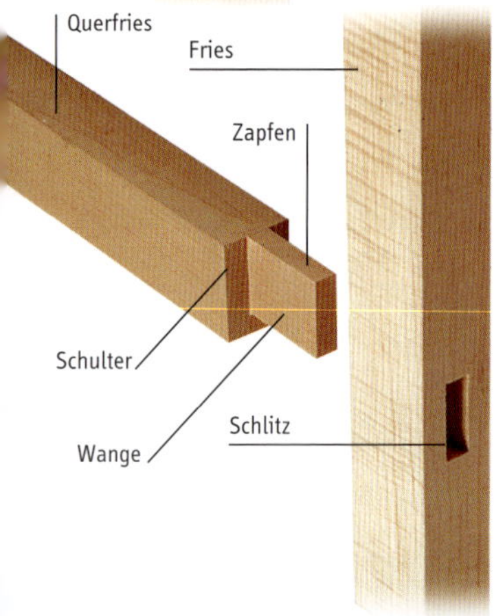

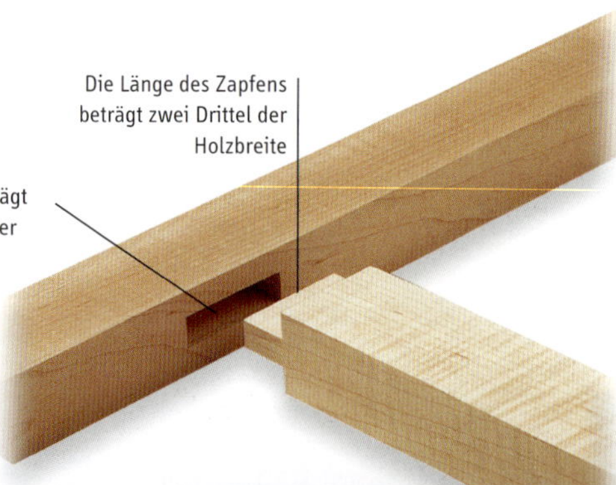

Durchgehende Zapfen herstellen

◀ **1** Schneiden Sie die Stücke auf Größe und hobeln Sie sie glatt. Markieren Sie die Schulterlinien auf dem Querfries(Zapfenteil) entsprechend mit dem Höhenfries, dem Schlitzteil. Ziehen Sie zwei Linien über die Kante des Querfrieses entsprechend der Breite des Zapfens. Geben Sie den Teilen Unterscheidungssymbole.

▶ **2** Verlängern Sie mithilfe eines Winkelanschlags die Linien auf der anderen Kante des Höhenfrieses.

▼ **3** Setzen Sie die Reißnägel des Streichmaßes für die Breite, ungefähr ein Drittel der Holzstärke des Schlitzes. In diesem Fall ist das Holz 18 mm dick und ein 6 mm-Beitel wird eingesetzt.

◀ **4** Markieren Sie mit dem Streichmaß den Schlitz und kennzeichnen Sie das zu fräsende Holz.

Verdeckten Zapfen markieren

Markieren Sie die Teile für eine verdeckte Verbindung genauso wie bei einer durchgehenden, beschränken Sie die Länge des Zapfens aber auf zwei Drittel der Holzdicke des Hochfrieses. Markieren Sie den Schlitz nur auf einem Ende des Hochfrieses, eine zweite Markierung auf der anderen Seite ist nicht nötig.

◀ **5** Nehmen Sie das Streichmaß mit derselben Einstellung, um zwei parallele Linien rund um das Ende und bis zur Schulterlinie des Zapfens zu ziehen. Markieren Sie das Abfallholz.

Durchgehende Nut schneiden

◀ **6** Fixieren Sie das Werkstück an den Enden in der Werkbank. Am besten stecken Sie ein Stück Restholz in den Schraubstock und klammern das Stück mit dem Schlitz daran, sodass es zusätzlich auf der Werkbank aufliegt. Mit Holzhammer und Lochbeitel arbeiten Sie eine Serie von Schnitten in 3 mm Abstand von innen nach außen. Mit einem Winkelanschlag ziehen Sie vorher die Markierungslinie.

▶ **7** Lassen Sie an den Rändern Restholz stehen, das Sie später zum Aushebeln der Späne brauchen. Schneiden Sie also nicht direkt auf der Linie.

▶ **8** Arbeiten Sie die Späne sorgfältig heraus, drehen Sie dabei öfter das Stemmeisen. Wiederholen Sie diesen Prozess in verschiedenen Stufen und Tiefen. Wenn Sie ungefähr die Hälfte geschafft haben, drehen Sie das Werkstück um und arbeiten von der anderen Seite.

Begrenzten Schlitz schneiden

Halten Sie den Beitel an das Zapfenstück, die Schneide liegt an der Schulterlinie des Zapfens an. Jetzt wickeln Sie ein Stück Klebeband um die Klinge des Beitels als Tiefenbegrenzer. Bei Elektrofräsen kann man die Schnitttiefe einstellen.

▼ **9** Arbeiten Sie das End- und die Seitenteile des Schlitzes besonders sorgfältig, überprüfen Sie die Linien mit einem Winkelanschlag. Es ist wichtig, dass alles glatt und gerade ist.

Arbeiten mit Maschinen

▶ **Stemmmaschine:** Schneiden Sie mit dieser Maschine eine Serie von rechteckigen Löchern, um das Restholz aus dem Schlitz zu entfernen. Der innenliegende Bit schneidet das Loch, während der darum herumliegende Beitel ins Holz gedrückt wird und das Loch säubert und viereckig macht. Sie können in einem Durchgang bis zur vollen Tiefe arbeiten, der Bit muss genau an den Markierungen schneiden.

◀ ▼ **Standbohrmaschine:** Mit einer ganz normalen Bohrmaschine in einer Standhalterung oder einer Standbohrmaschine können Sie ganz leicht das Holz ausbohren. Nehmen Sie einen Bohreinsatz, der ein klein wenig schmaler ist als der Schlitz. Bohren Sie erst Löcher an den Enden, dann arbeiten Sie sich zur Mitte vor. Mit einem Beitel arbeiten Sie dann die Kanten des Schlitzes nach.

▶ **Oberfräse:** Mit einer Fräse können Sie genauso präzise Schlitze fräsen wie sonst Nuten oder Ausklinkungen. Nehmen Sie einen Fräseinsatz, der der Breite des Schlitzes entspricht. Wenn das Höhenfries zu schmal ist, um mit dem Anschlag der Fräse arbeiten zu können, klemmen Sie es zwischen zwei Leisten. Die Fräse produziert einen Schlitz mit abgerundeten Enden, Sie müssen entweder die Enden mit einem Beitel gerade stechen oder – was leichter ist – die Enden des Zapfens mit einer Raspel, Feile oder Sandpapier abrunden (siehe Seite 88).

Schlitz mit runden Enden

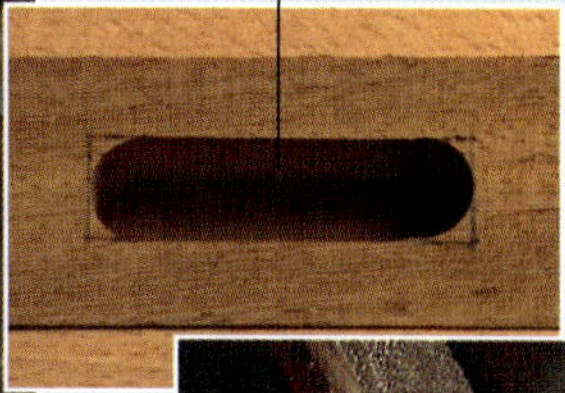

Runden Sie die Enden mit Sandpapier ab.

Einen Zapfen schneiden

◄ **10** Klemmen Sie das Zapfenstück aufrecht in einen Schraubstock und schneiden Sie mit einer Rückensäge die Wangen weg. Alternativ kippen Sie das Werkstück in einem 45°-Winkel von sich fort, sodass Sie zwei Markierungslinien gleichzeitig sehen können. Sägen Sie die Schulterlinien an beiden Markierungen durch und drehen Sie das Werkstück, um auf der anderen Seite den Vorgang zu wiederholen. Zum Schluss setzen Sie das Stück aufrecht ein und sägen horizontal an der Schulterlinie.

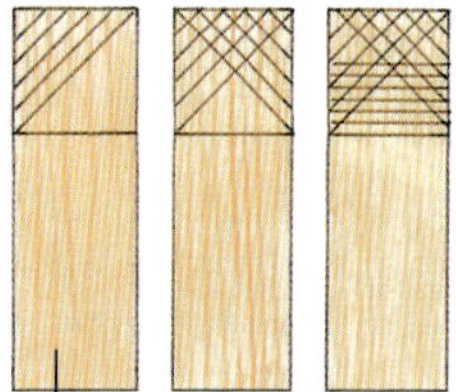

Winkel der senkrechten Schnitte, wenn das Werkstück im Schraubstock geneigt wird.

► **11** Nehmen Sie entweder einen Schraubstock oder die Werkbank und sägen Sie die Wangen an der Schulterlinie quer zur Faser. Zum Schneiden der Zapfen können Sie auch die Bohrmaschine oder Fräse einsetzen, gehen Sie dann so vor wie beim Schneiden eines Falzes.

Verbindung zusammenfügen

► **12** Treiben Sie den Zapfen vorsichtig mit einem Holzhammer oder einem normalen Hammer und einem Stück Holz als Schutz in das Loch. Sitzt er zu eng, arbeiten Sie mit einem Beitel nach. Leimen und fixieren Sie und säubern Sie nach dem Trocknen mit einem Handhobel.

Gebrochener Zapfen

Loser Zapfen

Zapfen reparieren

- Wenn Sie den Zapfen zu klein geschnitten haben, füllen Sie den Schlitz mit Spänen auf. Schneiden Sie mit einem Beitel kleine Späne ab, drücken Sie Leim in die Spalten und stecken Sie Späne hinein, bis alles fest sitzt.
- Wenn ein Zapfen wegbricht, schneiden Sie ihn bis zur Schulterlinie ab und schneiden dann einen Schlitz in das Ende des Stücks. Schneiden Sie sich einen passenden Zapfen zurecht, der sowohl diesen als auch den Schlitz im Verbindungsgegenstück ausfüllt und leimen Sie ihn fest.

Verstärkte Schlitze und Zapfen

Der Zapfen in unserer Schritt-für-Schritt-Anleitung hat zwei Schultern, eine auf jeder Seite der Holzoberfläche. Es besteht allerdings das Risiko, dass die Zapfen zu sehen sind, wenn sie zu lang geschnitten wurden. Setzt man eine dritte Schulter auf eine Ecke des Zapfens, kann man alle Verbindungselemente von der Ecke des Rahmens verschieben, sodass Schlitz und Zapfen im Holz versteckt sind. Ein Schenkel gibt Kantenschultern noch mehr Stabilität. Denken Sie daran, dass Sie den Schlitz anpassen müssen.

▲ Zusätzlicher Schenkel

Das Hinzufügen einer dritten Schulter verstärkt die Stabilität gegen seitliches Verziehen, lässt aber den Zapfen auch leichter locker werden. Ein schmaler Schenkel kann das verhindern. Ein gerader Schenkel ist nach dem Zusammenbau sichtbar, ein abgeschrägter nicht. Solche Verbindungen sind für Rahmen üblich.

Schulterecken schneiden

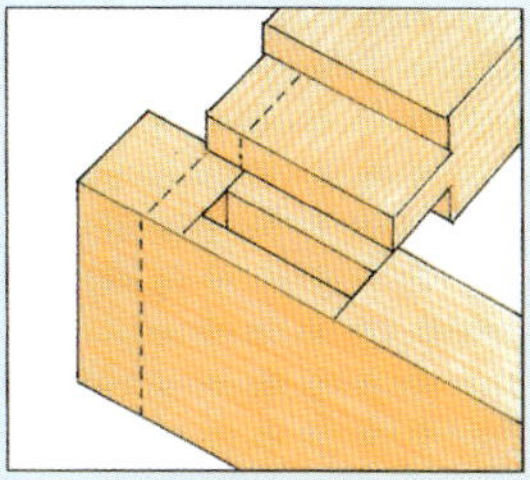

▲ **1 Schneiden Sie die normale Schulter, dann halten Sie den Zapfen an den Schlitz und markieren den Schnitt für die Schulterecke.**

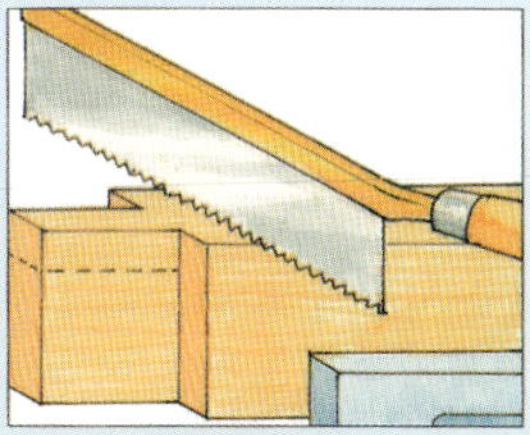

▲ **2 Sägen Sie das Restholz weg, schneiden Sie nicht in die Schulter.**

▼ Keilzapfenverbindung

Um den Zapfen festzukeilen, damit er sich im Lauf der Zeit nicht lockert, erhält der Zapfen Schlitze, in die später Keile getrieben werden. Dadurch wird der Zapfen zu einer Art Schwalbenschwanz. Mit dieser Technik kann man auch Zapfen festkeilen, die an der Seite Luft haben. Auch für begrenzte Nuten und Schlitze eignet sich die Keiltechnik, aber die Keile müssen präzise passen, weil die Verbindung danach nicht wieder zerlegt werden kann.

Schwalbenschwanzverbindungen

Ausgewiesen als Aushängeschild feiner Handwerkskunst verbindet eine Schwalbenschwanzverbindung sowohl mechanische Stabilität als auch optische Eleganz. Sie kann mit der Hand oder mit der Maschine hergestellt werden. Schwalbenschwanzführungen werden auch für Oberfräsen angeboten. Alle Typen dieser Verbindung beruhen auf der Stabilität durch die Keilform, eine durchgehende Verbindung wird hier gezeigt.

Siehe auch

Halten und fixieren, Seiten 24-25
Messen und markieren, Seiten 32-41
Sägen, Seiten 42-61
Hobeln, Seiten 62-71
Stemmen, Seiten 72-75
Fräsen, Seiten 76-81
Leimen und klammern, Seiten 106-107

Winkel und Schablonen

Für die optimale Stabilität schneidet man je nach Holzart unterschiedliche Winkel, für Weichholz 1:6 und für Hartholz 1:8. Es gibt fertige Schablonen, sie sind aber leicht selbst zu bauen.

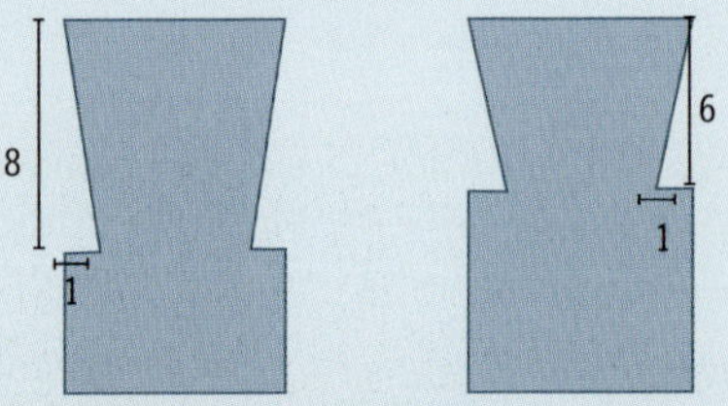

Hartholz-Winkel Weichholz-Winkel

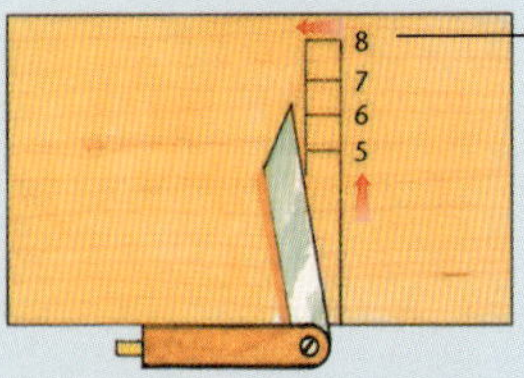

Um den Winkel für einen Schwalbenschwanz anzureißen, halten Sie eine Schmiege an die Holzkante, setzen die Zunge 6 oder 8 Markierungen hoch und eine Einheit quer.

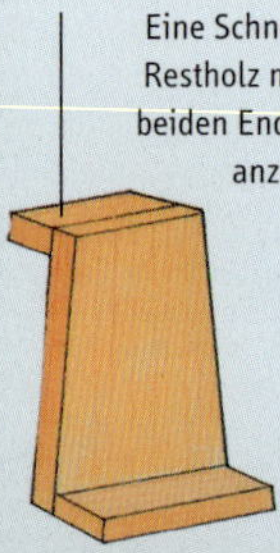

Eine Schneidführung aus Restholz mit Stoppern an beiden Enden, um Winkel anzureißen und zu schneiden.

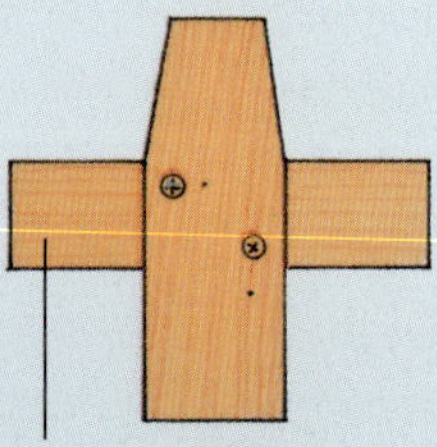

Diese Führung oder Lade zeigt den Winkel an und kann zum Anreißen von Querlinien benutzt werden.

Einige Begriffe

Schwalbenschwanz: Gewinkelt wie der Schwanz des Vogels, wenn man von oben aufs Brett schaut, werden die Linien mit einem Anschlagwinkel quer zur Faser eingezeichnet.

Zinken: Sie werden gegen die Holzfaser gewinkelt, die weitere Öffnung zeigt zur Innenseite des Bretts.

Halbe Zinken: Sie sind nur zu einer Seite gewinkelt und auch nur halb so groß wie ein normaler Zinken.

▲ **Durchgehende Verbindung**
Bei einer Schubladenverbindung bildet die Zinkenseite die Rückwand und die Schwalbenschwanzseite die Seitenwand.

Schwanzseite anreißen

▶ **1** Schneiden Sie Bretter zurecht und hobeln Sie sie glatt. Mit einem Anschlagwinkel markieren Sie um beide Stücke die Schulterlinien. Die Tiefe der Schulterlinie ist gleich der Dicke des Holzes.

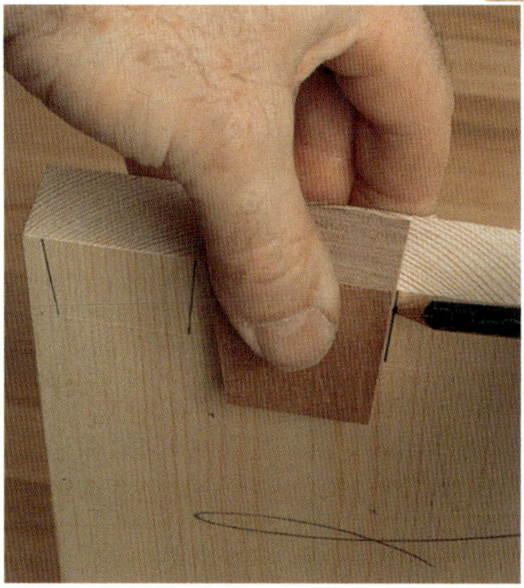

◀ **2** Mit einer Schmiege oder einer Schablone und einem Bleistift reißen Sie die Positionen der Schwalben auf dem Brett an.

▼ **3** Mit einem Winkelanschlag ziehen Sie die Linien übers Holz. Schraffieren Sie das Abfallholz

Positionen

- Größe und Zwischenräume zwischen Schwalben und Zinken können variieren, aber eine gleichmäßige Arbeit sieht am besten aus. Generell gilt, dass die breiteste Ecke der Schwalbe einen zwei- bis dreifachen Abstand zur schmalsten Ecke des Zinkens hat, zum Beispiel 9 mm Schwalbe und 6 mm Zinken.
- Um gleiche Schwalben über das ganze Brett zu schneiden, messen Sie von jeder Kante 6 mm ab nach innen und dann die Distanz zwischen diesen Punkten. Die wiederum teilen Sie in die gewünschte Zahl der Schwalben und markieren die Positionen. Markieren Sie links und rechts von diesem Punkt 3 mm, das ist der Zwischenraum zwischen den Zinken.

Die Zinken schneiden

◀ **4** Klemmen Sie das Werkstück in einen Schraubstock und neigen Sie es so, dass alle linken Seiten der Zinken senkrecht sind. Diese Stellung hilft beim akkuraten Schneiden, weil die Schwerkraft die Säge nach unten drückt. Nehmen Sie eine Rückensäge und sägen Sie immer auf der Abfallseite. Danach neigen Sie das Werkstück so, dass alle rechten Seiten senkrecht stehen und sägen wieder.

▶ **5** Mit einem Winkelanschlag und einem Markiermesser vertiefen Sie die Schulterlinie auf der Abfallseite. Entfernen Sie das Reststück mit der Rückensäge, arbeiten Sie sauber auf der Linie quer zur Faser.

▶ **6** Entfernen Sie das Restholz zwischen den Zinken mit einer Bogensäge bis auf 3 mm zur Schulterlinie. Diese 3 mm bleiben noch stehen, weil sie später nur mit einem sehr scharfen Beitel entfernt werden können.

▼ **8** Klemmen Sie das Werkstück wieder in den Schraubstock und säubern Sie die Schulterlinie mit dem Beitel.

◀ **7** Legen Sie ein Stück Restholz unter das Werkstück und stemmen Sie jetzt das Holz bis zur Schulterlinie weg. Machen Sie immer nur kleine senkrechte Schnitte bis zur Hälfte der Holzdicke, dann drehen Sie das Stück um und arbeiten von der anderen Seite. Das verhindert Splittern und Bruch.

Markieren und Schneiden der Zinken

◀ **9** Setzen Sie das zweite Werkstück in den Schraubstock. Legen Sie ein Stück Holz auf die Werkbank und ziehen Sie das Werkstück im Schraubstock so weit hoch, dass die Oberkante mit dem Holzstück auf der Werkbank abschließt. Legen Sie das erste Werkstück mit den Schwalbenschwänzen darüber, es muss glatt aufliegen. Schulterlinie und Kante müssen passgenau sein. Markieren Sie die Schwalben.

▶ **10** Mit dem Winkelanschlag ziehen Sie die Linien auf der Oberfläche weiter. Schraffieren Sie das Abfallholz.

▼ **11** Mit der Rückensäge schneiden Sie jetzt auf der Abfallseite die Linien nach bis zur Schulterlinie. Wie vorher sägen Sie mit einer Bogensäge den Abfall zwischen den Linien weg. Schneiden Sie nicht in die Zinken.

▼ **12** Vertiefen Sie die Schulterlinie und stemmen Sie sie dann sorgfältig mit einem schmalen Eisen aus. Überlappende Schnitte ergeben eine glatte Fläche.

▼ **13** Setzen Sie das Werkstück so in den Schraubstock, dass Sie mit dem Beitel die Schulterlinie horizontal nacharbeiten können. Schneiden Sie nicht direkt quer, dann splittern die Fasern.

Was zuerst?

In unserem Beispiel sind zuerst die Schwalben geschnitten worden und als Schablone für das zweite Brett benutzt worden. Sie können das aber auch umgekehrt machen.

Zusammenbau

◀ **14** Bauen Sie jetzt die Verbindung nur teilweise zusammen, um zu überprüfen, ob alle Teile problemlos zusammenpassen. Klopfen Sie sie nicht ganz zusammen, 3 mm reichen. Mit einem Stemmeisen können Sie noch nacharbeiten.

▶ **15** Wenn alles passt. bestreichen Sie die Oberflächen der Teile mit Leim und klammern Sie sie zusammen. Ein sauberes Stück Kantenholz hilft, den Druck gleichmäßig zu verteilen und vermeidet Beschädigungen durch die Zwinge. Überprüfen Sie den rechtwinkligen Sitz mit einem Winkelanschlag.

◀ **16** Wenn der Leim durchgetrocknet ist, säubern Sie die Oberfläche mit einem Hobel. Arbeiten Sie nach innen, damit die Kanten nicht splittern. Die Kanten werden diagonal gehobelt, wenn das Stück im Schraubstock gehalten wird.

Durchgehende Variationen

- **Schublade:** Die Anordnung der Schwalben bei einer Schubladenverbindung zeigt meistens unten eine durchgehende Nut durch eine Schwalbe und einen Zinken, in die das Bodenbrett der Schublade geschoben wird.

- **Gehrungsschwalbe:** In dieser Anordnung liegen die beiden äußeren Kanten nicht übereinander, sondern werden auf Gehrung geschnitten.

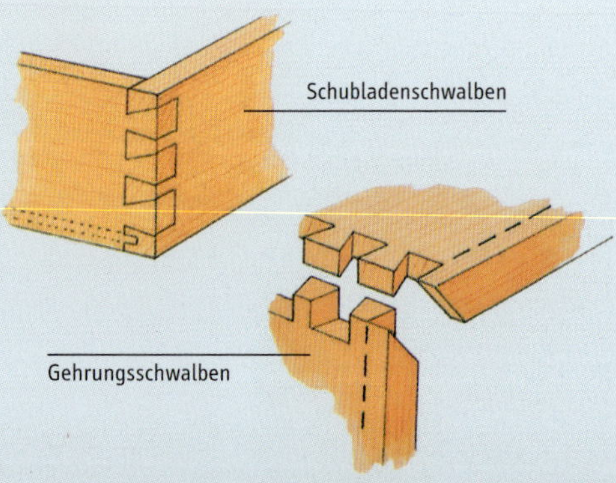

Arbeiten mit Fräse und Führung

◀ **1** Schwalbenschwanzladen können zum Schneiden der Zinken und Schwalben benutzt werden. Lesen Sie die Bedienungsanleitung genau durch, wie Sie die Halterung einsetzen müssen. Auf diesem Bild ist die Halterung zur Produktion der Zinken eingestellt, die Fräse schneidet mit einem geraden Einsatz die Aussparungen aus.

▶ **2** Hier ist die Fräsführung umgedreht und schneidet mit einem Schwalbenschwanz-Bit die entsprechenden Kerben aus. Mit ein bisschen Übung kann die Maschine so fein eingestellt werden, dass die Schwalben ganz leicht per Hand nahtlos zusammengesetzt werden können. Leimen und fixieren Sie wie gewohnt.

Reparieren einer losen Schwalbe

◀ **1** Wenn Sie eine Schwalbe verschnitten haben, etwa, weil Sie an der falschen Seite neben der Markierung gesägt haben, ist das noch kein Beinbruch. Schnelle Abhilfe bringen ein paar Schnitzer Furnier. Setzen Sie die Verbindung zusammen und prüfen Sie, ob der Fehler beim Zinken oder bei der Schwalbe liegt. Leimen Sie Späne von passendem Furnier ein und bauen Sie die Verbindung zusammen.

▶ **2** Alternativ können Sie die Verbindung auch vorher leimen und zusammenbauen. Stopfen Sie dann die Furnierstücken in den Spalt. Für ernstere Probleme nehmen Sie einen Leim, der Löcher gut füllt. Die Furnierenden glätten Sie mit einem Beitel.

4 Besondere Techniken

Eine Einführung in die Techniken des Formens, Biegens, Furnierens, Schnitzens und Drechselns

Formen und Biegen

Wenn ein Werkstück gesägt und gehobelt ist, ist es bereit für höhere Aufgaben. Es braucht natürlich Zeit, Formen und Kurven herzustellen, aber es kann ein Projekt sehr interessant machen. Formteile können aus Vollholz geschnitten werden und Holz kann in Form gebogen werden, etwa durch Einkerbungen, geleimte Schichtauflagen auf einer Form oder durch Dampfbiegen. Form- und Biegetechniken werden bei der Stuhlherstellung und in der Holzschnitzerei gern eingesetzt. Detaillierte Vorlagen und Zeichnungen sind sehr wichtig und bei komplizierteren Projekten ist es sinnvoll, vorher ein Basismodell aus leichter formbarem Material zu machen, etwa aus Balsaholz, Knetmasse oder Plastilin. Auf diese Weise können Sie den Entwurf aus allen Blickwinkeln betrachten und auf seine Machbarkeit überprüfen.

Siehe auch

Halten und fixieren, Seiten 24-25

Messen und markieren, Seiten 32-41

Sägen, Seiten 42-61

Hobeln, Seiten 62-71

Stemmen, Seiten 72-75

Schleifen, Seiten 86-91

Leimen und klammern, Seiten 106-107

Schnitzen, Seiten 154-163

Kurven und Bögen schneiden

Viele Bögen im Holzbau folgen nicht unbedingt der Holzstruktur, aber Sie müssen die Maserung natürlich beachten, um eine gewisse Stabilität zu erhalten. Etliche Formteile wie Stuhl- oder Tischbeine können aus einem Stück Vollholz gearbeitet werden. Aber immer, wenn der Bogen aus kurzen Fasern besteht, ist das Holz weicher und bricht leichter, als bei einer langfaserigen Maserung. Denken Sie daran, wenn Sie ein Projekt planen. Möglicherweise müssen Sie Ihr Projekt mit einem Stützholz verstärken, das Sie anleimen, anschrauben oder annageln.

Faserstabilität

In diesem Bogen mit vertikal verlaufenden Fasern zeigen die Häkchen eine entsprechende Stabilität an, die Kreuze dagegen kurze Fasern und Bruchgefahr. Wenn Sie Kurven in einem Werkstück vorsehen, versuchen Sie kurze Fasern zu vermeiden, dort bricht das Holz am leichtesten.

Schneiden und schnitzen

◀ **1** Um ein geschwungenes Stuhl- oder Tischbein auszuschneiden, markieren Sie die Form des Beines auf zwei passenden Holzteilen (genauso, als wenn Sie eine Rundung schneiden wollen). Sägen Sie die Form grob aus, eine Bandsäge ist ideal.

▶ **2** Halten Sie das Bein in einen Schraubstock oder fixieren Sie es in der Werkbank und formen Sie es mit einem Schabhobel oder einem Stichel. Halten Sie den Stichel wie ein Stemmeisen und tragen Sie die Späne in Faserrichtung ab. Danach verfeinern Sie mit Raspel und mit Sandpapier.

▲ Geleimte Bögen

Eine einfache Möglichkeit, an einen Bogen ein gerades Stück hinzuzufügen, ist, ein Extrastück anzuleimen. Achten Sie darauf, dass die Maserung passt.

Bögen bauen

Um das Problem mit weichen, kurzen Fasern zu vermeiden, können Sie größere Bögen auch aus kleineren Rundelementen zusammenbauen, ähnlich wie beim Bau einer Mauer oder eines Turms. Diese Technik wird gern eigesetzt, um Rundfronten für Schubladen zu bauen, die dann später furniert werden. Das traditionelle Böttcherhandwerk zeigt sich in der Herstellung von Fässern aus Holzdauben, aber diese Technik kann für andere Aufgaben adaptiert werden, indem man aus identischen Einzelteilen einen ganzen Kreis zusammensetzt.

Ziegelbau

◀ **1** Zeichnen Sie die gewünschte Bogenform auf ein Stück Papier, dann kopieren Sie die Linien auf ein Stück Holz, das Ihnen als Schablone zum Markieren aller weiteren Teile dient. Schneiden Sie die Stücke mit einer Bandsäge, Rücken- oder Bogensäge aus. Je präziser Sie jetzt arbeiten, umso weniger Arbeit haben Sie später beim Versäubern.

▶ **2** Bauen Sie Ihr Projekt Lage für Lage, stapeln Sie die Stücke wie beim Bau einer Ziegelwand. Leimen Sie die Einzelteile und drücken Sie sie zusammen (siehe Seite 113). Fixieren Sie sie, wenn nötig.

Lage der Einzelteile

Machen Sie sich eine Vollformatzeichnung der Form, die Sie sich vorstellen. Dann können Sie entscheiden, wie Sie die Einzelteile am besten setzen, um größtmögliche Stabilität zu erreichen.

▶ Turmbau

Bei dieser Technik werden identische Stücke senkrecht zusammengeleimt. Schneiden Sie sie genauso wie beim Ziegelbau.

Böttchern

▶ **1** Um ein Fass herzustellen, zeichnen Sie zuerst zwei konzentrische Ringe auf ein Stück Papier, die Sie in gleiche Segmente unterteilen. Übertragen Sie die gekrümmten Elemente der Formteile auf gerade Flächen. Mit einem Stahllineal und einer Schmiege übertragen Sie die Maße der Einzelteile auf ein langes Stück Holz. Sägen Sie die benötige Anzahl Teile aus, achten Sie auf exakte Winkel.

◀ **2** Leimen Sie die Einzelteile zu einem Kreis zusammen, es sollte genügen, sie zusammenzudrücken statt mit Zwingen zu fixieren (siehe Seite 113). Lassen Sie die Teile auf einem Stück Papier trocknen, damit sie nicht auf der Werkbank festkleben. Nach dem Trocknen ziehen Sie einen Kreis um die Außenkante und säubern das Holz mit Beitel oder Schleifpapier.

▶ **3** Für eine andere Methode nehmen Sie einen Hobel, klemmen das Werkstück in einen Schraubstock und drehen es immer weiter, sodass Sie mehr oder weniger horizontal hobeln können.

◀ **4** Glätten Sie die innere Rundung, hier mit einem groben Sandpapier, das um ein Rundholz gelegt wurde.

Einkerben

Bei dieser Technik machen Sie eine Reihe von Schnitten so weit ins Holz, dass der verbleibende Teil gebogen werden kann. Diese Methode bietet aber nur wenig Stabilität, weil die meisten Holzfasern durchtrennt sind. Einkerbungen sind also nur möglich für nicht allzu schwergewichtige Verzierungen. Einkerbungen per Hand sind mühsam, aber mithilfe einer Maschine ist Einkerben recht leicht. Wir zeigen den Einsatz von zwei Maschinen.

Berechnen der Kerben

Machen Sie eine 1:1-Zeichnung und messen Sie die Biegung am äußeren Radius. Auf der Holzleiste machen Sie im Abstand von mindestens 3 mm von der Kante die erste Kerbe. Messen und markieren Sie die Biegung von diesem ersten Einschnitt. Fixieren Sie das eingeschnittene Ende in der Werkbank. dann heben Sie das freie Ende des Werkstücks hoch, bis die Kerbe sich schließt. Keilen Sie den freien Teil in dieser Stellung fest. Messen Sie die Distanz zwischen der Werkbank und der Unterseite des Holzstücks, das ist die Distanz zwischen den Kerben.

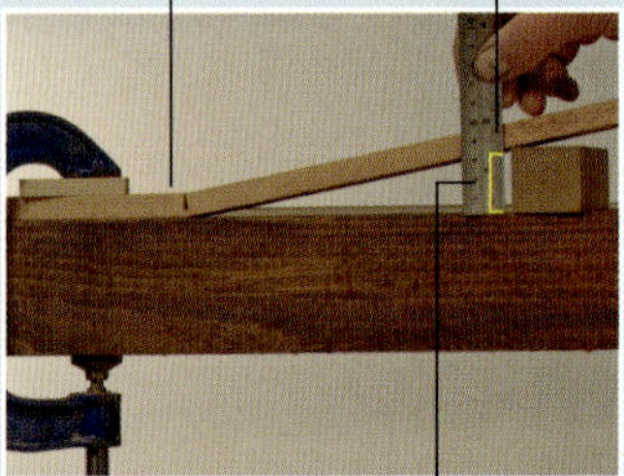

Kerben schneiden

◀ **1** Markieren Sie Kerbschnitte auf dem Führungsanschlag des Auslegerarms der Kreissäge. Stellen Sie die Tiefe der Schnitte ein und machen Sie eine Serie von Teilschnitten durch das Werkstück. Rücken Sie die Holzleiste jedes Mal ein Stück weiter zur Schnittmarkierung auf dem Anschlag.

▶ **2** Auf der Bandsäge klemmen Sie eine gerade Holzplatte an den Sägetisch, sodass das Sägeblatt in einem Schnitt in der Platte halb verschwindet. Die Leiste fungiert als Tiefeneinstellung und als Markierung für die Kerbe.

▶ **3** Prüfen Sie, ob das Holz sich wie gewünscht biegen lässt, dann geben Sie Leim in jede Kerbe, biegen und klammern alles zusammen. Ein Streifen an der Kerbseite angeleimtes Furnier gibt Halt. Sie können auch zwei Stücke mit den Kerben nach innen zusammenleimen.

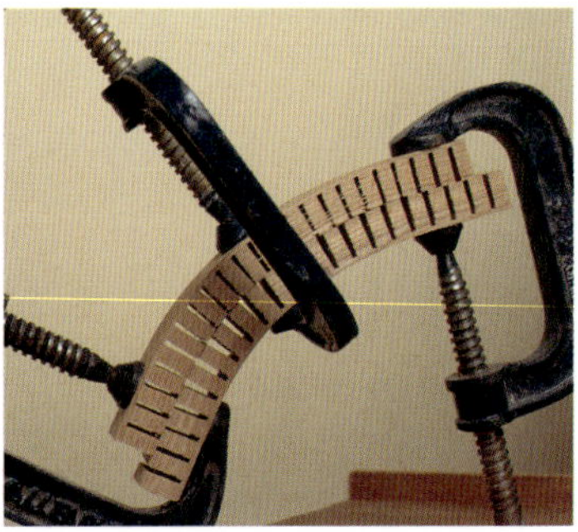

Schichtbiegung

Etliche Streifen oder Schichten aus Holz (Laminate) – je maximal 3 mm dick – können zusammengeleimt werden und in einer Form, die aus einem Positiv- und einem Negativteil besteht, gebogen werden. Die Formteile sind konkav und konvex und passen genau ineinander. Die Maserung folgt der Länge der Streifen, die spätere Festigkeit ist sehr gut. Billigere Holzstreifen können zwischen teureren äußeren und dekorativeren Furnierschichten eingesetzt werden.

Die Form

▶ **1** Bauen Sie sich eine Positiv- und eine Negativform entsprechend der Dicke der gewünschten Struktur. Schneiden Sie einige Streifen etwas überlang zurecht und machen Sie einen Versuchsdurchlauf: biegen und fixieren Sie alles ohne Leim.

◀ **2** Geben Sie Leim auf alle Schichten, dann klammern Sie sie zwischen den Formteilen fest. Ziehen Sie die Zwingen von innen nach außen an. Legen Sie Wachspapier oder Plastik zwischen Holzschicht und Form, damit nichts anklebt. Nach dem Trocknen säubern Sie die Kanten mit einem Hobel.

Formen bauen

Machen Sie eine 1:1-Zeichnung von der gewünschten Form und nehmen Sie sie als Vorlage zum Bau der Negativ- und Positivform aus Holzplatten, MDF oder Vollholz. Die Biegungen in den beiden Formteilen können unterschiedliche Radii haben, wenn die Strukturen des Laminats dort dicker oder dünner sein sollen.

▶ Freies Formen

Holzstreifen oder dünnes Vollholz können Sie auch ohne vorgefertigte Form biegen, wenn Sie es nach dem Leimen mit einer Halterung in der gewünschten Position fixieren. Hier ist ein Stück Sperrholz gedreht worden und in dieser gedrehten Position an ein dickes Stück Holz fixiert worden.

Dampfbiegen

Holz ist biegsamer, wenn es heiß oder nass ist. Beim Dampfbiegen wird Holz in einem versiegelten Behälter eingeschlossen, der aus einer stetigen Quelle mit Wasserdampf gespeist wird. Für kleine Sachen können Sie einen normalen Kessel auf dem Ofen oder einen Dampfdrucktopf benutzen, um den Dampf zu erzeugen. Wenn das Holz gesättigt ist, wird es herausgenommen und über die Form gebogen. Die Methode ist eine Hopp-oder-Flop-Methode, weil sich die Biegung nach dem Trocknen wieder strecken oder bei Überbeanspruchung brechen kann.

Arbeit mit Dampfbehälter

◀ **1** Bauen Sie eine Biegeform aus Sperrholz, MDF oder anderen Platten, sie muss etwas Platz haben, um Zwingen ansetzen zu können. Machen Sie einen Metallbügel zum Biegen aus dünnem Stahl, setzen Sie an die Enden Handgriffe aus Hartholz und fixieren Sie sie mit Schrauben und Muttern. Die Länge des Stahlbügels zwischen den Griffen soll der Länge des zu biegenden Holzes entsprechen. Probieren Sie Ihre Biegeform ohne Holz aus.

Biegetipps

- Dünnes Holz lässt sich leichter biegen als dickes. Es ist schwierig, Holz mit einer Stärke von mehr als 35 mm mit Dampf zu biegen, obwohl in der Industrie schon 50 mm erreicht werden. Ein bestimmter Prozentsatz starker Biegungen bricht.
- Einige Hölzer sind biegsamer als andere. Esche, Birke und Eibe sind flexibler als Mahagoni oder Teak.

▶ **2** Bereiten Sie Ihren Dampferzeuger und die Dampfkammer vor, beispielsweise einen Dampfdrucktopf und eine isolierte Sperrholzbox oder ein Stück Plastikrohr, das auf beiden Seiten mit einer Holzscheibe verschlossen wird. Ein Gummischlauch leitet den Dampf ein.

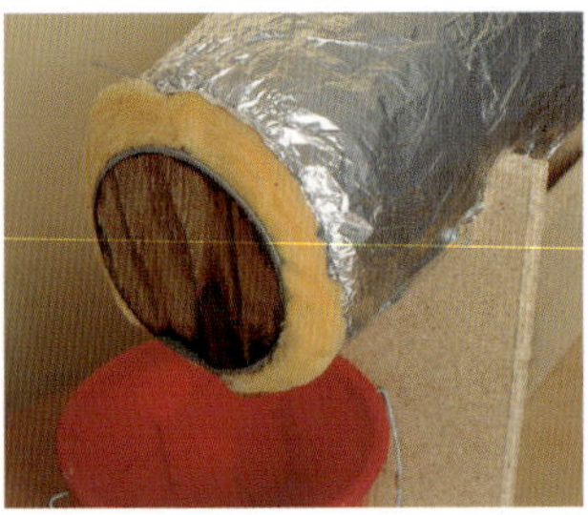

◀ **3** In diesem Fall wurde ein Regenrohr mit Aluminiumfolie und Glaswolle isoliert. Die Dampfkammer ist auf ein leicht geneigtes Gestell montiert, damit Kondenswasser in einen Eimer ablaufen kann.

◀ **4** Schieben Sie das zu biegende Holz in die Röhre, legen Sie Trennstücke dazwischen, damit der Dampf rundherum zirkulieren kann. Setzen Sie die hölzernen Abschlussscheiben wieder ein und starten Sie den Dampferzeuger. Generell gilt, dass Holz für je 25 mm Dicke etwa eine Stunde Dampf benötigt.

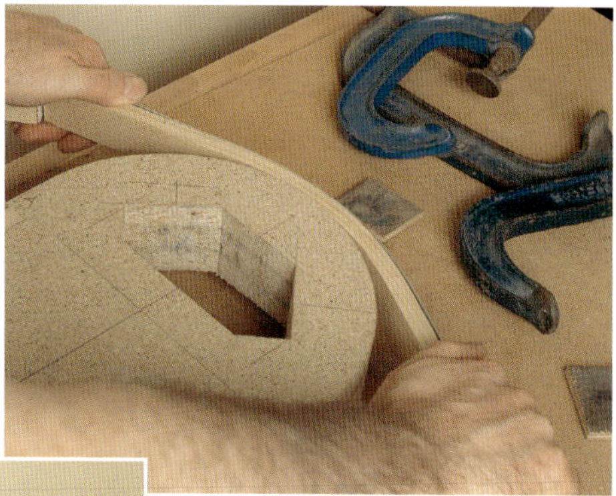

▶ **5** Nach dem Dämpfen setzen Sie das Holz schnell auf den Metallbügel und biegen es in Form. Sie werden wahrscheinlich dicke Handschuhe anziehen müssen, um sich nicht die Finger zu verbrennen. Einige Fehlversuche lassen sich nicht vermeiden. Der Stahlbügel schützt etwas gegen Holzbruch.

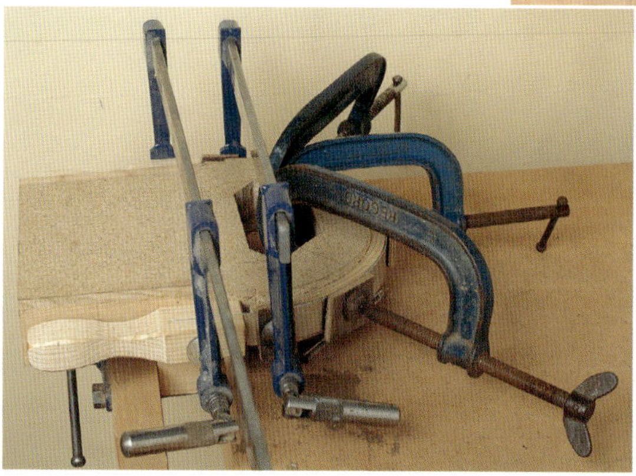

◀ **6** Sichern Sie die Biegeleiste mit Zwingen und lassen Sie sie einige Tage trocknen.

▶ Biegen in der Mikrowelle

Kleine Holzteile können Sie auch in der Mikrowelle statt in der Dampfröhre aufheizen. Halten Sie das Holz feucht, indem Sie es in eine stabile verschlossene Plastikbox mit etwa Wasser legen oder mit einem nassen Tuch umwickeln. Stellen Sie die höchste Temperatur ein und die Dauer auf 3-5 Minuten für 3 mm Holzdicke. Danach das Holz gleich in die Form geben und festklammern. Ein paar Stunden durchtrocknen lassen.

Furnieren

Ein Furnier ist eine oblatendünne Holzschicht, die auf einen Unterbau aus Vollholz oder Holzplatten aufgeleimt wird, wobei letztere mehr Festigkeit geben und nicht arbeiten und sich verziehen wie Vollholz. Furniere sind dünn und flexibel, sodass sie auf geraden und geschwungenen Oberflächen aufgetragen werden können. Furnieren ist ein extrem weites Feld in der Holzbearbeitung, es gibt Ihnen die Möglichkeit, für wenig Geld die interessantesten Holzarten zu kreieren. Weil einige Holzarten inzwischen vor hohem Verbrauch geschützt sind und nur noch sehr begrenzt für die Furnierproduktion gefällt werden dürfen, trägt Furnieren auch zur Erhaltung der Holzarten bei.

Siehe auch

Furniere und Intarsien, Seite 18

Halten und fixieren, Seiten 24-25

Messen und markieren, Seiten 32-41

Hobeln, Seiten 62-71

Stemmen, Seiten 72-75

Fräsen, Seiten 76-81

Schleifen, Seiten 86-91

Leimen und klammern, Seiten 106-107

Formen und biegen, Seiten 140-147

Furniere auftragen

Ein Furnier hat zwei Seiten, die obere geschlossene Seite und die Rückseite, die offene. Wenn Sie das Furnier in der Faserrichtung schneiden, werden Sie feststellen, dass das Furnier sich leichter zur offenen Seite hin biegt lässt – eine einfache Möglichkeit, beide Seiten zu unterscheiden, wenn Sie sich unsicher sind. Passende Furniere sollten Sie in der Reihenfolge nummerieren, wenn sie durcheinander geraten, ist es schwierig, sie wieder zu sortieren. Furniere werden mit Leim und Druck auf der Unterlage aufgetragen.

Vorbereitung und schneiden

◀ **1** Stellen Sie sicher, dass die Unterlage glatt und staubfrei ist, jeder kleine Fehler bleibt unter dem Furnier sichtbar. Wenn nötig, glätten Sie das Furnier, indem Sie es dämpfen und für ein paar Stunden zwischen zwei Bretter klemmen. Suchen Sie ein Stück Furnier aus, das etwas größer ist als die Unterlage, nach dem Aufbringen wird es exakt auf Größe gebracht. Mit Klebeband auf der Außenseite (siehe Seite 152) verhindern Sie ein Splittern oder Weitergehen eines Risses. Legen Sie das Furnier auf eine plane Oberfläche, dann das zu furnierende Werkstück darüber und reißen Sie den Ausschnitt an.

▶ **2** Mit einem Stahllineal und einem Markiermesser schneiden Sie das Furnier sorgfältig 3 mm außerhalb der Markierungslinie aus. Schneiden Sie am Anfang immer quer zur Faser, da sie am leichtesten splittert. Setzen Sie das Messer in einem flachen Winkel an und geben Sie mit dem Zeigefinger Druck; ziehen Sie den Schnitt fest und langsam durch, besonders zum Ende des Schnittes, wenn die Fasern gerne ausbrechen. Die Klinge sollte dann fast horizontal liegen.

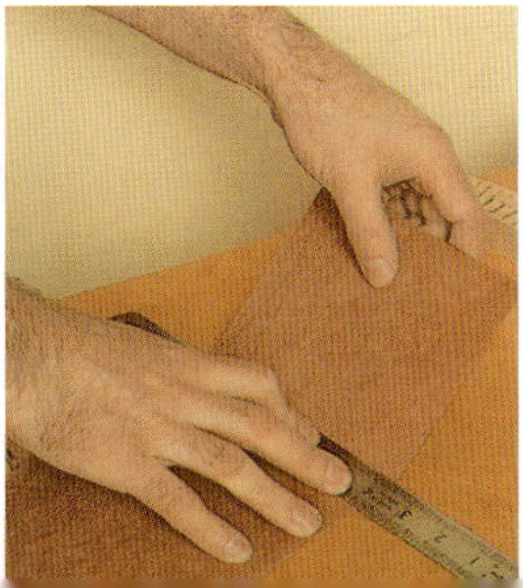

◀ **3** Bei einer anderen Methode schneiden Sie die Markierungslinie nur bis zur Hälfte tief ein und brechen dann die Fasern, indem Sie das Furnier gegen das daraufgedrückte Lineal hochheben.

Sieb- oder Filzfurnieren

▶ **1** Bei dieser Technik werden die verleimten Elemente an eine oder zwischen zwei Presssiebe oder -filze fixiert. Diese Siebe können flach oder geschwungen sein (wie die Formen beim Holzbiegen). Legen Sie den Unterbau auf ein Stück Papier, dann tragen Sie den Leim mit einem Spachtel, Roller oder einem Pinsel auf.

▼ **2** Lassen Sie den Leim ein paar Minuten antrocknen, sodass das Wasser verdunstet. Dann legen Sie das etwas zu groß geschnittene Furnier auf den Unterbau. Das verhindert, dass Leimtropfen durch das Furnier dringen oder überflüssiges Wasser Wellen wirft, was auch beim Fixieren noch möglich ist.

◀ **3** Legen Sie das furnierte Stück auf das Sieb und klammern Sie so, dass der Druck sich gleichmäßig verteilt. Lassen Sie alles unter Druck und bei 15° C über Nacht oder mindestens zwei Stunden trocknen.

▼ **4** Schneiden Sie nach dem Trocknen auf einer Unterlage das Furnier in Form. Kippen Sie das Werkstück, legen Sie ein Stück Holz darunter, um den Druck für den Schnitt zu erhöhen. Danach wird das Werkstück geschliffen.

Andere Techniken

- **Hammer-Methode:** Bei dieser traditionellen Methode verwendet man erhitzten Hautleim und außerdem einen speziellen Furnierhammer, um den Druck zu erzeugen. Hierfür braucht man sehr viel Erfahrung, die Technik wird fast nur für Restaurierungen angewendet.
- **Vakuum-Methode:** Mittlerweile gibt es tragbare Vakuum-Pressen für Heimwerker, mit denen man leicht ein Profi-Ergebnis erzielen kann. Die verleimten Teile werden in einen Vakuum-Behälter gegeben und eine Pumpe saugt dann die Luft heraus. Durch den Unterdruck werden die Teile gleichmäßig aufeinander gepresst und das Furnier auf den Untergrund geklebt.
- **Spezialleim:** Zu diesen gehören Kontaktkleber, die bei Berührung reagieren, und Aufleimer, die mit einem heißen Haushaltsbügeleisen aufgetragen werden. Manche Furniere werden bereits mit einer Kontaktklebeschicht ausgeliefert.

Furniere reparieren

▼ **1** Wenn sich unter dem Furnier eine Luftblase gebildet hat, schneiden Sie die Oberfläche mit einem Messer in Richtung der Maserung ein. Schieben Sie mit dem Messer und einem Stück Papier so viel Leim wie möglich in das Loch zwischen Unterlage und Furnier. Wischen Sie überflüssigen Leim weg und legen Sie Wachspapier über die Fläche. Klammern Sie es fest, bis alles durchgetrocknet ist. Genauso können Sie lose Furnierkanten reparieren.

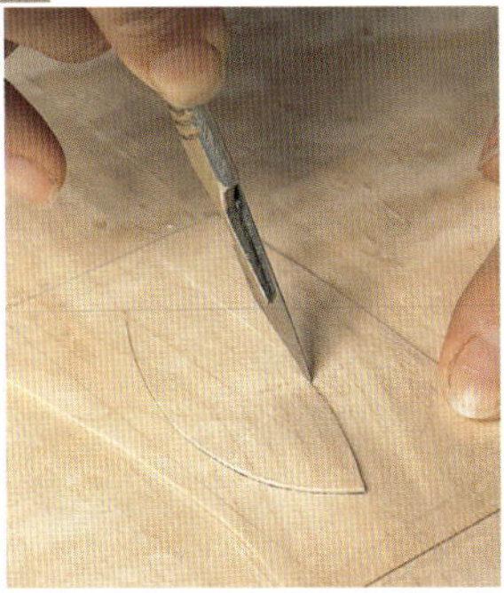

▶ **2** Um eine größere zerstörte Fläche zu ersetzen, legen Sie ein Stück passendes Furnier so auf die Stelle, dass die Maserung übereinstimmt. Schneiden Sie jetzt mit dem Messer durch diese Doppellage bis auf die Unterlage. Glätten Sie die Unterlage mit einem Beitel, dann leimen Sie das Reparaturstück ein.

Furniertipps

- Wenn Sie ein Vollholzteil furnieren, sollten Sie immer beide Seiten furnieren, auch wenn nur eine Seite sichtbar ist. Das gleicht die Arbeit des Holzes aus, wenn Leim und Furnier trocknen und sich der Feuchtigkeitsgehalt ändert. Für die nicht sichtbare Seite können Sie ein billigeres Furnier verwenden.
- Wenn Sie Vollholz furnieren, gleichen Sie die Richtung der Maserung des Furniers und des Unterbaus einander an, sodass sie beim Trocknen in eine Richtung arbeiten.
- Auf Sperrholz tragen Sie das Furnier in einem 90°-Winkel zur Holzfaser auf.

Randeinfassung

▼ **1** Eine schmale Vollholzleiste als Kanteneinfassung kann zwei aneinander stoßende Furnierteile verstärken und einen zusätzlichen reizvollen Kontrast ergeben. Fräsen Sie mit einer Oberfräse, einem Anschlag und einem geraden Einsatz einen schmalen Falz um die Kante, in den die Einfassung kommt.

◀ **2** Auf einem geraden oder leicht gebogenen Stück leimen Sie die Einfassung an ihren Platz und fixieren sie mit Klebeband. Für größere Rundungen müssen Sie die Leiste vorher biegen, etwa in der Mikrowelle. Wenn der Leim abgebunden hat, schleifen Sie die Kanten glatt mit dem Furnier.

Dekorative Furniereffekte

Mit Furnieren können Sie sehr interessante Effekte und Muster erzielen, wenn Sie sie etwas ungewöhnlich schneiden und arrangieren. In diesem Fall haben wir ein stern- oder diamantartiges Muster gewählt, das mit einem Kreuzband begrenzt wird. Die Mitte prägt ein ovales Motiv als Inlay und die Kanten glänzen mit einem eingearbeiteten Band. Dekorative Inlays oder Intarsien gibt es in vielen Formen, Größen und Mustern.

Stern anlegen

▶ **1** Ein Sternmuster baut man am besten aus gerade gemasertem Furnier. Dazu muss man vier gleiche Quadrate mit schräg laufenden Fasern schneiden. Schneiden Sie das erste Quadrat auf einer Unterlage mit einem scharfen Messer und nehmen Sie es als Schablone für die anderen.

▼ **2** Legen Sie die vier Teile so zusammen, dass sie ein Diamantmuster bilden. Halten Sie sie mit Klebeband zusammen. Nehmen Sie Klebeband auch für Splitter.

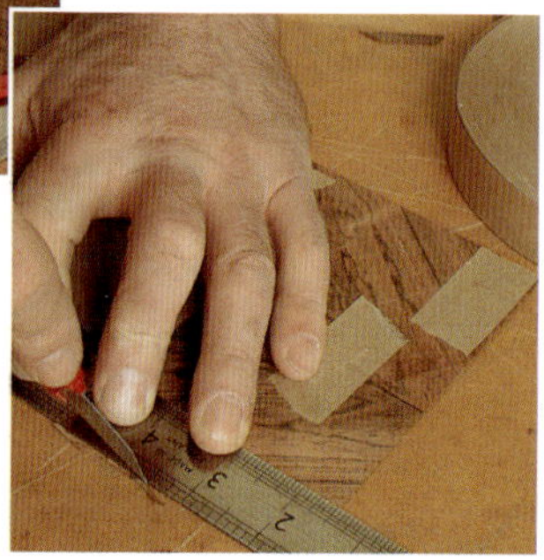

Inlay-Motiv

◀ **3** Positionieren Sie das Intarsienmotiv auf der Mitte des Furnierteils. Das Furnier darunter wird durch Papier geschützt. Ziehen Sie Bleistiftstriche als Hilfslinien.

▶ **4** Nehmen Sie ein Markierungsmesser, um das Furnier um das Motiv herum durchzuschneiden. Passen Sie das Motiv in die Öffnung ein und fixieren Sie es mit Klebeband. Leimen Sie das vorbereitete Furnier wie üblich auf die Grundlage. In diesem Fall ist die Unterlage größer, weil noch eine Einfassung hinzukommt. Nehmen Sie ein Schneidmaß, um die Kanten des Furniers parallel zu den Kanten der Unterlage zu schneiden.

Klebeband

Speziell gummiertes Klebeband zum Furnieren hält die Furnierstücke zusammen und bindet mögliche Risse. Feuchten Sie das Band an und geben Sie es auf die äußere Oberfläche des Furniers. Wenn es trocknet, zieht es sich und damit auch das Furnier oder einen Riss zusammen. Das Klebeband kann mit Wasserdampf und Schaber vom Furnier entfernt werden, wenn das Furnier mit der Unterlage fest verleimt ist.

Kreuzbänder

◀ **5** Bereiten Sie die Kreuzbänder für die Umrahmung vor, indem Sie Furnierstück zurechtschneiden, auf denen die Maserung quer statt längs verläuft. Kleben Sie die Stücke auf, um die nötige Länge zu erreichen. Legen Sie die Stücke an ihren Platz und schneiden Sie sorgfältig Gehrungen ein; schneiden Sie durch beide gleichzeitig. Leimen Sie den Rahmen auf die Unterlage, nehmen Sie Klebeband und eine Furnierzwinge zum Pressen.

Schnüre

▶ **6** Schnüre sind schmale Furnierstücke unterschiedlicher Maserung mit kurzen Fasern. Nehmen Sie eine Fräse mit einem feinen Einsatz und arbeiten Sie eine sehr feine Nut zwischen dem Diamantmuster und der Kante aus. Vorsicht, schmale Bits sind sehr zerbrechlich!

▶ **7** Begradigen Sie die von der Fräse rund geschnittenen Ecken mit einem Beitel. Schneiden Sie die Gehrungen der Umrandungsecken sorgfältig mit einem Stecheisen, legen Sie beim Schneiden ein Brett drunter. Geben Sie mit einem Spachtel oder einem Pinsel etwas Leim in die Nut und setzen Sie die Furnierelemente vorsichtig ein. Mit einem Dekorateurhammer pressen Sie die Furniere in die Nut.

Intarsien und Muster

Intarsien oder Einlegearbeiten sind Bilder oder Muster aus Furnieren. Muster sind dekorative Anordnungen von geometrischen Formen.

Versäubern

◀ **8** Säubern Sie die Oberfläche mit einer Ziehklinge. Feuchten Sie das Furnier-Klebeband mit einem nassen Tuch an und schaben Sie es dann ab, damit Ihre Arbeit zum Vorschein kommt. Arbeitern Sie diagonal zur Faser, damit alles glatt bleibt. Obwohl das Furnier sehr dünn ist, kann es sich beim Schaben erstaunlich aufstellen.

Holzschnitzerei

Holzschnitzerei ist eine Kombination von Handwerk und Kunst. Das Holz kann man zu Gegenständen des täglichen Gebrauchs formen, etwa Gefäße, Kästchen oder Löffel oder in künstlerische Phantasieformen und Skulpturen. Die Technik des Schnitzens besteht in der Erfahrung, unerwünschte und überflüssige Holzteile möglichst effektiv wegzuarbeiten. Und die Kunst zeigt sich im Design – eine Holzarbeit sollte eine Augenweide sein, sich angenehm anfühlen und ihre Funktion und Aufgabe zur Zufriedenheit erfüllen. Es gibt zwei Richtungen in der Holzschnitzerei: Reliefarbeiten und Vollskulpturen.

Siehe auch

Halten und fixieren, Seiten 24-25

Messen und markieren, Seiten 32-41

Sägen, Seiten 42-61

Stemmen, Seiten 72-75

Schleifen, Seiten 86-91

Werkzeugpflege, Seiten 92-99

Schnitzwerkzeuge

Viele Schnitzarbeiten können Sie schon mit recht wenig Werkzeug ausführen – und das, was Sie benötigen, hängt auch von Ihrem Stil, Ihrem Projekt und Ihrer Arbeitsweise ab. Das Werkzeug, das alle Holzschnitzer brauchen, sind Beitel, Hohleisen und Klüpfel. Sie gibt es in allen Größen und Formen.

▶ Beitel und Hohleisen

Anders als normale Stech- und Locheisen haben die Schnitzwerkzeuge eine Fase auf beiden Seiten der Klinge, um das Holz in vielen Winkeln schneiden zu können. Beitel sind flach, Hohleisen gekrümmt. Ein Kerbschnitzbeitel hat eine tiefe Hohlkehle, ein V-Stemmeisen kann enge Schlitze herausarbeiten, und für enge Ecken braucht man ein Stecheisen mit schräger Schneide. Die Schärfe der Klingen wird in einem Nummernsystem angegeben, die Breite variiert in 2 mm-Schritten. Beginnen Sie Ihre Arbeit mit großen Werkzeugen, um viel Holz abzuarbeiten, dann gehen Sie zur Feinarbeit mit entsprechendem Werkzeug über. Schneiden und Handgriffe können auch separat gekauft werden, aber lassen Sie sie vom Fachmann zusammensetzen, damit sie wirklich fest sitzen.

Von oben: Gerader Beitel, Stecheisen mit schräger Klinge, gerader Hohlbeitel, V-Stemmeisen, U-Beitel für tiefe Löcher, so genannter Gaissfuß.

◀ Klüpfel oder Holzhammer

Der Rundkopf dieses Holzhammers erlaubt Ihnen, die Richtung Ihres Schlages blitzschnell zu verändern, ohne sich Gedanken machen zu müssen, ob der Schlagwinkel stimmt. Der Handgriff hat eine Verdickung am Ende, sodass der Hammer lockerer in der Hand liegt. Klüpfel gibt es in vielen Größen, Materialien und Gewichten.

▶ Raspeln und Feilen

Diese Werkzeuge sind sehr sinnvoll, um Holz möglichst schnell abzutragen. Raspeln gibt es in verschiedenen Breiten. Große tragen das Holz ziemlich rabiat ab, schmalere scharfe Raspeln und Feilen als feinster Typ eignen sich für Detailarbeiten.

Feinraspel

Raspel

Klingenformen

Alle Hohlbeitel sollen einen bogenförmigen Schnitt machen. Wenn Hohlbeitel als gerade, gekrümmt, gebogen oder als Löffel bezeichnet werden, ist immer die Form der Klinge in der Länge gemeint. Eine gerade Klinge hat parallele Seiten fast über die ganze Länge, während eine Löffelklinge gerade Seiten, aber an der Spitze eine tiefe Ausbuchtung hat. Jedes Werkzeug hat eine bestimmte Aufgabe: abzutragen, zu graben, auszuhöhlen oder zu begradigen.

Löffelhohleisen

Vorbereitung

Die Beitel und Hohleisen für Schnitzarbeiten müssen sehr scharf sein. Obwohl der Vorgang des Schärfens der gleiche ist wie bei den Standardwerkzeugen, gibt es doch entscheidende Unterschiede. Wichtig ist, dass das Werkstück sicher in der Werkbank fixiert ist, damit beide Hände zur Arbeit frei sind.

◂ Beitel schärfen

Gehen Sie genauso vor wie beim normalen Werkzeug. Allerdings haben die Standard-Beitel eine primäre Fase plus einem gehonten Grat und die Schnitz-Beitel nur eine gewinkelte Fase. Diesen Winkel müssen Sie beim Schärfen einhalten. Ein weiterer Unterschied ist, dass das Schnitzwerkzeug an der Ober- und Unterseite der Schnittkante gefast ist. Die Fase muss also auf beiden Seiten geschärft werden.

▸ Schärfen von V-Beiteln

Das Schärfen von V-Beiteln, die zum Tiefgraben benutzt werden, ist am schwierigsten. Behandeln Sie sie wie zwei getrennte Stemmeisen, dann beseitigen Sie den hakenähnlichen Punkt, indem Sie das V schleifen. Nehmen Sie einen Schleifstein, um die Innenkante zu schärfen.

Hohleisen schärfen

▲ **1** Die Hohleisen für Schnitzarbeiten haben normalerweise eine Fase auf der Innenseite und eine größere auf der Außenseite. Wenn Sie die äußere schärfen, drehen Sie das Gerät hin und her, wenn Sie es über den Schleifstein ziehen. Das schärft die Fase gleichmäßig.

▸ **2** Schleifen Sie die innere Fase mit einem Wetzstein, drehen Sie ihn leicht, um die Fase zu krümmen. Schleifen Sie auf keinen Fall die Ecken ab!

Das Werkstück fixieren

▶ **1** Die Halterung für Ihr Werkstück hängt von Ihrer Arbeit ab und zwingt Sie manchmal zur Improvisation. Hier ist ein kleiner Stopper parallel zu einem Keil geschraubt worden. Wenn der aufgeklebte Keil weiter eingeschlagen wird, ist das Werkstück gegen den langen Stopper auf der anderen Seite festgeklemmt.

◀ **2** Ein Spezialschraubstock für Schnitzarbeiten kann überall auf der Werkbank eingesetzt werden. Es ist hauptsächlich aus Holz gebaut und minimiert das Risiko, Beitel zu beschädigen, die einmal abrutschen.

▼ **3** Ein Drehtisch erlaubt Ihnen, Ihr Werk aus allen Winkeln zu betrachten. Schrauben Sie die Füße des Drehtisches an die Werkbank und schrauben oder klemmen Sie das Werkstück auf den Drehtisch.

▼ ▶ **4** Eine besondere Halterung für Schnitzarbeiten lässt sich auf der Werkbank fixieren. Ein Dorn wird in die Schnitzarbeit oder deren Grundplatte geschraubt, durch die Werkbank gesteckt und unterwärts in einer Nut fixiert.

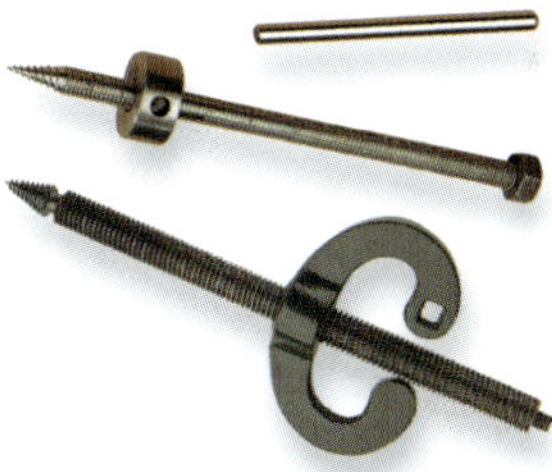

Zwei Möglichkeiten einer Bankhalterung

Wahl des Holzes

- Einige Holzarten eignen sich zum Schnitzen besser als andere, aber am Anfang sollten Sie einfach mal jedes Holz ausprobieren, um Ihre Fähigkeiten zu entwickeln und dem Werk einen naturalistischen Touch zu geben. Es ist besser, Holz mit ausgeprägten Fasern zu meiden, weil man die nötigen Schnitte schlecht erkennen kann. Andererseits können in einer einfachen Arbeit die Fasern das Ergebnis auch gut unterstreichen.
- Der spätere Gebrauch Ihrer Holzschnitzerei muss ebenfalls Ihre Wahl mitbestimmen. Für eine Salatschüssel beispielsweise können Sie kein Eibenholz nehmen, es ist giftig. Ebenso wenig eignet sich Weichholz wie Zeder mit seinem strengen Geschmack. Nehmen Sie stattdessen Hartholz wie Bergahorn oder Pappel. Für ein reines Dekorationsobjekt spielen vielleicht Farbe und Maserung die größte Rolle.

Schnitte mit dem Werkzeug

Beitel und Locheisen sind kräftige Werkzeuge für die gröberen Aufgaben. Sie werden mit beiden Händen vorangetrieben oder mit einer Hand gehalten und mit einem Holzhammer in der anderen vorangetrieben. Leichte Schläge mit dem Hammer erleichtern die Kontrolle besser als kräftiges Schieben und Drücken. Bei vielen Gelegenheiten ist ein Klüpfel einfach wichtig, etwa am Beginn Ihrer Arbeit, wenn es darauf ankommt, möglichst viel Holz zu entfernen. Das geht dann schneller als nur mit der Hand und einem Locheisen. Gebogene, gekrümmte oder Löffeleisen werden generell mit der Hand vorangetrieben.

Holzhammer-Einsatz

◀ **1** Führen Sie mit einer Hand das Werkzeug, während Sie mit der anderen den Hammer führen. Halten Sie anfangs das Werkzeug in einem steilen Winkel, damit es in das Holz schneidet. Statt eines Gewaltstreichs machen Sie lieber viele kleine Schläge.

◀ **2** Höhlen Sie das Holz aus, indem Sie das Werkzeug in einer Bogenbewegung anheben, wenn die Klinge eindringt. Je schneller die Bewegung, desto schärfer der Einschnitt. Langsameres Arbeiten bringt elegantere Schnitte und Kurven.

▶ **3** Es ist wichtig, diese Art des Aushöhlens fortzusetzen, besonders, wenn Sie viel Holz ausräumen. Wenn Sie allerdings zu weit vortreiben, kann sich das Locheisen festbeißen.

◀ Beide Hände benutzen

Ein Großteil der Schnitzarbeiten wird mit beiden Händen erledigt – eine Hand hält und führt die Klinge, die andere treibt sie kräftig voran.

Sticheln und Schneiden

◄ ▼ 1 Stechen Sie das Stemmeisen bis zur gewünschten Tiefe. Um zum Beispiel eine Raute zu stechen, sticheln Sie den Beitel im Zentrum auf die gewünschte Tiefe, aber ticken die Oberfläche an den Rändern der Raute nur an. Die Einzelteile entfernen Sie mit einem einzigen Schnitt, indem Sie an der äußeren Kante entlang schneiden und die anderen Schnitte im Mittelpunkt und an den äußeren Punkten treffen.

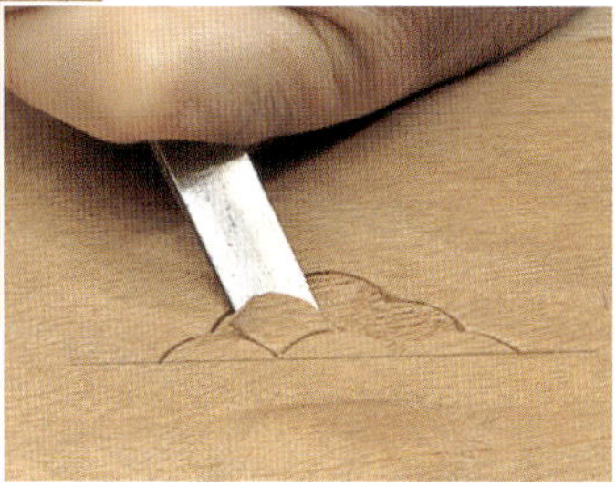

◄ ▼ 2 Die gleiche Technik können Sie mit einem Hohleisen anwenden. Zuerst sticheln Sie ein Reihe von Kurven. Schneiden Sie größere Kurven als der Radius des Hohleisens vorgibt, indem Sie die Schnitte aneinander setzen. Um die Ausschnitte auszuhebeln, führen Sie die Klinge mit einer Hand unter das Furnier und schlagen mit der anderen Hand kurz auf den Griff des Hohleisens. Bei falscher Führung der Klinge können sich mehrere Teilstücke des Furniers auf einmal lösen.

▼ Geißfuß

Graben Sie mit dem Geißfuß zuerst quer zur Faser, erst dann mit der Faser. Versuchen Sie nicht, die gewünschte Tiefe auf einmal zu erreichen, machen Sie mehrere Schnitte, immer etwas tiefer.

▼ Löffeleisen

Mit einem Löffeleisen formen Sie Aushöhlungen. Denken Sie daran, dass die Schneide des Eisens bei der Arbeit nicht sichtbar ist.

▼ Gekröpftes Eisen

Gekröpfte Schnitzeisen können in Kurven und Rundungen arbeiten, in denen sich gerade Beitel festbeißen würden. Der Einsatzradius ist allerdings begrenzt.

Reliefschnitzerei

Reliefschnitzerei ist die Technik, mit Beitel und Hohleisen in die Holzoberfläche einzuschneiden und sie zu modellieren. Reliefschnitzerei wird unterteilt in Flach- und Tiefreliefschnitzerei, je nachdem, wie tief die Schnitte gehen. Zu diesem Projekt gehören viele Schritte, wie etwa das Aufzeichnen der Formen auf die Holzoberfläche, das Eingrenzen mit vertikalen Schnitten, die Anlage der verschiedenen Ebenen und Tiefen des Designs und das Abtragen des Holzes mit Hohlbeiteln. Reliefschnitzereien sind üblicherweise so angelegt, dass sie von vorne gesehen einem Bild gleichen.

Übertragen des Motivs

◀ **1** Übertragen Sie Ihre Zeichnung auf das Holz. Sie können Kohlepapier zum Durchpausen nehmen oder die Linien des Bildes Punkt für Punkt mit einem Bleistift auf das Holz durchdrücken.

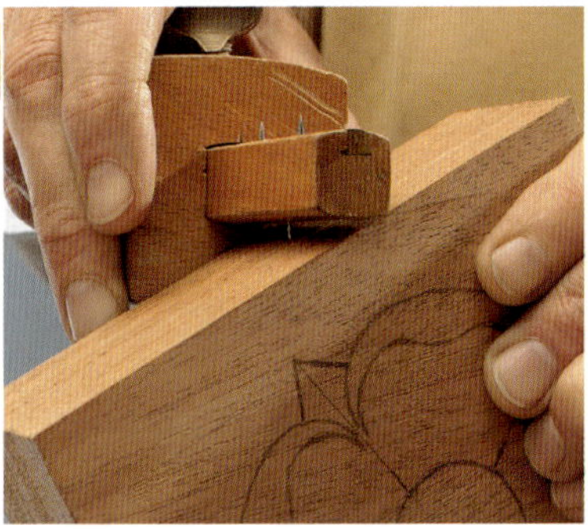

▶ **2** Mit einem Streichmaß zeichnen Sie rund um das Werkstück die maximale Einstichtiefe des Reliefs an.

Grundarbeit

▼ **3** Entfernen Sie so viel überflüssiges Holz wie möglich, nehmen Sie dazu eine Säge. Oder Sie stechen mit einem V-Beitel rund um das Design und stemmen dann das Holz weg. Bleiben Sie immer weit außerhalb der Anrisslinien, schneiden Sie nur bis auf 3 mm an sie heran.

Grundzüge

Die wichtigsten Techniken des Reliefschnitzens sind:

- **Übertragen des Motivs:** Die Zeichnung wird auf das Holz übertragen.
- **Grundarbeit:** Holz wegschneiden bis auf die Grundtiefe.
- **Motiv einarbeiten:** Senkrechtes Ausarbeiten der Motivumrisse.
- **Rohform:** Ausarbeiten der groben Umrisse.
- **Modellieren:** Ausarbeiten der Formen.
- **Unterschneiden:** Das Wegarbeiten des Holzes unter der Form von der Front aus.

Jede Technik kann während einer Schnitzarbeit mehrmals wiederholt werden.

Motiv einarbeiten

▶ **4** Beginnen Sie das Übertragen des Motivs mit einem relativ flachen Eisen, um senkrecht bis zur gewünschten Tiefe der Basislage zu schneiden. Halten Sie sich 3 mm außerhalb der Markierungslinien und stoppen Sie mindestens 2 mm oberhalb der kalkulierten Grundfläche. Arbeiten Sie sich jetzt mit dem gleichen Beitel weiter nach innen zur gezeichneten Linie vor.

Kerbschnitzen

Beim Kerbschnitzen werden nur schmale flache V-Schnitte gesetzt und nur wenig Holz entnommen. Normalerweise werden spezielle Kerbmesser genommen, die Arbeit ist aber auch mit Beiteln möglich. Die Muster sind meistens geometrisch.

◀ **5** Arbeiten Sie sich weiter an die Außenlinien heran. Nehmen Sie Stecheisen, mit denen Sie die Rundungen so eng wie möglich schneiden können. Bleiben Sie oberhalb der Basislinie. Mit einem breiten ziemlich flachen Beitel nehmen Sie dann rundum das Holz ab bis zur Basislinie.

Rohform

▶ **6** Höhlen Sie die Grundformen grob heraus. Zeichnen Sie alle hilfreichen Linien wieder nach, wenn Sie sie ausschneiden.

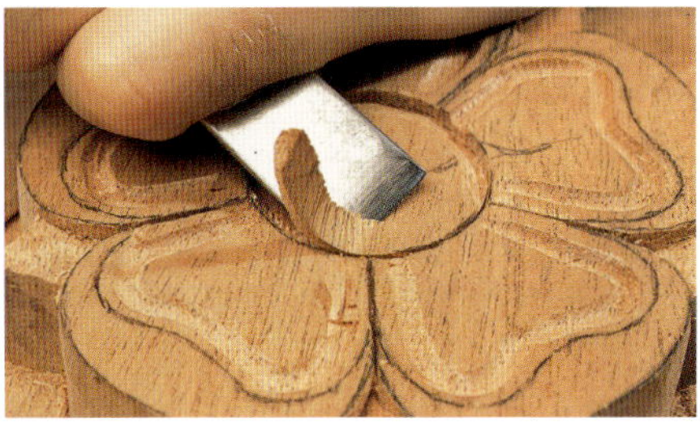

Unterschneiden

▼ **8** Um die Illusion zu stärken, dass die Rose auf dem Untergrund ruht und nicht nur Teil von ihm ist, arbeiten Sie die Rundungen der Blüten stärker aus, auch unterhalb. Ihr Schneidwinkel hängt von der Richtung der Holzfasern ab. Versäubern Sie die Basisplatte auf die endgültige Höhe.

Modellieren

◀ **7** Wenn die Rohform gut herausgearbeitet ist, beginnen Sie mit der Feinarbeit und der Ausarbeitung der Rose. Schneiden Sie die konvexen und konkaven Rundungen.

Skulpturen schnitzen

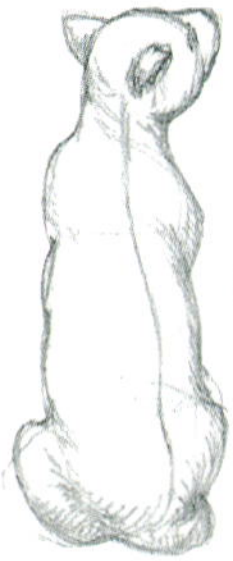

Dreidimensionales Schnitzen oder Skulpturenschnitzen ist der nächste Entwicklungsschritt nach dem Reliefschnitzen. Bei dieser Technik schneidet der Holzschnitzer tiefer und tiefer ins Material, bis die Schnitzerei frei steht und von allen Seiten betrachtet werden kann. Der Schnitzer beginnt damit, so viel wie möglich Material abzutragen und arbeitet dann die Rohfigur und den Feinschliff mit verschiedenen Hohleisen aus.

Übertragen des Motivs und Grobschnitt

▶ **1** Die meisten Holzschnitzer machen sich eine Zeichnung und formen sich danach ein Modell aus Ton. Mit einem Winkeldreieck und einem Bleistift übertragen Sie erst die Vorderansicht, dann die Seiten.

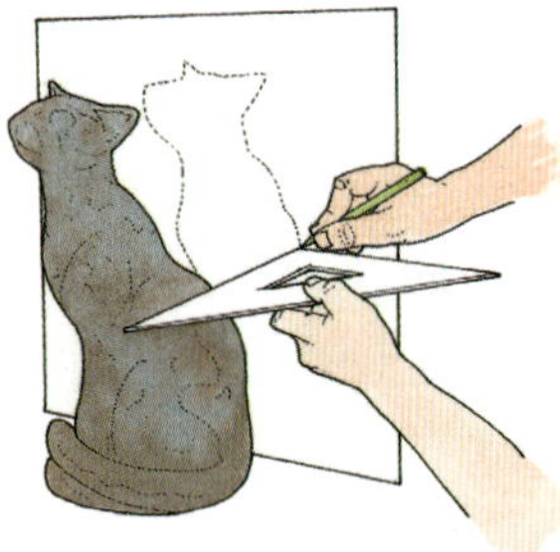

Übertragen der Seitenansicht auf das Holz

◀ ▼ **2** Übertragen Sie die Vorderansicht auf das Holz, lassen Sie etwas Extraholz am Fuß zum Einspannen im Schraubstock. Schneiden Sie die Vorderseite heraus, eine Bandsäge ist dafür ideal. Wiederholen Sie den Vorgang für die Seitenansicht. Wenn Sie besonders sorgfältig sein wollen, setzen Sie den Ausschuss von der Vorderseite mit Klebeband wieder an Ort und Stelle, um wieder eine glatte Auflage auf dem Sägetisch zu haben, wenn Sie die Seiten schneiden.

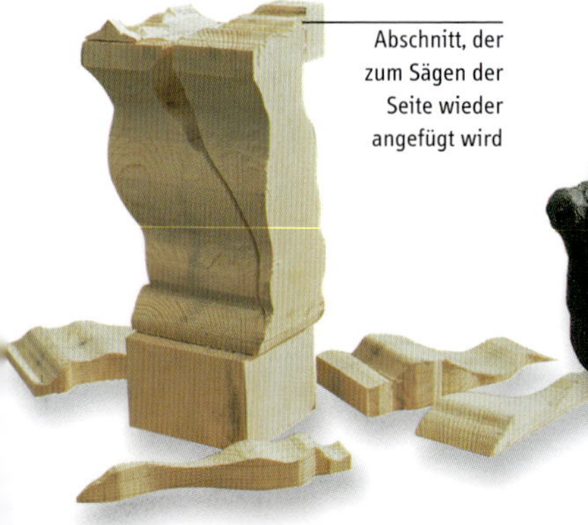

Abschnitt, der zum Sägen der Seite wieder angefügt wird

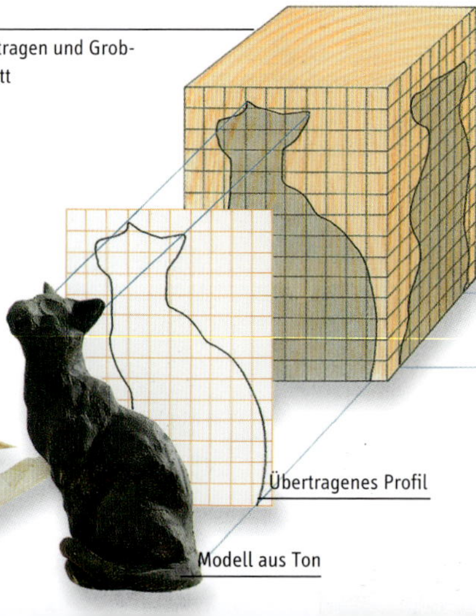

Übertragen und Grobschnitt

Übertragenes Profil

Modell aus Ton

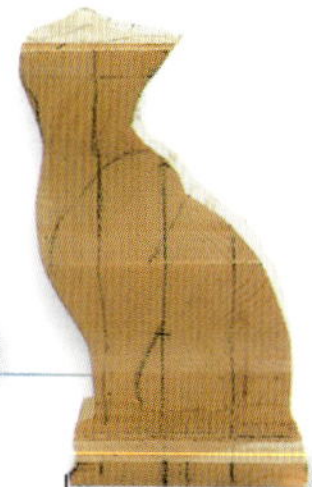

Profilschnitt vom Holz

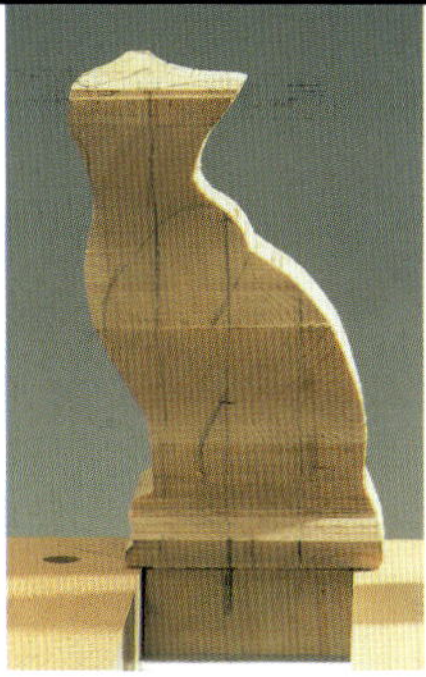

◄ **3** Zeichnen Sie einige Grundformen und Führungslinien auf das Holz, etwa die Linien der Schultern. Markieren Sie die Mittellinie des Holzes, das hilft Ihnen, die beiden Seiten gleich zu gestalten. Und setzen Sie alle Teile, die Sie entfernen, wieder an Ort und Stelle.

Rohform

► **4** Spannen Sie das Werkstück in den Schraubstock und schneiden Sie mit einem großen flachen Beitel von oben nach unten alles weg bis zur gewünschten Rohform.

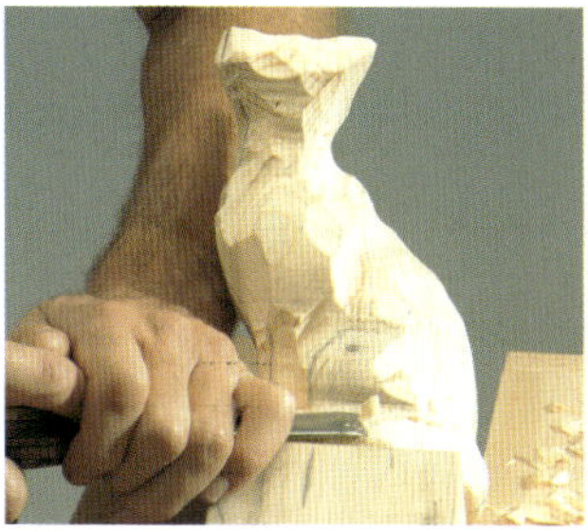

► **5** Machen Sie mit der Säge einen 6 mm tiefen Einschnitt knapp unter dem Schwanz der Katze rundherum, damit Sie den Schwanz und die Tatzen nach unten abrunden können.

Schmirgeln oder nicht?

Die fertige Schnitzerei können Sie relativ roh belassen oder noch fein schleifen. Beim Schleifen verschwinden auch die letzten Spuren der Werkzeuge und Messer, aber vielleicht ist es gerade das, was den Charme Ihrer Skulptur ausmacht. Auf jeden Fall sollten Sie Ihr Werk vor dem letzten Schleifen abwaschen, weil der Holzstaub sonst Ihr Schleifpapier sofort zusetzt.

Modellieren

► **6** Fahren Sie jetzt mit den Feinarbeiten fort, nehmen Sie dafür schmale Eisen. Alternativ können Sie die Figur auch mit Raspeln formen und danach mit Schleifpapier bearbeiten, Grad für Grad feiner werdend. Alle Rundungen sollten vorher stimmen, weil sich das Sandpapier schnell mit Holzpartikeln vollsetzt.

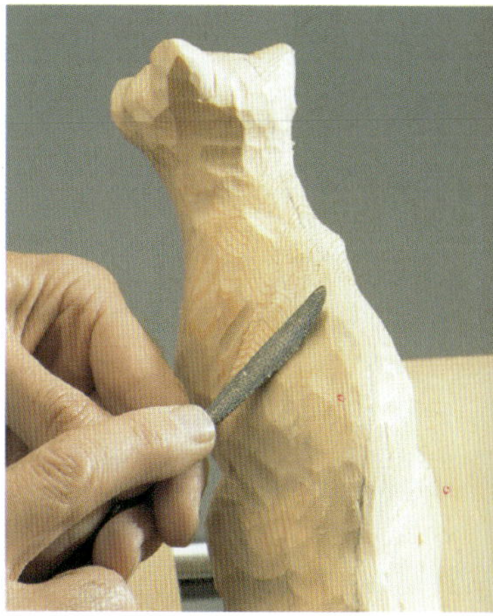

◄ **7** Schnitzen Sie alle Details wie Augen und Maul besonders sorgfältig, zeichnen Sie Hilfslinien. Legen Sie letzte Hand an, sägen Sie das Basisholz weg.

Drechseln

Drechseln ist eine der einfachsten Techniken in der Holzbearbeitung, auch weltweit betrachtet. Die Menschen sind fasziniert, wenn sie sehen, wie das Holz in einer Drehbank so schnell seine Form verändert. Ein Holzklotz kann in einer Drehbank und mithilfe eines Beitels in Minuten eine andere Gestalt annehmen, während dieser Vorgang mit anderen Werkzeugen, etwa beim Schnitzen, wesentlich länger dauert. Sogar die letzten Feinarbeiten können auf der Maschine gemacht werden, entweder mit entsprechendem Werkzeug beim Schleifen, Polieren oder beim Auftragen einer Wachsschicht auf das rotierende Werkstück. Kleine Objekte wie Schüsseln oder Becher lassen sich genauso gut drechseln wie größere Teile für Möbelstücke, etwa Beine für Tische und Stühle.

Siehe auch

Messen und markieren, Seiten 32-41

Sägen, Seiten 42-61

Bohren und hämmern, Seite 82-85

Schleifen, Seiten 86-91

Werkzeugpflege, Seiten 92-99

Oberflächenbehandlung, Seiten 174-181

Die Drehbank

Eine Drehbank ist eine leise, relativ preiswerte Maschine, die nicht viel Platz beansprucht. Sie besteht aus einem Motor, der eine in der Geschwindigkeit verstellbare Spindel antreibt. Das Holz wird vorher auf eine mehr oder weniger runde Form gebracht, in die Maschine eingespannt und in schnelle Drehungen versetzt. Eine Vielzahl von unterschiedlich geformten Werkzeugen wird auf einer Auflage abgestützt und gegen das rotierende Holz gedrückt, um die verschiedensten Formen herauszuschneiden.

Sicherheit

Drehbänke produzieren Staub und Holzsplitter, die überallhin fliegen. Schützen Sie Ihre Augen und Atemwege mit einer Maske oder einem Atemschutzgerät.

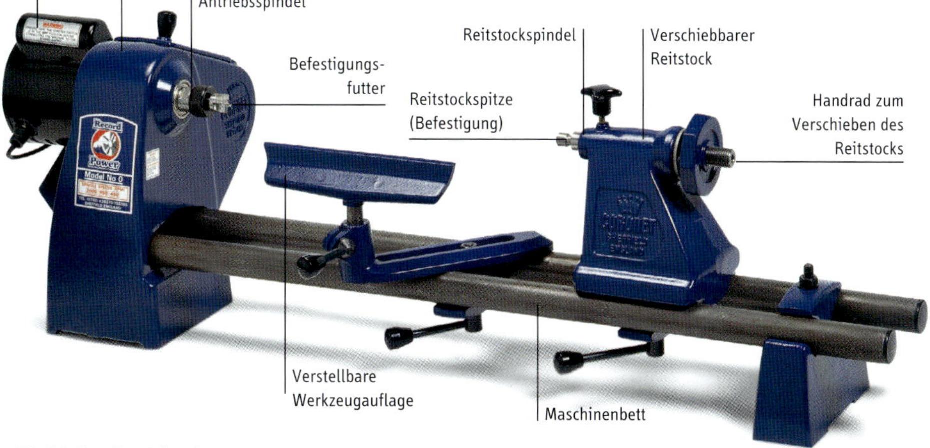

Wahl der Drehbank

Die Distanz zwischen Spindelstock und Reitstockspitze gibt die Länge des Werkstücks vor, das Sie drechseln können. Der Abstand des Maschinenbetts vom Befestigungsfutter begrenzt den Durchmesser des Werkstücks beim Rotieren. Das Holz rotiert in einer Halterung, etwa einem Spannfutter, die es in verschiedenen Formen und Größen abhängig von der Arbeitsaufgabe zu kaufen gibt. Drehbänke sollten auf eine stabile Werkbank geschraubt werden, das Befestigungsfutter der Spindel sollte leicht über der Höhe Ihres Ellbogens liegen, wenn Sie den Unterarm in einer lockeren Stellung vor den Körper halten.

Wahl des Holzes

Die meisten Holzarten eignen sich für Drechslerarbeiten. Einige wie Kiefer, Eibe und Ulme sind besonders geeignet. Ulmenholz wird oft nass gedrechselt, weil nicht abgelagertes Holz noch viel Saft enthält. Beim Drechseln kann man auch noch Holzstücke verwenden und bearbeiten, die für andere Holzarbeiten zu klein sind. Ein Stück Holz, das in der Drehbank bearbeitet werden soll, ist der Rohling.

Drechslerwerkzeug

Drechslerwerkzeug hat stabile Handgriffe und Klingen, die speziell für die Arbeiten an der Drehbank gestaltet wurden. Die meisten Klingen sind aus HSS-Stahl gefertigt, die zwar nicht so scharf geschliffen werden können wie Klingen aus Karbonstahl, aber ihre Schärfe dafür wesentlich länger halten. Es gibt hunderte von Drechslerwerkzeugen, aber ein Basissatz von sechs genügt für den Anfänger.

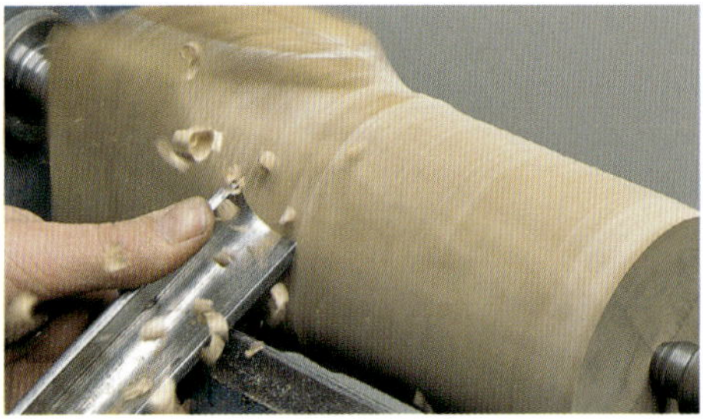

▲ Grobmeißel

Dieses Eisen mit der geraden Klinge in U-Form setzt man ein, wenn man aus einem Holzblock einen runden Rohling formen will. Starten Sie in 50 mm Abstand vom Reitstock und schneiden Sie zu ihm hin. Wiederholen Sie das und beginnen Sie jedes Mal etwa näher zum Spindelstock. Wenn Sie 50 mm vom Spindelstock erreichen, ändern Sie die Richtung des Schnitts zum Spindelstock hin und vollenden den Zylinder.

◄ Spindeleisen

Dieses rundendige Werkzeug nehmen Sie nach der Grobarbeit, um Wölbungen, Nuten, Hohlkehlen und andere Formen zu schneiden.

Werkzeugkontrolle

- Halten Sie den Werkzeuggriff in einer Hand – in einer Linie mit dem Unterarm. Mit der anderen Hand kontrollieren Sie die Klinge und bewegen sie auf der Werkzeugauflage von einer Seite zur anderen.
- Aus Sicherheitsgründen ist es wichtig, das Werkzeug auf der Auflage abzustützen, bevor es das Werkstück berührt.
- Versuchen Sie mit dem Werkzeug eine geschmeidige Bewegung auszuführen, um einen glatten Schnitt zu erzielen. Legen Sie erst die Fase flach auf das Holz, dann heben Sie den Griff, damit die Spitze des Werkzeugs in das Holz eindringt, wenn Sie das Werkzeug über die Auflage ziehen. Winkeln Sie die Schneidkante in die Richtung, in die Sie schneiden.
- Wenn Sie mit dem Spindeleisen arbeiten, sollten Sie parallel zur Drehbank stehen, in angemessener Entfernung und mit den Füßen schulterbreit auseinander, sodass Sie sich mehr mit dem Oberkörper bewegen statt mit den Füßen, wenn Sie das Werkzeug führen. Der Werkzeuggriff sollte neben der Hüfte liegen, nicht vor dem Körper.

Von links: Schaber, Trennbeitel, ovaler Schrägbeitel, Standard-Schrägbeitel, Spindeleisen, Grobbeitel und Schälbeitel.

▶ Schrägbeitel

Dies ist zwar eines der vielseitigsten Werkzeuge, aber in der Handhabung nicht ganz einfach. Sie können es wie einen Handhobel einsetzen, um eine glatte, saubere Oberfläche zu erzielen, die kaum oder kein Abschleifen mehr benötigt, oder für eine Vielzahl von Schnitten wie etwa tiefe V-Nuten. Schrägbeitel gibt es in zwei Ausführungen – oval oder Standard. Die letztere ist für Anfänger besser geeignet.

Oberfläche glätten

Nuten schneiden

◀ Trennbeitel

Zusätzlich zu seinen ursprünglichen Aufgaben, nämlich fertige Stücke vom Holzblock zu trennen, können Sie einen Trennbeitel für viele andere Aufgaben einsetzen, etwa um in Verbindung mit einem Zirkel Abstandsschnitte zu machen.

▶ Schälbeitel

Mit diesem langen tief gefurchten Beitel schneiden Sie Nuten und die Höhlungen für Schalen.

◀ Schaber

Es gibt eine Vielzahl an Schabern und Kratzern. Ein Schaber mit Mehrfachspitze ist sehr vielseitig und kann für Querfasern und Längsfasern benutzt werden. Wenn Schaber bei Querfasern eingesetzt werden, sollten sie die bestmögliche Oberfläche vor dem Schleifen erzielen.

Schärfen

- Drechslerwerkzeuge werden bei den Mengen an Holz, die sie abschälen, sehr schnell stumpf, sodass sie häufiger geschärft werden müssen als andere Werkzeuge. Normale Beitel und Locheisen haben meist zwei abgewinkelte Fasen, Drechslergeräte dagegen nur eine Fase.
- Achten Sie darauf, dass Sie die gesamte Fläche der Fase Ihres Schneidwerkzeugs schärfen und zwar mit einer langsamen ständigen Bewegung im immer gleichen Winkel.
- HSS-Werkzeuge sind nicht durch Überhitzung gefährdet. Drücken Sie aber beim Schleifen nicht zu sehr, High-Speed-Stahl (HSS) zieht sich schnell zusammen und bildet Haarrisse, die zum Bruch führen können.
- Schaber benötigen einen Grat. Ziehen Sie einen Wetzstein ein- oder zweimal über das Ende der Klinge, um einen feinen Grat zu bilden.

Drechslerarbeiten

Drechseln ist das Arbeiten an einem sich drehenden Holzstück, das zwischen zwei Punkten fixiert ist, den Befestigungen der Antriebsspindel und der Reitstockspitze über dem Maschinenbett. Die Faserung läuft parallel zur Achse der Drehbank. Angetrieben wird die Dreheinheit durch den Antrieb der Spindel. Geschnitten wird immer von der dicksten Stelle hin zur dünnsten, mehr mit der Maserung als quer dazu. Das beste Werkzeug hierfür ist der Schrägbeitel, obwohl ein Hohleisen leichter zu handhaben ist.

Einspannen des Rohlings

▶ **1** Schneiden Sie einen Rohling zurecht, entweder rechteckig oder rautenförmig, berechnen Sie links und rechts Ausschuss für die Fixierung an jedem Ende. Markieren Sie die Mitte des Holzstücks an jedem Ende, indem Sie zwei diagonale Linien ziehen. Wo sie sich kreuzen, markieren Sie den Punkt mit einer Ahle. Schlagen Sie die Spindelhalterung mit einem Holzhammer in diese Markierung des Rohlings und spannen Sie den Rohling in den Spindelantrieb.

▶ **2** Schieben Sie den Reitstock an das andere Ende des Holzklotzes und drehen Sie mit der Handkurbel die Halterung ins Holz. Drehbänke haben meistens zwei Halterungen, eine, die sich mit dem Rohling dreht und eine andere, die fest sitzt. Bringen Sie die Werkzeugauflage parallel zum Werkstück und auf die Höhe der Halterungen. Drehen Sie das Werkstück per Hand ein paar Mal, um sicher zu gehen, dass mindestens 6 mm Luft bleiben zwischen Auflage und Holz.

▶ **3** Mit einem Grobmeißel können Sie jetzt den Rohling zu einem Zylinder abdrehen (siehe Seite 166). Sie können das Werkstück mit Spindeleisen, Schrägbeitel und Trennmeißel formen und glätten und die Oberfläche behandeln, etwa mit Wachs (siehe Seite 171). Mit dem Trennmeißel schneiden Sie das Werkstück vom restlichen Holzklotz ab.

Drechseln mit nur einer Halterung

▶ **1** Nachdem Sie in der Drehbank mit zwei Halterungen aus einem Holzklotz einen zylindrischen Rohling gedreht haben, können Sie das Werkstück zur weiteren Bearbeitung in nur eine Halterung einspannen. Setzen Sie die Werkzeugauflage in eine 90°-Position zum Werkstück. Hier soll der Zylinder ausgehöhlt werden. Wickeln Sie ein Klebeband als Tiefenanschlag um das Spindeleisen. Setzen Sie das Eisen direkt auf den Mittelpunkt und tauchen Sie es ins Holz.

◀ **2** Starten Sie das Aushöhlen der Form, machen Sie bogenförmige kleine Schnitte von innen nach außen. Wenn Sie tiefer ins Holz eindringen, brauchen Sie vielleicht einen Schaber mit einer Art Dolch oder Messer an der Spitze. Sie können auch gebogene Spezialwerkzeuge einsetzen, um Riefen oder zwiebelförmige Ausbuchtungen zu schneiden, die Sie von außen gar nicht erkennen können.

▶ **3** Die Außenseite Ihres Werkstücks können Sie ganz normal gestalten, als würde sich das Stück zwischen zwei Halterungen drehen.

Dekorative Spindelschnitte

Beim Drechseln können Sie eine Vielzahl von dekorativen Formen schneiden. Markieren Sie mit einem Bleistift die Position der gewünschten Formen auf dem sich drehenden Holzstück. Überprüfen Sie die Abstände mit einem Zirkel.

- **Wülste:** Beschreiben Sie mit einem Schrägbeitel einen horizontalen Bogen, um eine Wulst zu formen.
- **Kehlung:** Mit einer stetigen Seitwärtsbewegung des Spindeleisens höhlen Sie das Werkstück aus.
- **Schlitze:** Tiefe Schlitze im rotierenden Holz erzielen Sie mit dem Trennmeißel.

Planscheiben drehen

Beim Drehen von Planscheiben stehen die Endfasern des Holzes in einem 90°-Winkel zur Achse der Drehbank. Das Werkstück wird entweder auf eine Planscheibe aufgeschraubt oder in einer Halterung fixiert und auf die Spindel gesetzt. Das Drechslergesetz, dass man vom dicken Durchmesser zum schmaleren arbeitet, ist beim Drechseln der Planscheiben nicht so wichtig. man muss mehr darauf achten, die Fasern mit der Faserrichtung zu schneiden, sodass die abgeschnittenen Fasern von ihren Nachbarfasern gestützt werden.

Eine Schale drechseln

▶ **1** Schneiden Sie einen runden oder ovalen Schalenrohling zurecht und montieren Sie ihn in die Spindelhalterung. Das können Sie auf verschiedene Arten machen. Eine Planscheibe ist eine Metallscheibe, die es als Zubehör für die meisten Drehbänke gibt, die auch größeren Stücken querfaserigen Holzes sicheren Halt gewährt. Setzen Sie die Planscheibe auf die Mitte des Rohlings. Markieren Sie die Schraublöcher und schrauben Sie dann die Scheibe auf den Rohling.

◀ **2** Alternativ nutzen Sie das Futter der Spindel. Es gibt verschiedene Futter, ein Kombinationsfutter ist ideal. Wenn Sie die Außenseite der Schale drechseln wollen, bohren Sie ein Loch in gewünschter Tiefe in die Mitte des Rohlings, um die Schraube des Futters einzuschrauben. Schrauben Sie den Rohling ganz fest auf das Futter.

▶ **3** Arbeiten Sie in der Mitte des Rohlings eine Vertiefung heraus, die benötigen Sie später, um die Schale zu befestigen und innen auszuhöhlen. Messen Sie mit einem Zirkel den Abstand der Klauen im Futter und übertragen Sie die Markierung auf den Rohling. Aber Achtung: Nur ein Schenkel des Zirkels sollte das Holz berühren und ritzen.

◀ **4** Positionieren Sie die Werkzeugauflage quer zum Werkstück. Nehmen Sie ein Schrägeisen, um die Vertiefung zu schneiden (siehe Foto). Dafür bleiben Sie innerhalb der markierten Linie, für einen Fuß schneiden Sie außerhalb. Mit einem langen Schrägbeitel schneiden Sie eine schwalbenschwanzförmige Kante, die die Backen des Futters später greifen können.

▶ **5** Mit einem Grobeisen arbeiten Sie die äußere Form heraus, immer von innen nach außen. Justieren Sie die Werkzeugauflage nach, wenn nötig. Verfeinern Sie die Rundungen mit einem Schälbeitel und dann einem Schaber. Danach wird durch alle Grade mit Sandpapier glatt geschliffen.

◀ **6** Säubern Sie die Vertiefung oder den Fuß und montieren Sie den Rohling auf das Spindelfutter.

▼ **7** Schneiden Sie die Innenseite der Schale genauso wie vorher die Außenseite, arbeiten Sie von der Mitte auswärts. Schleifen wie vorher.

Endbearbeitung auf der Drehbank

- **Schleifen:** Schleifen Sie das Werkstück, während es noch auf der Drehbank ist. Schleifen Sie mit der Hand, dann entdecken Sie auch kleinste Unebenheiten. Nehmen Sie einen speziellen Schleifer mit einem Handgriff und einem Schleifpad am anderen Ende, das gegen das rotierende Holz gedrückt wird. Feinste Stahlwolle geht auch.
- **Dekoration:** Mit den verschiedensten Werkzeugen können Sie die tollsten Struktureffekte erzielen, die Sie gegen das sich drehende Holz halten.
- **Oberflächenbearbeitung:** Bei normaler Rotation können Sie gut Wachs auftragen, besser ist es jedoch, das Holzstück mit der Hand zu drehen, um beim Lackieren oder Ölen Spritzer zu vermeiden.

5 Oberflächenbehandlung

Tipps und Tricks für glänzende und geschützte Oberflächen

Die richtige Oberfläche

Die meisten Objekte aus Holz benötigen eine spezielle Behandlung, damit ihre Oberflächen einerseits geschützt werden und andererseits richtig zur Geltung kommen. Obwohl Sie generell jede Oberfläche auf jede Art behandeln können, hängt die richtige Wahl doch sehr von der Bestimmung des Werkstücks und seinem täglichen Gebrauch ab. Ein täglich strapazierter Tisch braucht zum Beispiel eine unempfindliche Hartlackschicht, während es bei einem reinen Dekorationsstück genügt, es sorgfältig einzuölen.

◄ ▼ **Polituren**

1 Bienenwachs
2 Leinsamenöl
3 Tung- oder Dänischöl
4 Nitrozelluloselack
5 Polyurethan
6 Beize
7 Schellackflocken
8 Lacksprühdose

Dünne, mittlere oder dicke Schichten

Eine Politur oder ein Oberflächenfinish kann matt, satiniert oder hochglänzend sein und kann dünn, mittel stark oder dick aufgetragen sein. Je glänzender das Ergebnis gewünscht wird, umso mehr Schichten müssen aufgebracht werden. Mehrere Schichten schützen das Holz auch besser als nur wenige.

- **Dünner Aufbau:** Dünne Schichten wie Wachs oder Öl geben dem Holz nur minimalen Schutz, unterstreichen aber den natürlichen Charakter des Holzes. Staub setzt sich leicht in die Poren und das Finish muss häufig erneuert werden.
- **Mittlerer Aufbau:** Mehrere Schichten feines Öl oder ein feiner Lack versiegeln die Holzfasern, aber kapseln sie nicht komplett ein. Man kann die Fasern durch die Politur sehen und fühlen.
- **Komplettversiegelung:** Eine Polyurethan-Oberfläche etwa füllt die Fasern vollständig aus, was Holzveränderungen durch Feuchtigkeit in der Luft verhindert. Man kann zwar die Farbe und Muster des Holzes noch sehen, aber die Struktur nicht mehr erfühlen.

Oberfläche	Aussehen	Haltbarkeit	Eignung
Wachs: Bienenwachs ist ein weiches, natürliches Wachs, ein Gemisch aus Bienen- und anderen Wachsen ist leichter aufzutragen. Wachspolitur ist normalerweise ein Gemisch von Canauba- mit Bienenwachs oder Paraffin.	Ein weicher Glanz, der die natürliche Schönheit des Holzes unterstreicht.	Schlecht; braucht regelmäßige Auffrischungen, wenn es allein angewandt wird. Wachspolitur ist widerstandsfähiger als reines Bienenwachs.	Eignet sich am besten auf einer anderen Oberflächenversiegelung wie Lack. Eine reine Wachsbeschichtung kann Schmutz anziehen, vermeiden Sie sie bei offenen Holzporen.
Öl: Zu den Öl-Polituren gehören auch Leinsamen-, Teak- und Dänisch- bzw. Tungöl. Die meisten Oberflächenöle basieren auf Tungöl, einem natürlichen Öl, das ins Holz eindringt. Leinsamenöl kann auch mit einem ölbasierten Anstrich gemischt werden.	Warmes Glühen, das die Maserung unterstreicht. Öl- Lackmischungen können auch dicker aufgetragen werden.	Normal; erneutes Einölen mag nötig sein. Ein Öl/Farbenmix ist haltbarer.	Ideal für offene Holzporen. Zwei oder drei Überzüge bauen einen weichen Schimmer auf, ohne die fühlbaren Holzqualitäten zu überlagern.
Schellack: Schellack ist ein natürliches Harz, das man als Fertigprodukt oder als Flocken kauft und mit Methylalkohol mischt und das die berühmte Schellackpolitur ergibt.	Warme Tönung, wunderbar strahlend, wenn als Schellackpolitur aufgetragen.	Befriedigend; widersteht aber weder Hitze noch Feuchtigkeit.	Ist die ideale geschliffene Versiegelung für eine Wachspolitur. Als eigenständige Politur kann Schellack in beliebigen Schichten aufgetragen werden.
Nitrozelluloselack: Ein schnell trocknender Oberflächenschutz, den es in glänzend, satiniert oder matt gibt. Lacke auf Wasserbasis sind nicht brennbar und dünsten weniger aus als Lacke auf Lösungsmittelbasis.	Klarer Glanz, wetterfeste Versionen haben nicht ganz so strahlende Farben.	Gut; wasserlösliche Lacke sind etwas weniger haltbar als Lacke auf Losungsmittelbasis.	Für Geräte, die gut aussehen sollen, aber nicht überbeansprucht werden.
Polyurethan: Ein leicht aufzubringendes synthetisches Harz, das es matt, satiniert und hochglänzend gibt. Es entwickelt giftige Dämpfe bei der Verarbeitung. Weniger giftige Versionen enthalten Polyurethan-Gels und wasserlösliche Acryllacke. Die letzteren trocknen schneller und sind nicht entzündlich.	Klarer Glanz – dick aufgebaute Oberflächen können wie Plastik wirken, wasserbasierte Versionen zeigen einen leicht kalten Ton.	Ausgezeichnet; Zwei-Komponenten-Lacke sind haltbarer als normale Ein-Komponenten- Variationen. Gele und Acrylfarben sind nicht wasserfest.	Für Geräte mit intensivem Gebrauch.

Vorbereitung der Oberfläche

Bevor Sie Politur oder Finish aufbringen, müssen Sie die Holzoberfläche gründlich vorbereiten, denn jede Unregelmäßigkeit wird nach der Versiegelung noch deutlicher sichtbar. Jedes Loch sollte aufgefüllt und geglättet werden, alle Markierungen müssen beseitigt werden. Scharfe Kanten sollten mit Sandpapier gebrochen werden. Zu diesem Zeitpunkt können Sie das Holz auch mit Beizen oder Bleichen färben oder aufhellen.

Siehe auch
Schleifen,
Seiten 86-91

▶ Schaben und schleifen

Nehmen Sie wenn nötig einen Schaber, um Leimtropfen zu beseitigen und die Oberfläche zu glätten. Dann schleifen Sie per Hand oder mit der Maschine und arbeiten sich durch die Körnungen von grob zu fein, beispielsweise von 100er über 180er bis zum 240er Sandpapier. Fegen Sie zwischendurch den Staub von der Oberfläche. Mit dem 240er Schleifpapier zum Schluss arbeiten Sie mit der Hand.

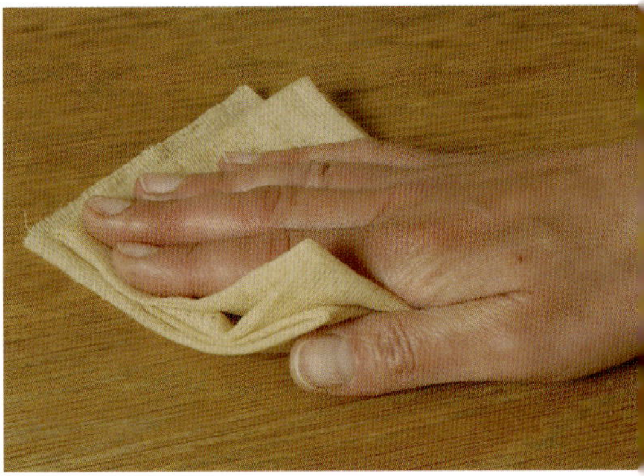

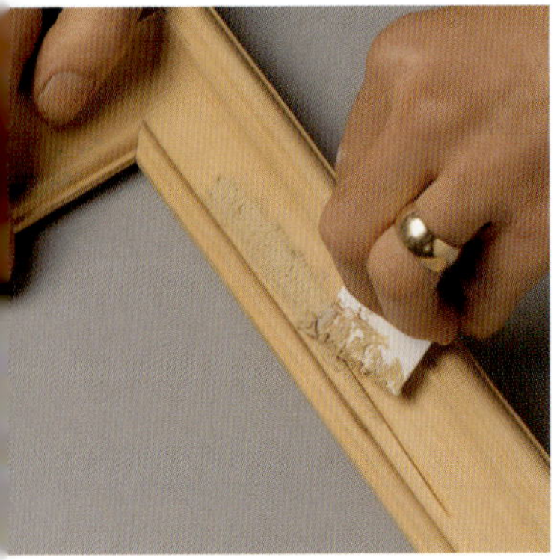

◀ Löcher auffüllen

Es gibt zahllose Füller auf dem Markt in allen möglichen Farben und Zusammensetzungen. Um die perfekte Farbe zu ereichen, mischen Sie Staub vom Werkstück mit einem Tropfen farblosen Nitrozelluloselack. Arbeiten Sie die Masse mit einem Füllmesser oder einem Plastik- oder Pappspachtel in das Loch. Nach dem Trocknen mit feinem Sandpapier leicht überschleifen.

▶ Kerben behandeln

Wenn die Verletzung der Oberfläche recht tief geht, ist es besser, die Holzfasern wieder aufzurichten, statt sie auszuschleifen und aufzufüllen. Feuchten Sie die Umgebung der Kerbe mit einem tropfnassen Tuch an, falten Sie das Tuch und legen Sie es auf die Kerbe. Setzen Sie die Spitze eines sehr heißen Bügeleisens auf das Tuch und drücken Sie leicht. Nach dem Trocknen leicht mit Sandpapier überschleifen.

▶ Beizen

Holzbeizen sind sinnvoll, wenn Sie das Aussehen des Holzes verbessern wollen, etwa weil das Holz eine verwaschene Farbe hat wie einige Mahagoniarten oder weil Sie eine klare Primärfarbe lieben. Die meisten Beizen gibt es auf Öl- oder Wasserbasis, wobei die ersteren leichter aufzutragen sind und die letzteren tiefer ins Holz eindringen. Achten Sie auf die Herstellerangaben, ob die Beize sich mit dem endgültigen Finish verträgt. Tragen Sie die Beize nach Vorschrift auf und versiegeln Sie die Oberfläche nach dem Trocknen (siehe Seite 178).

◀ Bleichen

Bleichmittel werden eingesetzt, um die Holzfarbe aufzuhellen. Sie können ganz normale Bleichmittel aus dem Haushalt nehmen, aber eine Zwei-Komponenten-Bleiche reagiert kräftiger. Testen Sie die Bleiche an einem Stück Restholz.

▶ Räuchern

Ammoniakdämpfe färben Holz, die Gerbsäure enthalten, Eiche z. B. wird von golden zu dunkelbraun. Zum Räuchern brauchen Sie einen abgeschlossenen Behälter, etwa ein dichtes Kunststoffzelt. Die Holzoberflächen dürfen nicht verschlossen sein.

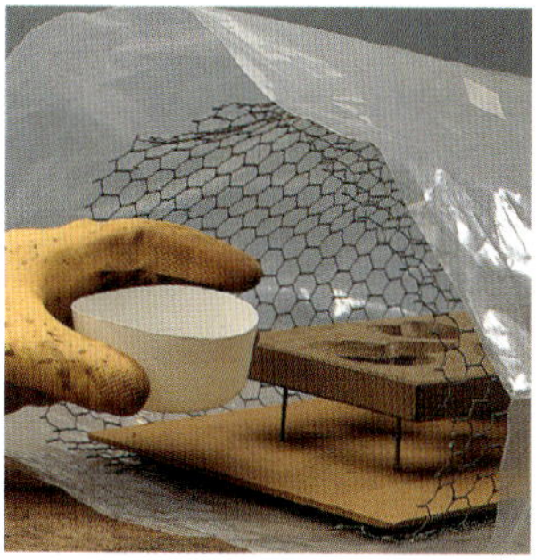

Arbeitsstufen

1 Schleifen Sie durch die Körnungen.

2 Füllen Sie Löcher auf.

3 Handschliff zum Schluss.

4 Richten Sie die Fasern auf und versiegeln Sie sie, wenn Sie ein wasserbasiertes Finish benutzen (siehe Seite 178).

5 Beizen oder färben Sie, wenn gewünscht.

6 Füllen Sie die Poren, wenn nötig.

7 Versiegeln Sie (siehe Seite 178).

8 Tragen Sie Politur oder Finish auf (siehe Seiten 178-181).

◀ Poren füllen

Wenn Sie ein offenporiges Holz verarbeiten wie Eiche oder Esche, müssen Sie wahrscheinlich die Poren schließen, um eine glatte Oberfläche zu erzielen. Geben Sie einen farblich passenden Füller großzügig auf die Oberfläche und arbeiten Sie ihn mit einem Tuch ins Holz, auf dem Bild ist es ein ölbasierter Füller. Arbeiten Sie in kreisenden Bewegungen und wischen Sie überflüssiges Material ab. Mit einem Schellackfüller können Sie die Poren gleichzeitig füllen und versiegeln (siehe Seite 178). Zum Schluss schleifen Sie den Füller mit ganz feinem Sandpapier.

Endbehandlung

Nachdem die Holzoberfläche vorbereitet wurde, können Sie jetzt den schützenden Überzug auf verschiedene Weise auftragen. Sie können ihn mit Tuch oder Stahlwolle einreiben, mit einem Pinsel oder einer Bürste auftragen oder mit einer Spritzpistole aufspritzen. Die meisten Polituren benötigen mehrere Aufträge, zwischen denen die Oberfläche immer wieder leicht geschliffen wird, und einen letzten Auftrag mit einem weichen Tuch oder einer weichen Stahlwolle, um einen schönen Schimmer zu erzeugen. Halten Sie sich an die Herstellerangaben.

◄ **Versiegeln des Holzes**
Das Versiegeln ist nötig, damit der letzte Oberflächenauftrag nicht vom Holz aufgesogen werden kann, aber auch, damit keine Beize oder Bleiche in die letzte Politur durchschlagen kann. Der erste Auftrag einer Oberflächenbehandlung wirkt normalerweise als Versiegelung, es kann aber sinnvoll sein, eine spezielle Versieglung aufzutragen, besonders bei porösem Holz. Halten Sie sich an die Herstellervorschriften für Ihr Finish. Auf dem Bild wird das Holz mit Schellack versiegelt, um eine Wachspolitur aufzubringen. Nach dem Trocknen abfedern und abwischen.

Wachs

► **1** Auch wenn es nicht unbedingt nötig ist, sollte man doch das Holz erst versiegeln, bevor man das Wachs mit einem weichen Tuch oder der feinstmöglichen Stahlwolle aufträgt. Arbeiten Sie das Wachs mit leichtem Druck und kreisenden Bewegungen ein.

◄ **2** Lassen Sie das Wachs jedes Mal trocknen, bevor Sie neue Schichten auftragen. Zum Schluss polieren Sie mit einem trockenen Tuch, um Glanz zu erzielen.

Abfedern

Wenn Sie ein Stück Holz anfeuchten oder mit einer dünnen Schicht Schellack oder Lack überziehen und trocknen lassen, stellen sich die Fasern bis zu einem gewissen Grad auf, das Holz fühlt sich etwas haarig an. Bevor Sie eine superglatte Oberfläche erzielen, müssen diese Federn oder Faserhaare abgeschliffen werden. Feuchten Sie die Oberfläche mit Wasser an, lassen Sie sie trocknen und schleifen Sie dann die Minifedern mit dem feinsten Sandpapier weg.

Öl

▶ **1** Das Öl können Sie mit einem Pinsel oder Tuch auftragen. Geben Sie großzügig Öl über das ganze Objekt und lassen Sie es einziehen, die Dauer hängt von den Herstellervorschriften und vom Wetter ab. Nach der vorgegebenen Zeit wischen Sie alles überflüssige Öl mit einem Papiertuch ab.

▶ **2** Für das beste Ergebnis lassen Sie Ihr Werkstück über Nacht durchtrocknen und reiben Sie es dann mit der feinsten Stahlwolle ab, um alle Staubpartikel zu entfernen, die mit dem Öl angetrocknet sind. Tragen Sie noch ein oder zwei Ölschichten mehr auf und polieren Sie zum Schluss mit feinster Stahlwolle und einem weichen trockenen Tuch.

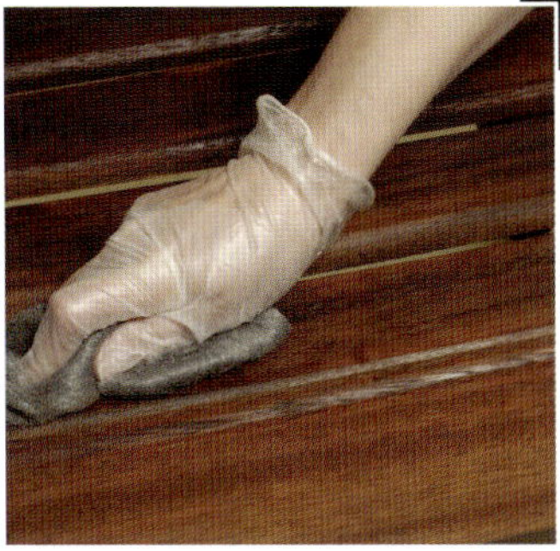

⚠ Sicherheit

Lassen Sie niemals einen zusammengeknüllten Öllappen herumliegen, er könnte sich selbst entzünden. Lassen Sie Öllappen immer an der frischen Luft trocknen, selbst wenn Sie sie danach wegwerfen wollen.

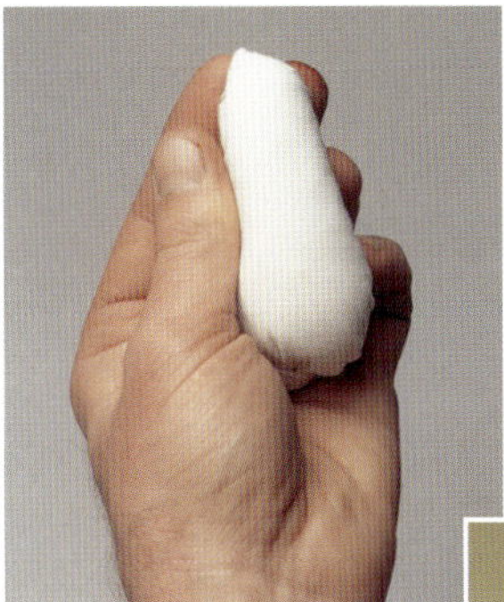

Schellackpolitur

◀ **1** Schellack kann mit einem Pinsel aufgebracht werden, traditionell geschieht das aber mit einem Polierballen. Dazu wird ein Bausch aus Watte in ein Stück Leinen gewickelt.

▶ **2** Tragen Sie mehrere Schichten mit wenig Politur und in schnellen kreisenden Bewegungen auf. Warten Sie zwischen den Aufträgen etwa eine halbe Stunde. Schellack gibt es farblos und in mehreren Farben.

▼ **3** Für ein Hochglanzergebnis bearbeiten Sie die Oberfläche mit dem Polierballen und etwas Methylalkohol. Für eine satinierte oder matte Oberfläche polieren Sie mit feiner Stahlwolle und Wachs oder mit einer Bürste und sehr feinem Bimssteinpuder.

Polyurethanlack

▶ **1** Polyurethangels sind sehr leicht mit einem Tuch aufzutragen, aber die meisten Lacke werden mit dem Pinsel aufgetragen. Damit der Lack tiefer eindringt, verdünnen Sie den ersten Anstrich mit 10 Prozent Terpentinersatz.

◀ **2** Streichen Sie reichlich Lack schnell und gleichmäßig über die Fasern, dann lassen Sie ihn trocknen. Zwei bis drei Aufträge sind wünschenswert, entfedern Sie die Oberfläche zwischen den Aufträgen (siehe Seite 178). Polieren Sie mit einem Tuch nach.

Nitrozelluloselack

◀ **1** Lack kann mit einem Pinsel, einem Ballen oder einer Spritzpistole aufgetragen werden. Spritzen gibt einen perfekt gleichmäßigen Auftrag. Bewegen Sie die Pistole in leichten, gleichmäßigen Schwüngen, halten Sie die Düse parallel zur Oberfläche. Überlappen Sie jeden Durchgang um 50 Prozent und sprühen Sie über das Ende hinaus. Spritzen Sie mehrere Aufträge, entfedern Sie dazwischen (siehe Seite 178).

▶ **2** Wenn Sie Ihr Werkstück auf eine Drehscheibe stellen, können Sie von allen Seiten leicht und gleichmäßig sprühen. Nach dem letzten Auftrag geben Sie eine Wachsschicht für eine matte Oberfläche auf oder polieren sie auf Hochglanz.

⚠ Sicherheit

- Das meiste Oberflächenmaterial ist leicht entzündlich und explosionsgefährdet, wenn es versprüht wird. Offenes Feuer oder Flammen sind verboten. Rauchen Sie nicht. Ein Absaugventilator für Farbnebel ist ebenso wichtig wie ein nichtbrennbarer Vorhang oder eine andere Abtrennung des Lackierplatzes. Wenn Sie viel spritzen, müssen Sie sich eine spezielle Spraybox bauen.
- Die Farbnebel können sehr gesundheitsschädlich sein, Sie müssen also eine Schutzmaske tragen. Die einfachste Form ist eine Staubmaske, aber für einige Polituren ist eine spezielle Lackiermaske notwendig. Wenn Sie viel mit der Spritzpistole arbeiten, brauchen Sie einen Helm oder eine Atemschutzmaske mit separater Sauerstoffversorgung.

Dekorationseffekte

Holz mit dekorativen Effekten zu verzieren ist eine Kunst, die sich mit den Ansprüchen des Marktes erst entwickelt hat. Viele Möglichkeiten bieten sich an, vom einfachen Kalken und Sprenkeln zum schwierigeren Vergolden und Marmorieren.

1 Vergolden
2 Gerissene Oberfläche
3 Marmorierung
4 Gemalte Maserung
5 Gespritzte Sprenkel
6 Kalken

Pinsel

- Standard-Farbpinsel aus Schweineborsten oder Pferdehaar nimmt man, um Beizen, Farben und Lacke aufzutragen. Kaufen Sie nur gute Qualität, um ein gutes Ergebnis zu erzielen. Einige Dekoreffekte benötigen spezielle Pinsel, etwa aus weichem Dachshaar, um das Holz zu marmorieren.
- Die professionelle Weise, Pinsel zu reinigen, ist recht einfach. Man wäscht sie in einer Reinigungslösung aus und hängt die Pinsel so auf, dass sie gut abtropfen können. Bohren Sie ein Loch durch den Griff und stecken Sie einen Nagel oder dicken Draht hindurch. So können Sie mehrere Pinsel nebeneinander zum Abtropfen in ein Glas hängen. Welche Reinigungsflüssigkeit in Frage kommt, hängt vom Finish ab und steht in den Verbrauchsangaben des Farbherstellers.

Scharniere und Co.

Das Angebot an Scharnieren und Verschlüssen ist groß. Aussehen, Stabilität, Haltbarkeit, Größe und Funktion sind die wichtigsten Faktoren bei der Auswahl. Die meisten Werkstücke benötigen eine gute Qualität an Scharnieren. am besten sind verdeckte massive Messingscharniere. Hier zeigen wir Ihnen, wie eingelassene Scharniere an einem Kästchen angebracht werden. Dieselbe Methode gilt für hängende Türen.

Siehe auch

Halten und fixieren, Seiten 24-25

Messen und markieren, Seiten 32-41

Sägen, Seiten 42-61

Hobeln, Seiten 62-71

Stemmen, Seiten 72-75

Bohren und hämmern, Seiten 82-85

Schleifen, Seiten 86-91

Scharnier einsetzen

◀ **1** Fixieren Sie Ihr Werkstück auf der Werkbank. Wählen Sie aus, wo die beiden Scharniere hinkommen. Setzen Sie jedes Scharnier so weit von der Ecke der Box entfernt wie das Scharnier lang ist. Bei einer längeren Box brauchen Sie mehrere Scharniere. Mit einem Markierungsmesser und dem Scharnier als Schablone reißen Sie die Länge des Scharniers auf dem Holz an. Achten Sie darauf, dass der Drehbereich des Scharniers außerhalb der Kante liegt.

▶ **2** Mithilfe eines Winkels ziehen Sie die Linien in der ungefähren Breite des Scharniers über das Holz, über die Kante zeichnen sie die ungefähre Dicke des Scharniers an.

▼ **4** Reißen Sie mit dem Streichmaß die Breite für jedes Scharnier an. Stellen Sie das Maß wieder neu ein, und zwar auf die nötige Vertiefung für das Scharnier (die Nadel steht wieder auf dem Drehpunkt des Scharniers) und wiederholen Sie das Markieren. Markieren Sie das Scharnier auf dem Deckel genauso.

◀ **3** Stellen Sie ein Streichmaß am Scharnier auf die richtige Breite ein. Die Nadel des Maßes sollte auf die Mitte des Drehpunkts des Scharniers gesetzt werden.

◀ **5** Mit einem Beitel schneiden Sie mit einer Serie von Schnitten quer zur Faser die Vertiefung für das Scharnier. Arbeiten Sie von der Mitte in jede Richtung nach außen, setzen Sie den Beitel jedes Mal sehr sorgfältig wieder an. Halten Sie den Beitel horizontal, um die gebrochenen Fasern bis zur gewünschten Tiefe herauszuhebeln. Schneiden Sie die Enden der Vertiefung sauber quer zur Faser.

▶ **6** Setzen Sie ein Scharnier ein und markieren Sie das mittlere Loch mit einem Bleistift. Mit einem Bohrer oder einer Ahle machen Sie ein Führungsloch etwas näher an der Schulter (wo die Längsseite des Scharniers stumpf gegenstößt), damit das Scharnier später fest sitzt.

▼ **7** Hobeln Sie einmal ganz leicht über alle Kanten der Vertiefung für das Scharnier, um eine kleine Fase zu erzeugen. Danach kann der Deckel frei schwingen.

◀ **8** Schrauben Sie die Scharniere in Position. Wenn das Holz fest ist, drehen Sie erst eine Stahlschraube ein, um das Führungsloch etwas zu weiten. Messingschrauben sind weicher und brechen in hartem Holz leichter.

▼ **9** Bohren Sie die Löcher für die restlichen Schrauben und setzen Sie sie ein. Es sieht besser aus, wenn alle Schraubenschlitze in einer Linie sind.

◀ **10** Wenn die Box geschlossen wird, sollte zwischen Kasten und Deckel nur noch ein dünnes Stück Papier passen, gerade so viel, wie die spätere Oberflächenbeschichtung oder Politur ausmacht. Der Drehmechanismus des Scharniers muss seitlich herausschauen. Passfehler können noch herausgeschliffen werden.

Ein Einsteckschloss montieren

◄ **1** Setzen Sie den Verschluss auf die Kante des Werkstücks, um die Außenlinien zu markieren (Achtung: der Verschluss muss dabei umgedreht werden). Mit einem Messer und dem Anschlagwinkel markieren Sie an der Innenseite die Tiefe des Verschlusses.

► **2** Markieren Sie die Tiefe der verschiedenen Teile des Verschlusses, halten Sie den Verschluss an das Holz.

▼ **3** Stemmen Sie die Konturen und die Tiefe des Verschlusses mit einem Beitel aus. Etwas schwierig wird es, im Verlauf der Fasern eine akkurate Grundlinie am Boden des Verschlusses auszustemmen. Auf dem Foto dient die Fase des Beitels dazu, einen senkrechten Schnitt zu führen.

◄ **4** Mit dem Streichmaß und dem Winkel markieren Sie die Position des Schlüssellochs.

◄ **5** Bohren Sie ein leicht vergrößertes Loch für das Schlüsselloch. Setzen Sie das Blatt einer Bogensäge in das Bohrloch und sägen Sie vorsichtig die senkrechten Seiten des Schlüssellochs. Säubern Sie mit einem Stemmeisen.

Griffe

Es gibt eine fast unübersehbare Zahl an Handgriffen. Sie sollten bei der Wahl danach gehen, wie gut die Handgriffe am fertigen Stück aussehen und wie gut sie funktionieren.

◄ **6** Setzen Sie den Verschluss in die Vertiefung und überprüfen Sie, ob alles passt. Mit einem Nagel und Hammer markieren Sie durch das Loch des Verschlusses das Bohrloch. Befestigen Sie den Verschluss mit den Schrauben und überprüfen Sie die Funktion.

► **7** Die Verschlussplatte muss akkurat in den Deckel eingelassen werden, damit der Schlüssel problemlos schließt. Markieren Sie die Position mit Streichmaß und Winkel.

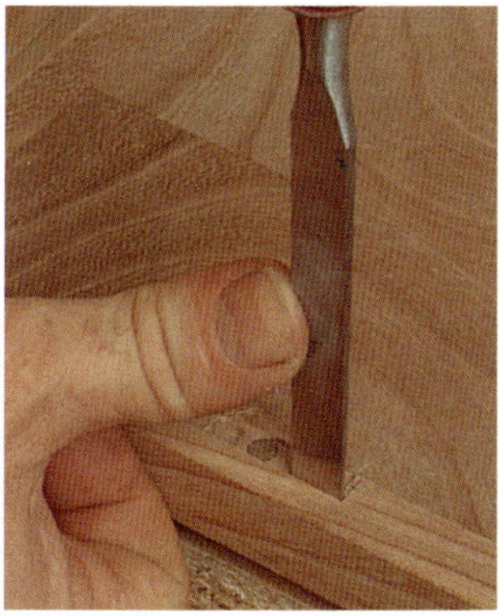

◄ **8** Arbeiten Sie die Vertiefung genauso heraus wie für ein Scharnier.

► **9** Bohren Sie die Löcher und schrauben Sie den Verschluss fest. Er soll mit dem Holz abschließen.

Halterungen

Es gibt viele Halterungen und Stützen, die verhindern, dass Türen zu weit aufschwingen oder die geöffneten Deckel daran hindern, wieder zuzuklappen. Zu allen gibt es Bedienungsanleitungen, aber man sollte immer vorher einen Versuch mit einem Stück Restholz machen.

◄ **10** Hobeln Sie als optischen Schlusspunkt eine leichte Fase über die ganze Kante

6 Praktische Anwendungen

Einfache Projekte mit Holz, um Ihre Werkzeuge und Techniken einzusetzen

Kleiner Tisch

Dieser kleine Tisch hat ein klassisches zeitloses Design und die Technik und Machart kann für viele andere Projekte mit einer Rahmenkonstruktion angewendet werden. Der Tisch ist ein ausgezeichnetes Projekt für Anfänger mit praktischem Basiswissen und noch wenig Erfahrung. Als Anfänger nehmen Sie am besten Hartholz, weil es sich besser eignet für den Einsatz von Säge und Beitel als Weichholz. Ein Holz mit geraden geschlossenen Fasern lässt sich ebenfalls leichter bearbeiten. Suchen Sie eine Farbe aus, die zu dem Platz passt, an dem der Tisch stehen soll.

Werkzeugliste

- Zwingen
- Bleistift, Stahllineal, Markiermesser, Winkelanschlag, Streichmaß, Zapfenstreichmaß
- Fuchsschwanz, Rücken- oder Zapfensäge
- Kurzraubank oder Feinhobel
- Oberfräse oder Falz oder Schulterhobel
- Lochbeitel
- Senkstift, Bohrer mit Bohreinsätzen, Schraubendreher
- Ziehklinge, Sandpapier und Schleifblock

Holzliste

Anzahl	Gesägt	Gehobelt
4 Beine	560 x 40 x 40 mm	480 x 30 x 30 mm
4 obere Querhölzer	305 x 50 x 25 mm	240 x 45 x 20 mm
4 untere Querhölzer	305 x 40 x 25 mm	240 x 30 x 20 mm
4 Rahmenseiten oben	406 x 80 x 25 mm	350 x 75 x 20 mm

Plus: Plattenmaterial für die Oberfläche, Maße 230 x 230 x 6 mm; Abdeckband; Leim; Dübel; Schrauben; Oberflächenversiegelung.

Wichtig: Sie brauchen zwei unterschiedliche Brettstärken: 40 mm und 25 mm. Kaufen Sie jeweils ein Brett, von dem Sie die Teile absägen. Die Länge der Querhölzer von 240 mm erlaubt 200 mm zwischen den Schultern plus 20 mm an jedem Ende für die Zapfen.

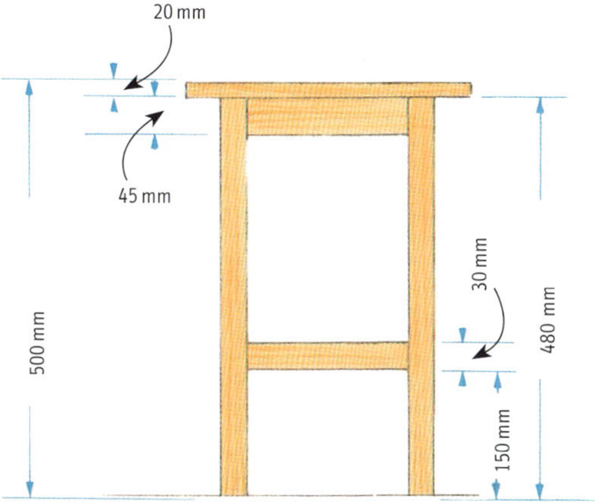

Vorderansicht

Maßstab

Die Pläne und Ansichten sind im Maßstab 1:11.

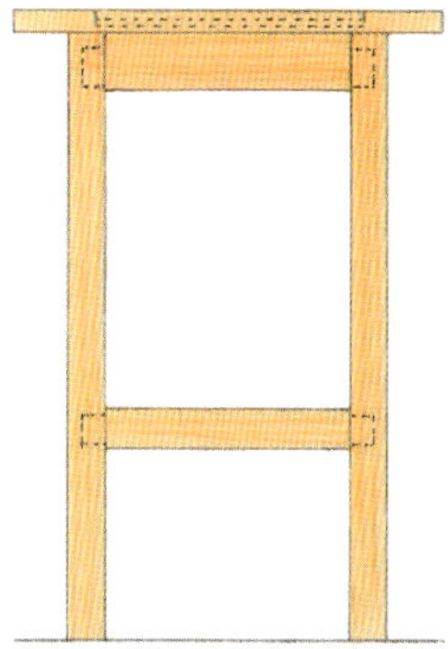

Seitenansicht

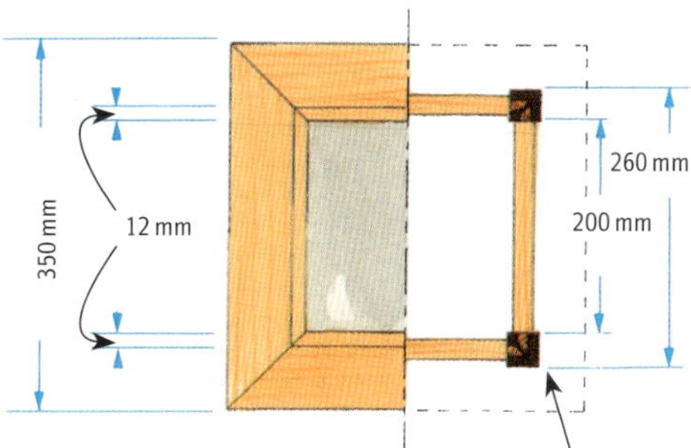

Aufriss ohne Tischplatte

Verbindungen

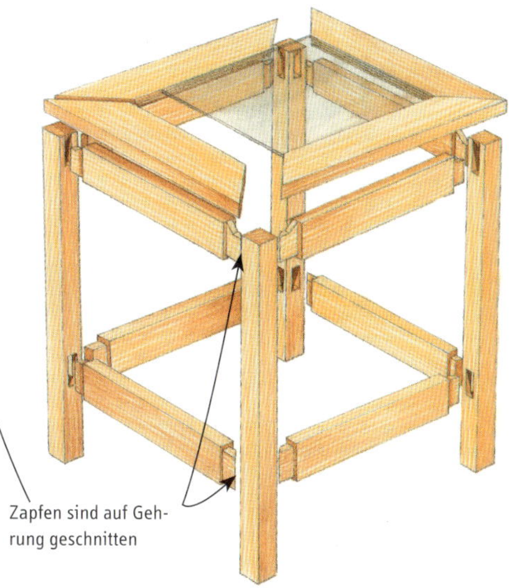

Explosionszeichnung

Bau des Tisches

◀ **1** Reißen Sie die Teile an und schneiden Sie sie zurecht, hobeln Sie sie glatt. Lassen Sie die Beine etwas zu lang. Klammern Sie die Beine zusammen und markieren Sie mit einem Bleistift die Länge der Beine, die Positionen der Querhölzer und die Länge der Zapfenlöcher. Die Zapfenlöcher für die unteren Querhölzer sollten für Zapfen passen, die eine Rundum-Schulter haben. Die Zapfenlöcher für die oberen Querhölzer müssen oben abgeschrägte Zapfen aufnehmen.

Siehe auch

Halten und fixieren,
Seiten 24-25

Basiswerkzeug und -techniken,
Seiten 28-99

Leimen und klammern,
Seiten 106-107

Dübelverbindungen,
Seiten 116-117

Nut- und Zapfenverbindungen,
Seiten 126-131

Furnieren,
Seiten 148-151

Oberflächenbehandlung,
Seiten 172-181

▲ **2** Lösen Sie die Beine aus den Zwingen. Mithilfe eines Anschlagwinkels übertragen Sie alle Bleistiftmarkierungen von der Vorderseite auf die Kanten. Mit einem Markierungsmesser ziehen Sie die Schnittlinien an den Enden der Zapfenlöcher und rundherum um Ober- und Unterteil der Tischbeine (die Länge der Beine wird später angepasst). Mit einem Streichmaß markieren Sie die Seiten der Zapflöcher. Sie erhalten so vier Beine mit acht Verbindungsmarkierungen auf den Innenseiten.

▶ **3** Klammern Sie die vier oberen Querhölzer zusammen und markieren Sie auf allen die Länge von 200 mm plus 20 mm an jedem Ende für die Zapfen. Wiederholen Sie diesen Vorgang mit den unteren Querhölzern. Nehmen Sie eines der oberen Querhölzer als Maßstab, um sicherzugehen, dass alle Querhölzer exakt gleich sind. Übertragen Sie die Markierungen auf die anderen drei Seiten jedes Querholzes, dann schneiden Sie sie auf Länge.

▶ **4** Mit dem Streichmaß reißen Sie die Zapfen an den Enden und Kanten jedes Querholzes an. Markieren Sie die Schultern und Abschrägungen an den Seiten jedes Querholzes und ziehen Sie die Markierung über die Kante. Schraffieren Sie das Holz, das wegfällt.

◀ **5** Es sind 16 begrenzte Zapfenlöcher, die in die Beine geschnitten werden müssen, jedes Loch 20 mm tief. Fixieren Sie das Werkstück in einem Schraubstock und stemmen Sie die Löcher bis zu den Markierungen aus.

▶ **6** In die acht Zapfenlöcher in den oberen Querhölzern sägen Sie die Enden der Löcher schräg aus, damit die abgeschrägten Zapfen hineinpassen.

▼ **7** Stemmen Sie das Holz für die Schrägzapfen weg.

▲ **8** Es gibt acht Zapfen mit Schräg- und Kantenschultern und acht mit zwei Schultern. Sägen Sie die Schultern auf allen Zapfen in gleicher Weise aus.

▼ **9** Sägen Sie die Schräglinie der Zapfenecke.

▼ **10** Legen Sie jedes Stück flach hin, um die Hauptschulter zu schneiden.

▶ **11** Markieren Sie zwei Bohrlöcher in die Unterseite jedes oberen Querholzes für die Schrauben, die den oberen Rahmen halten. Um nicht überlange Schrauben benutzen zu müssen, bohren Sie bis in eine bestimmte Tiefe ein Loch, das etwas größer ist als der Durchmesser des Schraubenkopfes, dann bohren Sie das Loch in normaler Weite durch. Die Schraube sitzt dann tief in dem Loch und kann viel kürzer sein.

◀ **12** Kennzeichnen Sie jede Verbindung und passen Sie jeden Zapfen sorgfältig ins Zapfenloch ein. Denken Sie daran, dass die Zapfen sich an jeder Ecke treffen; schneiden Sie in alle am Ende eine Gehrung, sodass sie im Zapfenloch zusammenpassen. Überprüfen Sie Ihre Markierungen mehrmals, bevor Sie schneiden. Korrigieren Sie, wenn nötig.

▶ **13** Überprüfen Sie, ob der Rahmen flach und glatt ist und die Diagonalen stimmen. Wenn alles stimmt, tragen Sie Leim auf und klammern Sie alles zusammen. Wischen Sie Leimreste weg.

◀ **14** Wiederholen Sie diesen Vorgang, um den gesamten Unterbau des Tisches zusammenzubauen. Machen Sie erst einen Trockendurchgang, bevor Sie Leim auftragen. Nach dem Trocknen nehmen Sie die Zwingen ab und sägen Sie das überflüssige Holz an den oberen und unteren Teilen der Beine ab. Hobeln Sie die Endstücke glatt.

◀ **15** Schneiden Sie in jedes der vier Endstücke für den oberen Rahmen einen 6 mm tiefen Falz. Markieren Sie Gehrungen an den Ecken und sägen Sie präzise an diesen Linien. Leimen Sie dreieckige Stücke Restholz an die Außenkanten, um den Zusammenbau zu erleichtern. Hobeln Sie die Gehrungen, bis alle Oberflächen passen.

▶ **16** Mit einem Streichmaß markieren Sie eine Mittellinie entlang jeder Gehrungskante. Setzen Sie die vier Rahmenstücke im Schraubstock vorsichtig zusammen, mit den Gehrungskanten nach oben. Ziehen Sie drei Linien quer über die Stücke. Die Kreuzungspunkte dieser Linien mit der vom Streichmaß angezeigten Mittellinie sind die Dübelpunkte. Markieren Sie sie mit einem Hammer und einem Versenkstift, dann bohren Sie sie aus.

◀ **17** Setzen Sie die Dübelverbindungen trocken zusammen und justieren Sie nach. Mit den Zwingen können Sie über die Restholz-Dreiecke im richtigen Winkel Druck auf die Verbindungen ausüben. Wenn alles passt, geben Sie Leim darauf und fixieren Sie alles neu. Nach der Leimtrocknung bauen Sie die Zwingen ab und stemmen oder sägen die Dreiecke aus Abfallholz wieder weg.

▶ **18** Hobeln Sie alle Oberflächen, dann schrauben Sie den Unterbau an den oberen Rahmen. Glätten und schleifen Sie den Tisch und tragen Sie ein Oberflächenfinish auf. Überprüfen Sie noch einmal die Aussparung in der Tischplatte und setzen Sie das Material Ihrer Wahl ein. Hier wurde ein Quadrat aus Sperrholz mit vier sternförmigen Furniereinlagen ausgewählt.

Kindermöbel

Diese Kindermöbel sind eine hervorragende Möglichkeit, einmal zu zeigen, was man mit Werkstoffplatten machen kann. Die Konstruktion ist schlicht und einfach und die Verbindungen können mit Splinten oder Lamellos verstärkt werden. Die Dekorationsmöglichkeiten sind nur durch Ihre eigene Fantasie begrenzt. Der Prototyp ist mit Spraydosen in Grundfarben lackiert worden, dazu kamen "fallende Buchstaben". Diesmal wurde eine MDF-Platte benutzt, aber mit Sperrholz oder einer Tischlerplatte geht die Arbeit genauso gut.

Werkzeugliste

- Schraubzwingen; G-Zwingen
- Bleistift; Stahllineal; Markierungsmesser; Winkelanschlag; Streichmaß
- Rückensäge; Stichsäge oder Bandsäge
- Raubank oder Glatthobel
- Oberfräse oder Lamellofräser
- Sandpapier und Schleifblock

Materialliste

Bretter: Zwei Bretter in zwei Stärken werden benötigt: 10 mm für Tisch und Stuhlrahmen und 3 mm oder 4,5 mm für Stuhlsitz und -rücken. Um weniger Abfallholz zu produzieren, halten Sie sich an die Ausschnittvorschläge auf den Seiten 196 und 198, mit denen Sie Ihren Holzbedarf kalkulieren können.

Plus: Abdeckband; Lamellos oder Sperrholz für Splinte; Leim; Oberflächenversiegelung.

Explosionsansicht

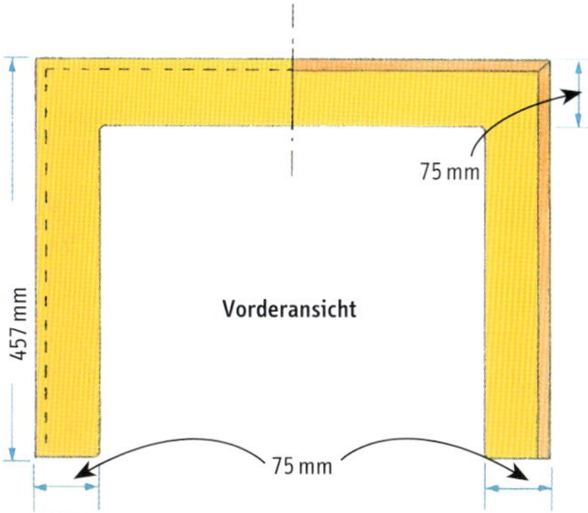

Explosionsansicht

Maßstab

Die Pläne und Ansichten sind im Maßstab 1:12 erstellt.

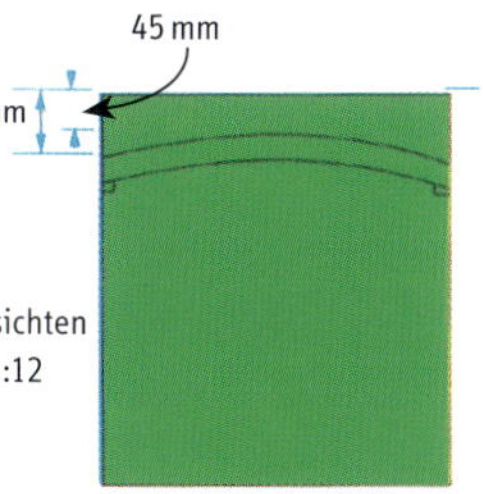

Tischplatte

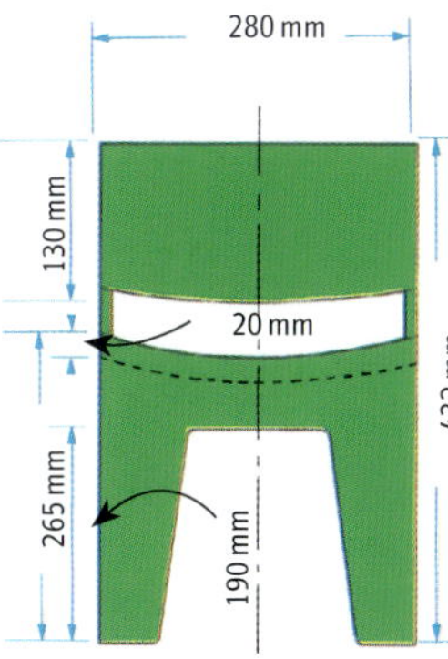

Vorderansicht

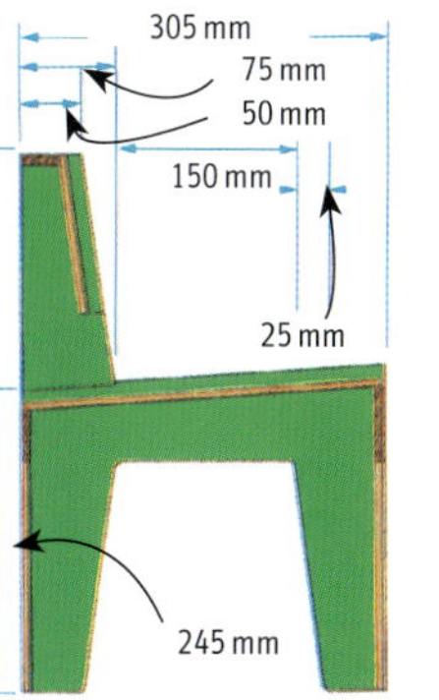

Detaillierte Seitenansicht durch die Mittellinie

Bau des Tisches

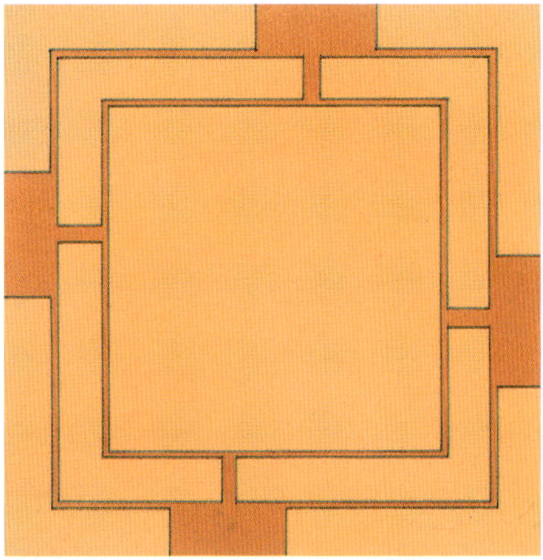

▶ **1** Legen Sie die Einzelteile des Tisches entsprechend diesem Diagramm aus, die L-förmigen Beine kommen um die Tischplatte. So verwerten Sie das Material so ökonomisch wie möglich. Mit einer Rückensäge, Stich- oder Bandsäge schneiden Sie die Komponenten zurecht. Schleifen Sie alle rauen Kanten.

◀ **2** Hobeln Sie 45°-Gehrungen an alle Enden der Beine und rund um die Tischplatte.

▶ **3** Fräsen Sie in alle Gehrungen Nuten für die Splinte. Fräsen Sie eine weitere Nut, wo sich die Teile der Tischbeine treffen, um ein Querholz unter der Tischplatte zu bilden. Schneiden Sie aus einem Stück Sperrholz Splinte in der gleichen Stärke wie die Nuten. Alternativ können Sie auch mit einem Lamellofräser kurze Nuten für die Lamellos fräsen.

Verbindungen für die Tischplatte

Die acht L-förmigen Beinteile sind in Paaren auf Gehrung zusammengefügt, um vier Ecken für Tischbein und Querholz zu bilden. Um sie an der Tischplatte zu befestigen, können Sie entweder Tischplatte und Beine mit Gehrungen verbinden oder die Beine direkt unter die Platte setzen. In diesem Projekt werden nur Gehrungsverbindungen gezeigt.

▶ 4 Bauen Sie die vier Eckverbindungen zusammen, jeweils zwei L-förmige Stücke pro Ecke. Die langen Teile sind die Beine, die kurzen kommen unter die Tischplatte. Halten Sie die Teile mit Abdeckband zusammen. Überprüfen Sie, ob alles rechtwinklig sitzt, lassen Sie den Leim trocknen.

Siehe auch

Halten und fixieren, Seiten 24-25

Basiswerkzeug und -techniken, Seiten 28-99

Leimen und klammern, Seiten 106-107

Splintverbindung, Seite 114

Lamelloverbindungen, Seiten 118-119

Formen und biegen, Seiten 140-147

Oberflächenbehandlung, Seiten 172-181

◀ 5 Leimen Sie zwei Beineinheiten auf gegenüberliegenden Ecken an die Tischplatte, danach fügen Sie die letzten Beinpaare an. Dabei sollten Sie die Beine nicht nur mit Lamellos oder Splinten an der Tischplatte verstärken, sondern auch noch zwischen den einzelnen Beinsektionen.

▶ 6 Hobeln oder schleifen Sie alle scharfen Kanten und Ecken oder nehmen Sie eine Fräse mit einem Einsatz zur Kantenabrundung. Schleifen Sie den ganzen Tisch gründlich ab und versiegeln Sie die Oberflächen. MDF braucht etwas weniger Versiegelung als andere Holzplatten oder Sperrholz, aber alle Werkstoffplatten müssen vor der Oberflächenbehandlung versiegelt werden. Schleifen Sie zwischen den Aufträgen leicht darüber. Bringen Sie Ihr Finish auf und jede gewünschte Verzierung.

Den Stuhl bauen

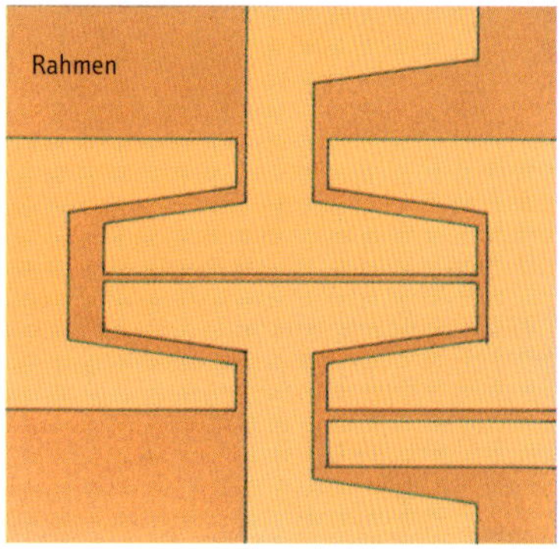

▶ **7** Legen Sie Ihre Holzteile nach diesem Diagramm aus. Wenn Sie mehr als einen Stuhl bauen, können Sie das Holz wahrscheinlich noch ökonomischer ausnutzen. Sitz und Rückenteil müssen Sie wahrscheinlich ein wenig größer ausschneiden (siehe Punkt 11). Mit einer Rückensäge, Stich- oder Bandsäge schneiden Sie die Einzelteile zurecht. Hobeln Sie sie in die gewünschte Form, achten Sie auf die Schrägwinkel an den Innenkanten der Beine und des Rückenteils.

◀ **8** Schneiden Sie Gehrungen in diejenigen vier Ecken der Hauptteile, an denen sie verbunden werden, um die Beine zu bilden. Achten Sie darauf, die Gehrung auf dem hinteren Bein oberhalb der Position des Sitzes zu stoppen. Schneiden Sie Gehrungen dort, wo das obere Querholz an das Rückenteil kommt.

▶ **9** Schneiden Sie Falze, in die der Sitz und die Rückenlehne passen. Bereiten Sie Nut- und Splint- oder Lamelloverbindungen vor, genauso wie für den Tisch.

◀ **10** Bauen Sie alles trocken zusammen, auch das obere Querholz, und justieren Sie nach, wenn nötig. Wenn alles passt, geben Sie Leim darauf und lassen ihn trocknen.

▶ **11** Wenn Sie für Sitz und Rückenlehne dünnes Material genommen haben, wird es sich jetzt leicht biegen lassen. Wenn nicht, schneiden Sie das Material etwas zu groß zu und spannen Sie es in eine Form, um es zu biegen. Hier sind drei Bretter zu einer einfachen, aber effektiven Form eingesetzt.

◀ **12** Passen Sie die Sitzfläche in die Falze ein. Etwas Material müssen Sie wegschneiden, damit es in den Rahmen des Rückenteils passt. Messen Sie also sehr genau.

▶ **13** Wenn die Sitzfläche passt, geben Sie Leim darauf und fixieren Sie alles. Wenn Sie die Rückenlehne einsetzen, geht es sogar etwas leichter. Passen Sie sie ein und leimen Sie sie fest.

◀ **14** Schleifen Sie alle scharfen Ecken und Kanten. Die Endbehandlung mit Versiegelung und Oberflächenbehandlung ist genauso wie beim Tisch. Nehmen Sie Füller, wenn nötig, schleifen Sie alles über, versiegeln Sie und gestalten Sie die Oberfläche, wie Sie mögen.

Kommode mit Schubladen

Dieses Projekt besteht aus einem Basisschrank mit vier Schubladen, jede mit unterschiedlicher Tiefe. Die Schubladen werden mit Fingernuten aufgezogen, die so positioniert sind, dass sie ein elegantes Designelement auf der Front bilden. Bei der Kommode wurden klassische Möbelbautechniken angewendet inklusive Schwalbenschwanzverbindungen und Zwischenböden zwischen den Schubladen. Wenn dies die erste Kommode ist, die Sie in Angriff nehmen, wählen Sie ein Holz aus, das leicht zu bearbeiten ist. Buche eignet sich gut für die Seitenteile der Schubladen und für die inneren Teile der Kommode, für das Äußere der Kommode und die Schubladenvorderseiten können Sie Holz nach Belieben nehmen.

Werkzeugliste

- Zwingen
- Bleistift; Stahllineal; Markiermesser; Winkelanschlag; Streichmaß; Zapfenstreichmaß
- Fuchsschwanz, Rückensäge
- Raubank oder Feinhobel
- Verschiedene Stemmeisen für Schwalbenschwänze; Lochbeitel
- Oberfräse; Lamellofräse oder Bohrer (je nach Eckverbindung)
- Ziehklinge; Schleifpapier und Schleifblock

Materialliste: Kommode

Anzahl	**Gesägt**	**Gehobelt**
2 Seiten	686 x 343 x 30 mm	660 x 330 x 25 mm
1 Platte (als obere Platte)	432 x 343 x 30 mm	406 x 330 x 25 mm
1 unteres Querholz	432 x 75 x 25 mm	406 x 72 x 20 mm
8 Schubladen – Querhölzer	406 x 57 x 20 mm	50 x 12 mm
8 Schubladen Gleitleisten	200 x 38 x 20 mm	30 x 12 mm
1 Kommodenrückseite	660 x 406 x 6 mm Sperrholz	
4 Zwischenböden	330 x 200 x 6 mm Sperrholz	

Plus: Leim; Schrauben; Oberflächenmaterial.

Explosionszeichnung

Die Verbindung zwischen Seitenteilen und Platte kann auf Gehrung geschnitten werden und mit Splinten, Lamellos oder Dübeln verstärkt werden (gut für Anfänger) oder mit komplexeren verdeckten Schwalbenschwänzen auf Gehrung verbunden werden.

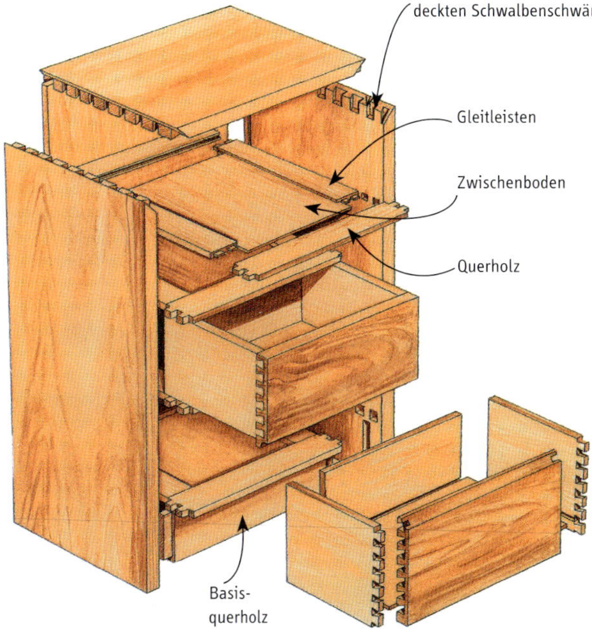

Siehe auch

Halten und fixieren, Seiten 24-25

Basiswerkzeug und -techniken, Seiten 28-99

Leimen und klammern, Seiten 106-107

Splintverbindung, Seite 114

Dübelverbindungen, Seiten 116-117

Lamelloverbindungen, Seiten 118-119

Nut- und Zapfenverbindungen, Seiten 126-131

Schwalbenschwanzverbindungen, Seiten 132-137

Oberflächenbehandlung, Seiten 172-181

Materialliste: Schubladen

Anzahl		1. Schublade (oben)	zweite	dritte	vierte
1 Vorderseite	Gesägt	380 x 105 x 25 mm	140 mm	162 mm	190 mm
	Gehobelt	356 x 100 x 20 mm	130 mm	150 mm	180 mm
2 Seitenteile	Gesägt	305 x 90 x 20 mm	120 mm	146 mm	172 mm
	Gehobelt	280 x 85 x 12 mm	115 mm	140 mm	162 mm
1 Rückseite	Gesägt	380 x 75 x 20 mm	100 mm	130 mm	150 mm
	Gehobelt	356 x 72 x 10 mm	95 mm	122 mm	148 mm
1 Unterplatte		356 x 280 x 6 mm Sperrholz			

Achtung: Alle Schubladen haben die gleiche Länge und Breite, aber die Tiefe ist unterschiedlich, die tiefste Schublade ist ganz unten. Die Breite bzw. Höhe der Seitenbretter ist deswegen unterschiedlich. In der obigen Liste sind alle drei Dimensionen für die oberste Schublade aufgeführt, nur die Breite (Höhe) der Seitenbretter ist spezifiziert für die drei anderen Schubladen. Alle anderen Maße bleiben gleich.

Maßstab

Die Pläne und Höhenangaben sind im Maßstab 1:18 angegeben, es sein denn, etwas anderes ist vermerkt.

Einzelne Höhenangaben durch die Mittellinie

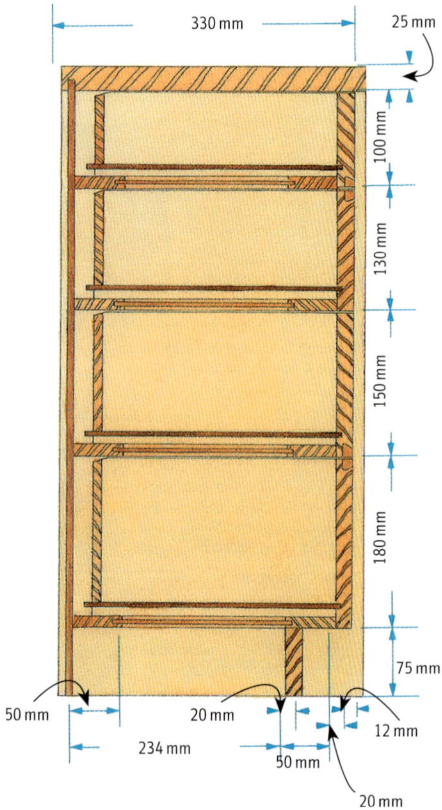

Geteilte Frontansicht

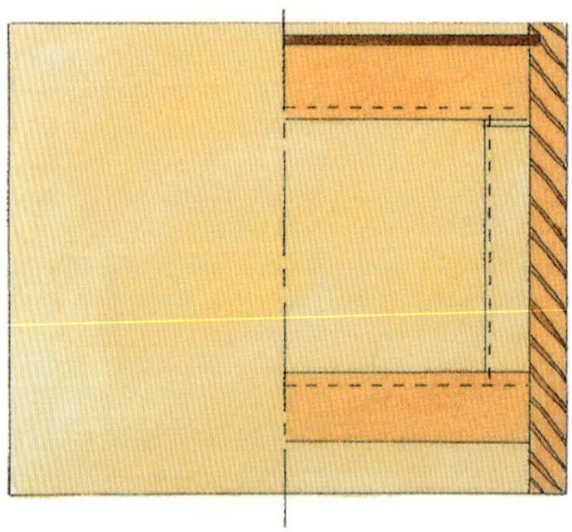

Geteilte Draufsicht (Schubladen entfernt)

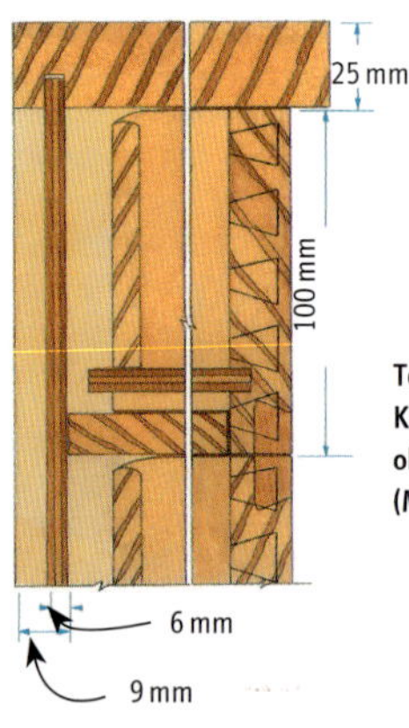

Teilansicht von Kommode und oberster Schublade (Maßstab 1:4)

Bau der Kommode

▶ **1** Markieren und schneiden Sie alle Teile, lassen Sie sie aber in leichter Überlänge. Hobeln Sie sie glatt. Markieren Sie die Position aller Querhölzer auf den zwei Seitenteilen. Markieren und fräsen Sie die Nuten für die Rückwand in die Seitenteile und in die obere Platte.

◀ **2** Markieren Sie die oberen Eckverbindungen. Die leichteste Methode ist, die Kanten auf Gehrung zu schneiden und sie mit Splinten, Lamellos oder Dübeln zu verstärken.

▶ **3** Alternativ können Sie verdeckte auf Gehrung geschnittene Schwalbenschwanzverbindungen bauen. Markieren Sie die Schultern auf dem Innenteil und die Gehrungen auf der Kante. Schneiden Sie einen Falz über das Endstück, ca. zwei Drittel der Holzdicke. Markieren Sie die Zapfen auf der oberen Platte.

◀ **4** Schneiden Sie die Zapfen und entfernen Sie das Zwischenholz mit mehreren Sägeschnitten und einem Beitel.

▶ **5** Markieren Sie die Schwalbenschwänze auf den Seitenteilen, nehmen Sie die ausgeschnittenen Zapfen als Schablone. Entfernen Sie das Zwischenholz. Schneiden Sie die Gehrung an die Kanten und über die Endlippe. Danach sollten Sie die Schwalbenschwanzverbindung zusammensetzen können.

◀ **6** Markieren Sie an den unteren Querhölzern die Schultern rundherum für die späteren Zapfen, setzen Sie für die Zapfen nicht durchgehende Zapfenlöcher in die zwei Seitenteile. Schieben Sie die Rückwand von unten an ihren Platz. Schleifen Sie die Innenwände und behandeln Sie die Oberfläche, wenn Sie wollen.

▶ **7** Unter jeder Schublade befindet sich ein Rahmen, der aus einer Gleitschiene auf jeder Seite und einem vorderen und hinteren Querholz besteht. Die Querhölzer liegen mit Zapfen in den versenkten Nuten der Kommode, die Gleitschienen liegen mit Zapfen in einer Nut der Querhölzer. Ein Sperrholzzwischenboden sitzt in Nuten, die in die Innenseiten aller Teile geschnitten wurden. Gleitschienen und Zwischenböden sind von vorn nach hinten etwas kürzer. Markieren Sie die Einzelteile.

▼ **8** Machen Sie zwei Zapfen an jedes Ende der vorderen und hinteren Querhölzer und entsprechende versenkte Nuten in die Innenseite der Kommode. Schneiden Sie die Nut in die Innenkante der Querhölzer und einen Zapfen an jedes Ende der Gleitschienen.

Gleitschiene

Querholz

Schubladen

Die Seiten der Schubladen sind aus Vollholz gebaut, damit das Holz später kaum mehr arbeitet. Damit das Holz aber doch etwas nachgeben kann, sollten zwar die Nut- und Zapfenverbindungen an der Frontseite streng passen und verleimt sein, aber die Zapfen und Nuten an der Rückseite 3 mm kürzer geschnitten sein, um eine Längsbewegung von vorne nach hinten zu ermöglichen.

▶ **9** Setzen Sie das Gestell trocken zusammen, justieren Sie nach, wenn nötig. Dann zerlegen Sie es wieder.

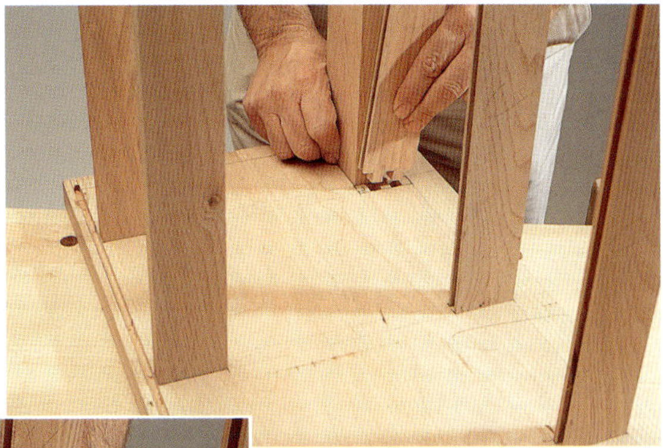

◀ **10** Markieren Sie die Positionen der von vorn nach hinten verlaufenden Gleitschienen für die Schubladen an den Innenseiten der Seitenteile. Denken Sie daran, dass die Zapfen nicht in ein Zapfenloch fassen, sondern in eine Nut in den Querhölzern. Schneiden Sie eine Nut für den Zwischenboden in jede Gleitschiene. Markieren, schneiden und passen Sie vier Sperrholzböden zu.

▶ **11** Versuchen Sie alle Einzelteile zusammenzubauen. Wenn alles passt, schleifen Sie alle Innenteile, geben Sie Leim drauf und klammern Sie das Gestell zusammen. Es ist zwar unüblich, die Innenseiten der Schubladen zu behandeln, aber Sie können natürlich eine einfache Versiegelung Ihrer Wahl auftragen. Die Schubladen sollten Holz auf Holz gleiten. Der Korpus sollte jetzt stabil und für die Schubladen bereit sein.

◀ **12** Bauen Sie die erste Schublade und passen Sie sie ein. Hobeln Sie die Seitenteile, sodass sie perfekt passen und leicht gleiten.

▶ **13** Die Schubladenrückwände gehen nicht ganz hoch, sie sitzen auf der Bodenplatte der Schublade und nehmen nicht den ganzen Raum in Anspruch. Genau sollte die Schublade aber in der Breite passen und Sie sollten sie von vorn nach hinten einsetzen können.

◀ **14** Passen Sie die Frontseite der Schublade in die Öffnung ein. Sie sollte von der Unterseite der Kommodenplatte bis zur unteren Kante der ersten Gleitschiene reichen. Sie sollte exakt in den Innenrahmen passen, schneiden Sie aber eine Fase, sodass die Frontseite abgeschrägt und etwas länger ist. Schneiden Sie Nuten für die Bodenplatten der Schubladen in die Seitenteile und in die Frontseite.

▶ **15** Halb verdeckte Schwalbenschwänze verbinden die Front mit den Seitenteilen, die Schwalben sitzen an den Seiten. Dadurch ist die Verbindung von vorne nicht sichtbar. Setzen Sie das Streichmaß auf die Dicke des Holzes und markieren Sie die Schulterlinie für die Zapfen auf die Innenseite des Frontstücks. Setzen Sie das Maß auf zwei Drittel der Holzdicke zurück und markieren Sie die Kanten und das Endstück für die überlappende Sektion. Markieren Sie mit dieser Streichmaßeinstellung die Schulterlinien der Zapfen auf den Seitenteilen. Markieren und schneiden Sie die Schwalben und dann die Zapfen. Lassen Sie am unteren Ende der ersten Schublade genug Platz für die Nut, die als Handgriff dienen soll. Markieren und schneiden Sie die Nut.

▶ **16** Durch die Schwalbenschwänze werden die Seiten mit der Rückseite verbunden. Markieren und schneiden Sie die Schwalben mit größter Sorgfalt, die Schnittlinien müssen präzise die Maße der Teile treffen. Diese Technik erlaubt kein größeres Hobeln an den Seiten, um sie anzupassen.

◀ **17** Markieren Sie den Sperrholzboden und passen Sie ihn ein. Der Boden wird in den Nuten nicht verleimt, schieben Sie ihn einfach ein und drehen Sie hinten zwei Schrauben durch den Boden in das Rückenteil. Setzen Sie die Teile ungeleimt zusammen und justieren Sie nach, wenn nötig.

▶ **18** Geben Sie Leim auf die Einzelteile und setzen Sie die Schublade zusammen. Wenn der Leim abgebunden hat, sollte es nur ein paar Striche mit dem Hobel bedürfen, damit die Schublade leicht vor- und zurückgleitet. Nach dem gleichen Muster machen Sie die drei restlichen Schubladen. Bedenken Sie, dass die Nut für den Handgriff auf der Oberkante der zweiten Schublade ist, an der unteren Kante der dritten Schublade und auf der oberen Kante der untersten Schublade. Befestigen Sie die Rückwand der Kommode mit ein paar Schrauben durch die Rückwand in das untere Querholz. Schleifen Sie Kommode und Schubladen-Vorderseiten und tragen Sie das endgültige Finish auf.

Leichter Stuhl

Dieser Stuhl verlangt zwei unterschiedliche Techniken des Formens und Biegens – einmal das Formen von Vollholz und zum Zweiten das Bauen von laminierten Latten aus Furnieren. Wählen Sie ein kräftig gemasertes Holz wie Eiche, Esche, Teak, Buche oder Ulme. Unser Prototyp ist aus Kirschenholz gemacht. Ihre Wahl wird natürlich beeinflusst durch das Furnier, das Sie für die laminierten Rückenstäbe zur Verfügung haben. Der Sessel ist von Natur aus bequem, aber Sie können natürlich noch ein Kissen hinzufügen – aus Leder oder Stoff und am besten mit Daunen gefüllt.

Werkzeugliste

- Schraubzwingen; G-Zwingen
- Bleistift; mindestens 60 mm langes Stahllineal; Markiermesser; Anschlagwinkel; Streichmaß; Zapfenstreichmaß
- Fuchsschwanz; Rückensäge; Bogensäge; Stichsäge oder Bandsäge
- Raubank oder Feinhobel; Schabhobel
- Oberfräse oder Falzhobel oder Simshobel
- Eine Auswahl an Stemmeisen
- Bohrer; Bohreinsätze; Schraubenzieher
- Ziehklinge; Raspeln; Feilen; Schleifpapier und Schleifblock

Materialliste

Anzahl	Gesägt	Gehobelt
2 Hinterbeine	838 x 50 x 50 mm	787 x 45 x 45 mm
2 Vorderbeine	560 x 50 x 50 mm	508 x 45 x 45 mm
2 gebogene Querhölzer	610 x 75 x 60 mm	572 x 75 x 30 mm mit Biegung
2 Seitenteile und 2 Armlehnen	686 x 75 x 30 mm	660 x 75 x 25 mm
7 Sitzlatten	533 x 57 x 20 mm	521 x 50 x 14 mm
6 Rückenlatten	762 x 50 x 12 mm Jede Latte wird aus acht 1,5 mm dicken Furnieren laminiert.	

Plus: Ungefähr 762 x 50 x 1,5 mm Tischlerholz, um die Laminierform zu bauen; großes Stück Papier oder Millimeterpapier für die 1:1-Zeichnung der Rückenlatten; Plastikfolie; Leim; Schrauben; Oberflächenmaterial.

Explosionsdiagramm

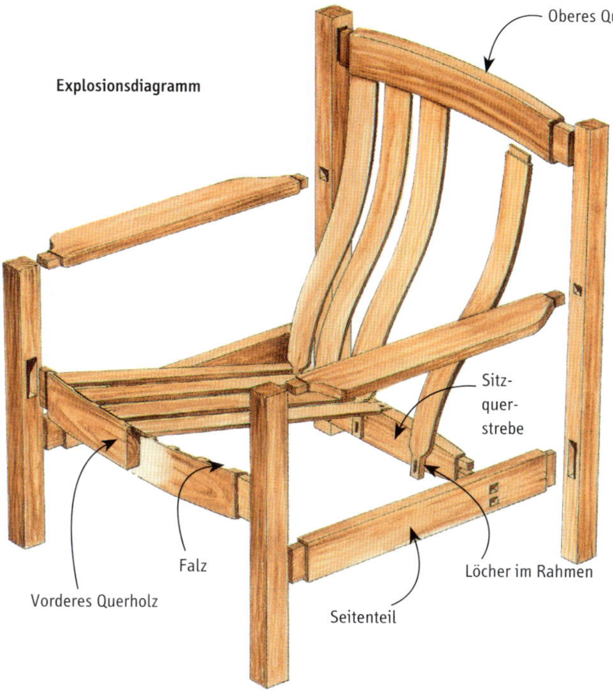

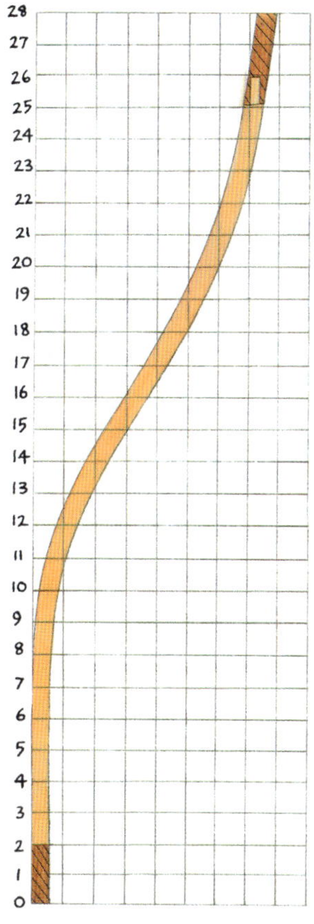

Latten-Schablone

Jedes Quadrat auf der Schablone entspricht 25 mm. Um die Form zum Biegen der laminierten Rückenlatten zu bauen, vergrößern Sie die Schablone bis auf 1:1. Machen Sie das auf Millimeterpapier oder zeichnen Sie sich ein Gittermuster und übertragen Sie alle Punkte, wo sich die Kurvenlinie mit dem Gitter kreuzt und verbinden Sie die Punkte. Übertragen Sie die komplette Form auf die Mitte eines großen Stück Holzes einschließlich der Markierungen für oben und unten der Latten – plus der Zapfen. Schneiden Sie die Form aus und säubern Sie die Oberflächen.

Siehe auch

Halten und fixieren,
Seiten 24-25

Basiswerkzeug und -techniken,
Seiten 28-99

Leimen und klammern,
Seiten 106-107

Nut- und Zapfenverbindungen,
Seiten 126-131

Formen und biegen,
Seiten 140-147

Oberflächenbehandlung,
Seiten 172-181

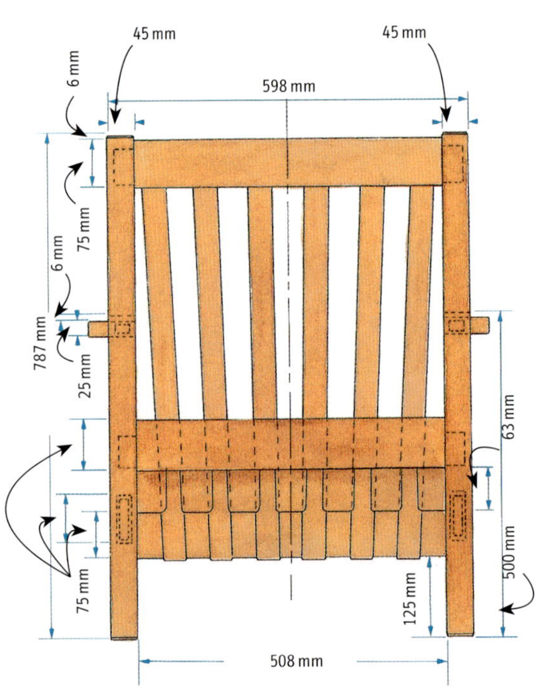

Vorderansicht

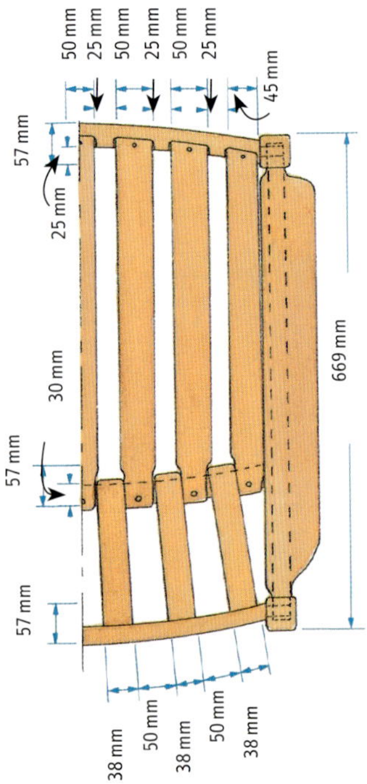

Seitenaufriss

Maßstab

Pläne und Größen werden in einem Verhältnis von 1:12 dargestellt.

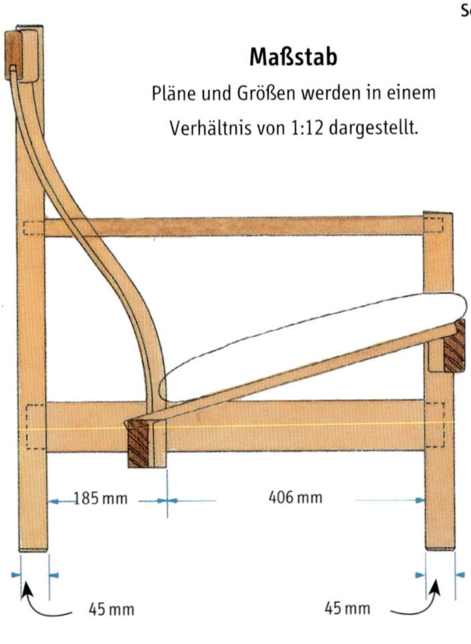

Teilansicht von der Seite

Bau des Sessels

▶ **1** Markieren und schneiden Sie alle Einzelteile außer den Rückenlatten und hobeln Sie sie glatt, lassen Sie die Beine etwas zu lang und die Querhölzer etwas dicker. Um die Seitenrahmen zu bauen, markieren Sie die Länge der Beine und die Positionen der Zapfenlöcher für die Seitenteile, Armlehnen und Querhölzer. Markieren Sie die Zapfen mit den Schultern rundherum an allen Enden der Seitenteile und Armlehnen. Markieren Sie die durchgehenden Zapfenlöcher auf den Seitenteilen, die die zwei Zapfen des Querholzes vom Sitz aufnehmen. Das Sitzquerholz sollte tief im Seitenteil eingesetzt werden.

◀ **2** Überprüfen Sie Ihre Markierungen, dann ritzen Sie die Linien ein, wo Sie schneiden wollen. Schneiden Sie die Loch- und Zapfen-Verbindung für die beiden Seitenteile, dann die Zapfenlöcher für die Querhölzer. Wenn Sie die durchgehenden Zapfenlöcher schneiden, denken Sie daran, von beiden Seiten zu markieren und zu schneiden.

▶ **3** Jede Armlehne wird so positioniert, dass die innere Oberfläche in Linie ist mit der inneren Oberfläche der Beine; die Außenkante zeigt nach außen. Um die Enden zu formen, bohren Sie ein Loch für das Sägeblatt und sägen Sie die Rundung aus. Raspeln, feilen und schleifen Sie zum Schluss.

◀ **4** Setzen Sie beide Seitenrahmen trocken zusammen und justieren Sie nach. Geben Sie Leim darauf und fixieren Sie; wischen Sie Leimreste ab.

▶ **5** Die drei Querhölzer sind absichtlich etwas dicker gelassen worden, um die Biegung ausschneiden zu können. Markieren Sie die Länge der Hölzer und Zapfen auf jedem Stück. Zeichnen Sie die Biegung mit einem Bleistift auf dem Holzstück auf. Biegen Sie dafür ein Stahllineal zwischen den beiden Endpunkten und dem Mittelpunkt. Ein Partner kann dabei das Lineal halten und anzeichnen.

◀ **6** Übertragen Sie die Markierungen auf die Enden der Querhölzer und zeichnen Sie die Zapfen an.

▶ **7** Sägen Sie die Beugung aus. Jedes Stück hat eine gehobelte Ober- und Unterfläche, eine gesägte Beugung mit Ober und Unterseite und geglättete Enden mit Markierungen für die Zapfen. Säubern Sie die äußere Beugung mit einem Hobel; sparen Sie aber die Enden in der Nähe der Zapfen aus, die mit einem Stemmeisen ausgeschnitten werden. Glätten Sie die Innenbeugung mit einem Schabhobel.

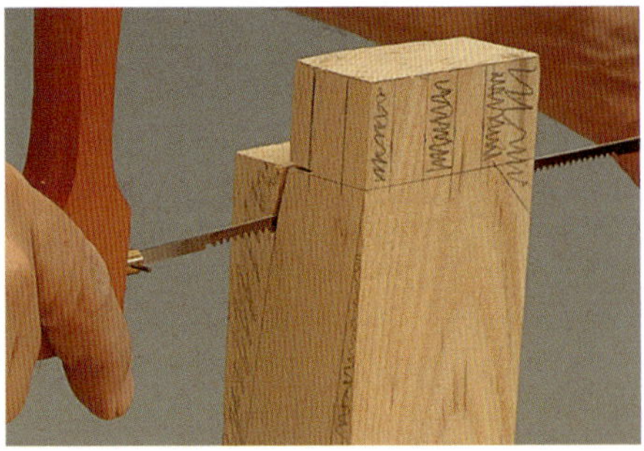

◀ **8** Markieren und schneiden Sie die Zapfen an jedem Ende der oberen und vorderen Querhölzer. Markieren und schneiden Sie die Zapfenlöcher an der Unterseite des oberen Querholzes, um die sechs Rückenlatten aufzunehmen. Markieren und schneiden Sie an den Enden der Sitzquerhölzer zwei durchgehende Zapfen. Die Unterseite dieser Querstrebe sitzt knapp unter dem Seitenrahmen, die Zapfen sollten also nahe an der Oberseite des Sitzquerholzes sein, um zu passen.

▶ **9** Kennzeichnen Sie alle Verbindungen, dann setzen Sie den ganzen Rahmen trocken zusammen. Das vordere Querholz braucht eine Fase an der oberen Kante, damit die Sitzlatten flach anliegen können. Halten Sie ein Stahllineal zwischen Sitz und vordere Querhölzer, um zu messen, wie viel Sie abschrägen müssen. Zeichnen Sie mit einem Bleistift an, bauen Sie das vordere Querholz wieder ab und hobeln Sie die Fase. Bauen Sie alles wieder zusammen.

▲ **10** Bauen Sie eine Form, um die laminierten Rückenlatten herzustellen (siehe Seite 209). Stecken Sie Furniere auf 12 mm zusammen. Probieren Sie aus, ob das Bündel in den Former passt. Justieren Sie nach. Geben Sie Leim darauf und wickeln Sie das Bündel in Plastikfolie, damit es nicht an den Former klebt. Fixieren Sie das Bündel und lassen Sie es über Nacht trocknen. Wiederholen Sie den Vorgang mit den übrigen fünf Latten.

▼ **11** Hobeln Sie die Kanten jeder Latte glatt, nehmen Sie den Former als Unterlage oder klemmen Sie die Latte in den Schraubstock. Messen Sie die Breite der Latten aus, sägen Sie auf Breite und glätten Sie die Ecken und Kanten. Markieren Sie die oberen und unteren Linien und die Schulterlinien vom Former.

◀ **12** Klammern Sie die Latten zusammen, um die Markierungen der Zapfen zu vollenden, dann schneiden Sie sie. Die korrekten Winkel der Schulterlinien werden erst später geschnitten.

▶ **13** Drücken Sie die Latten mit den Zapfen in die Zapfenlöcher des oberen Rahmens.

◀ **14** Markieren Sie eine Mittellinie auf dem Querholz des Sitzes. Setzen Sie die beiden mittleren Rückenlatten im gewünschten Abstand zueinander auf das Querholz. Wenn Ihnen die Position gefällt, markieren Sie sie mit Bleistift und halten Sie die Latten mit G-Zwingen am Platz. Ritzen Sie die Zapfenschulterlinien in die oberen Enden jeder Latte. Nehmen Sie sie wieder vom Rahmen und vertiefen Sie die Schultern bis zu den Linien. Die zwei Latten können jetzt wieder in die Zapfenlöcher gesteckt werden.

▶ **15** Die unteren Enden der Rückenlatten werden verjüngt, wo sie an das Querholz des Sitzes geschraubt werden. Dadurch passen sie genau zwischen die Latten des Sitzes. Markieren Sie die Verjüngung auf den beiden mittleren Rückenlatten und auch auf den Sitzlatten.

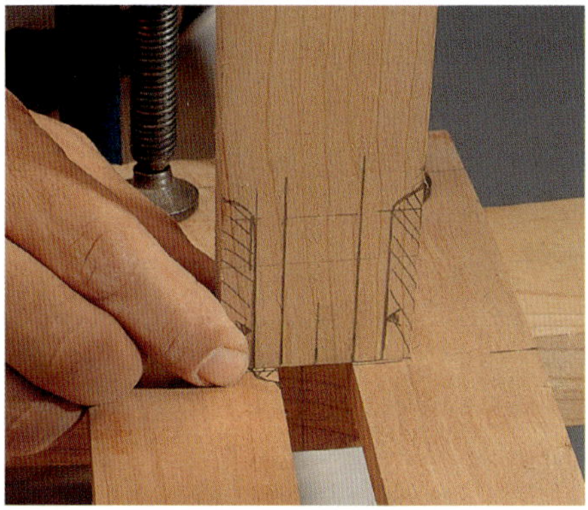

◀ **16** Um den Anfang der kurvigen Verjüngung zu markieren, bohren Sie ein Loch in die Innenkurve, dann sägen Sie die Verjüngung aus und versäubern sie mit einem Schabhobel.

▶ **17** Bohren Sie Löcher für die Schrauben, mit denen die Rückenlatten an das Sitzquerholz geschraubt werden. Alternativ schneiden Sie Schlitze statt der Löcher, die die Latten bei Belastung beweglich lassen und die oberen Zapfen entlasten. Bauen Sie die restlichen Latten genauso ein. Achtung: Die Nut- und Zapfen-Verbindungen an den Lattenspitzen sind noch nicht verleimt!

◀ **18** Beginnen Sie mit der mittleren Sitzlatte und verjüngen Sie sie, wo sie an das Querholz des Sitzes angeschraubt werden soll. Verjüngen Sie die anderen Latten ebenso und setzen Sie sie an ihren Platz. Markieren Sie die Vertiefungen für sie am Vorderrahmen. Nehmen Sie das Querholz vom Rahmen und schneiden Sie die Vertiefungen. Das geht entweder per Hand mit Säge und Beitel oder mit einer Elektrofräse.

▶ **19** Setzen Sie das vordere Querholz wieder in den Rahmen ein und passen Sie die Sitzlatten ein. Wegen der Krümmung der Front- und Sitzquerhölzer sitzen die Hinterseiten der Latten nicht gerade; schneiden Sie also Winkel, um sie einzupassen. Bohren Sie Löcher und schrauben Sie sie fest.

◀ **20** Reißen Sie die Länge jeder Sitzlatte an und arbeiten Sie notfalls nach, bis die Latten problemlos genau in die Vertiefungen im vorderen Querholz passen. Bohren Sie Löcher, schrauben Sie sie fest.

▶ **21** Entfernen Sie wieder alle Schrauben, bauen Sie alles auseinander und schleifen Sie alle Teile (aber nicht Ihre Teilekennzeichnung!). Setzen Sie den Hauptsitzrahmen zusammen, geben Sie Leim auf die Verbindungen der drei Querhölzer und fixieren Sie alles mit Zwingen. Wenn der Leim trocken ist, bauen Sie die Zwingen ab, verdecken die Zapflöcher auf der Rückseite der oberen Querhölzer und tragen ein Finish auf. Kleben Sie die Zapfen an den Enden der Sitzlatten ab und schleifen alle Latten. Tragen Sie Finish auf. Installieren Sie die Rückenlatten, geben Sie Leim auf die Verbindungen und Druck durch Zwingen. Schrauben Sie alle Latten an ihren Platz.

Schwalbenschwanz-Kästchen

Wenn man kleine Objekte herstellt, sind Präzision und exaktes Schneiden noch wichtiger als sonst; unsere Augen müssen sich daran gewöhnen, noch genauer hinzusehen, wenn es um Verbindungen, um den Zusammenbau und andere Details geht. Dieses Kästchen ist mit durchgehenden Schwalbenschwänzen gebaut, die Stabilität und ein interessantes Aussehen geben sollen. Für solch ein kleines Stück wird nur wenig Holz benötigt, gönnen Sie sich deshalb etwas Besonderes und wählen Sie ein aufregendes exotisches Holz. Unser Beispiel-Kästchen ist aus Eibenholz, das zwar schwierig zu bearbeiten ist, aber sehr interessant und wertvoll aussieht.

Werkzeugliste

- Schraubzwingen
- Bleistift; Stahllineal; Markiermesser; Anschlagwinkel; Streichmaß; Zapfenstreichmaß
- Fuchsschwanz; Rückensäge; Bogensäge
- Raubank oder Feinhobel; Hirnholzhobel
- Oberfräse oder Falzhobel oder Simshobel
- Schmaler Beitel mit Fase
- Versenkstift
- Ziehklinge; Raspeln; Feilen; Schleifpapier und Schleifblock

Materialliste

Anzahl	Gesägt	Gehobelt
2 lange Seiten	190 x 85 x 20 mm	180 x 75 x 12 mm
2 kurze Seiten	140 x 85 x 20 mm	130 x 75 x 12 mm
1 Deckelplatte	180 x 130 x 20 mm	162 x 115 x 14 mm
1 Basisplatte	180 x 130 x 12 mm	162 x 115 x 10 mm
Auskleidung	Messen Sie die Innenseiten des fertigen Kästchens und schneiden Sie zwei lange und zwei kurze Seiten.	

Plus: Furnierstifte; Abdeckband; Leim; Oberflächenversiegelung; Scharniere (wenn gewünscht).

Maßstab

Alle Zeichnungen und Maße sind im Maßstab 1:3, es sei denn, etwas anderes ist angegeben.

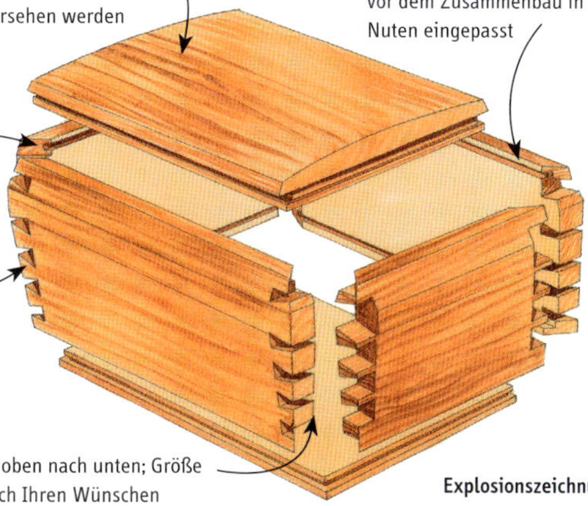

Explosionszeichnung

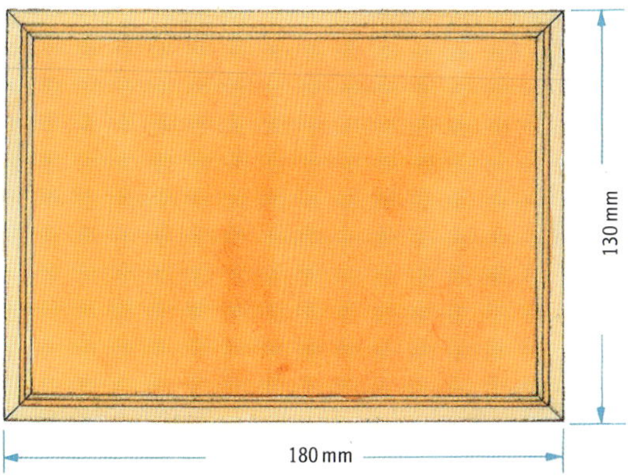

Aufsicht

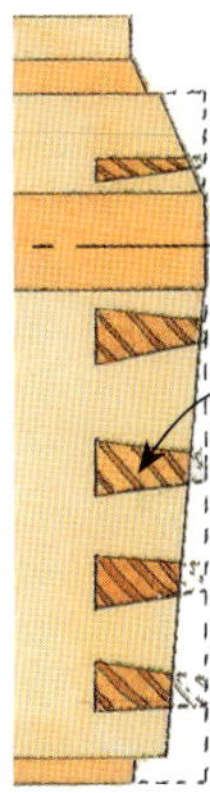

Einsatz der Schwalbenschwanzverbindung (Maßstab 1:1,5)

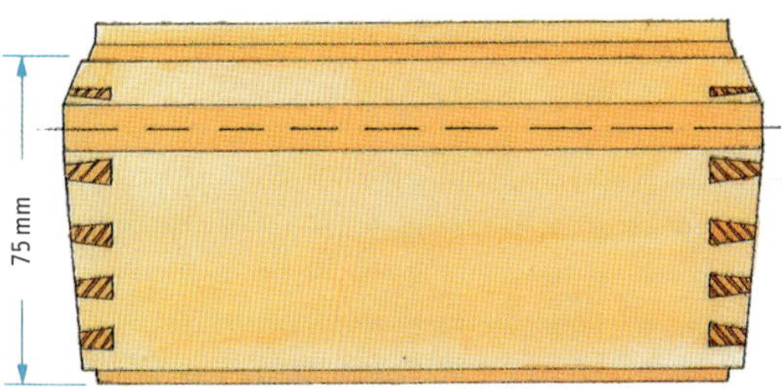

Vorderansicht

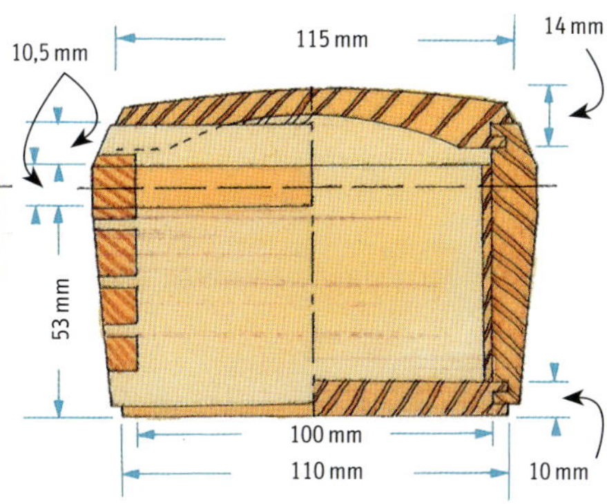

Seitenansicht und Maße

Siehe auch

Halten und fixieren, Seiten 24-25

Basiswerkzeug und -techniken, Seiten 28-99

Leimen und klammern, Seiten 106-107

Schwalbenschwanzverbindung, Seiten 132-137

Oberflächenbehandlung, Seiten 172-181

Bau des Kästchens

▶ **1** Markieren und schneiden Sie die Einzelteile und hobeln Sie sie glatt, lassen Sie die Seitenteile 1,5 mm zu lang. Schneiden Sie die Nuten oben und unten in die Seitenteile. Markieren und schneiden Sie die Zapfen an den zwei kurzen Seiten des Kästchens. Markieren Sie die Gehrungen an jeder Ecke, sägen Sie aber 1,5 mm neben der Markierungslinie, sodass Sie jede Ecke noch einpassen und einschneiden können. Eine Gehrung sägen Sie noch nicht, erst müssen Sie die Schwalben markieren.

◀ **2** Legen Sie die langen Stücke auf die Werkbank, Innenfläche nach oben. Positionieren Sie die geschnittenen Zapfen und markieren Sie die zugehörigen Schwalben. Fixieren Sie mit einer Zwinge, damit die Teile nicht verrutschen. Markieren und schneiden Sie die Gehrungen wie vorher.

▶ **3** Schneiden Sie die Nuten in die Boden- und Deckelstücke, damit sie in die Nuten in den Seitenteilen passen. Der Deckel ist gewölbt, glätten Sie ihn mit einem Hobel. Hobeln Sie auch eine Fase an die Seiten des Deckels. Wenn Sie wollen, stemmen Sie die Innenseite des Deckels aus, das wird oft bei kleinen Kästchen gemacht, um das Gewicht zu verringern.

▶ **4** Zerlegen Sie die vier Seiten wieder und prüfen Sie, ob alles passt. Schleifen und versiegeln Sie alle Innenflächen, decken Sie die Schwalbenflächen ab. Jetzt können Sie auch alle Nuten versiegeln, es wird trotzdem alles passen. Geben Sie Leim darauf und bauen Sie das Kästchen zusammen; nach dem Trocknen nehmen Sie die Zwingen wieder ab. Hobeln Sie die Außenseiten von der ursprünglichen Rechteckform in die gewünschte Schräge, das macht das Kästchen interessant.

◀ **5** Ziehen Sie eine Linie rund um das Kästchen, markieren Sie, wo Sie den Deckel abschneiden möchten.

▶ **6** Sägen Sie entlang der Linie, dann hobeln Sie die aufliegenden Kanten, damit sie exakt passen.

◀ **7** Messen Sie jetzt sorgfältig die Innenmaße des Kästchens einschließlich der Innenhöhe des Deckels, schneiden Sie die Auskleidung zu und passen Sie sie ein. Setzen Sie Gehrungen an die Ecken. Schleifen Sie das Kästchen und bearbeiten Sie die Oberfläche. Die Innenauskleidung ist in einer Kontrastfarbe gebeizt. Wenn Sie wollen, montieren Sie Scharniere.

Geschnitztes Kürbiskästchen

Sorgfalt und Präzision benötigt man, um dieses Kästchen zu schnitzen, aber das Ergebnis ist es wert. Geeignet ist jedes leichte und gut zu schnitzende Hartholz. Für unser Beispiel wurden drei Stück tropisches Jelutong-Holz sorgfältig gehobelt und zu einem größeren Block zusammengeleimt, den man dann gut schnitzen kann. Sie können unseren Vorschlag für jede Form übernehmen, die Ihnen gefällt; sie müssen den Kürbis nicht unbedingt genau kopieren. Das Blatt beispielsweise ist freihändig auf das teilweise fertige Kästchen gezeichnet worden und macht Ihr Werk einzigartig. Die Werkzeugspuren auf der Innenseite erzeugen einen spannenden Kontrast zur glattgeschliffenen Außenhülle.

Siehe auch

Sägen, Seiten 42-61

Hobeln, Seiten 62-71

Schleifmaterial, Seite 88

Holzschnitzerei, Seiten 154-163

Oberflächenbehandlung, Seiten 172-181

Werkzeugliste

- Bleistift; Stahllineal; Zirkel; Markierungsmesser
- Handsäge
- Raubank oder Feinhobel
- Schnitzmesser und Stemmeisen; Holzhammer
- Ziehklinge; Sandpapier

Materialliste

1 Holzblock	215 x 215 x 150 mm

Plus: Papier für Entwürfe; Karton für Schablonen; Oberflächenmaterial

Bau des Kästchens

▶ **1** Skizzieren Sie die Form des Kürbis und bereiten Sie eine 1:1-Zeichnung und Seiten- und Detailaufrisse vor. Markieren Sie eine Sägelinie rund um den Block 65 mm über dem Boden und sägen Sie den Block durch. Hobeln und glätten Sie die Sägeflächen. Übertragen Sie die Umrisse Ihres Plans auf die Oberflächen, eine Seite für die untere Hälfte des Kürbisses, die andere für den Deckel, sodass sie passen, wenn Sie sie zusammenhalten. Zeichnen Sie sorgfältig eine neue Außenlinie 6 mm innerwärts von der übertragenen Linie ein, damit legen Sie die Breite des Flansches auf dem Unterkästchen und die Breite des Falzes im Deckel fest.

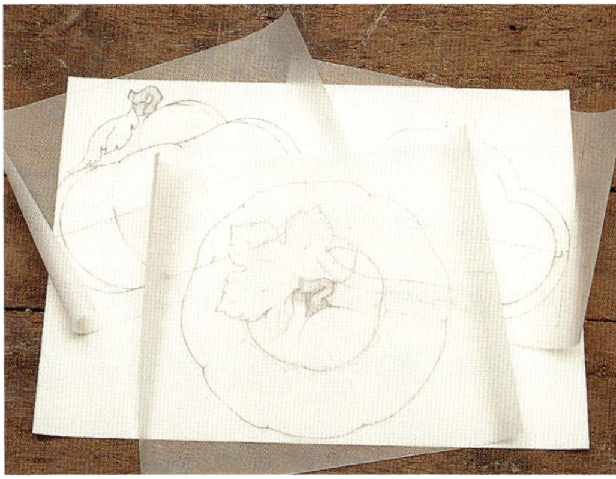

◀ **2** Beginnen Sie die Arbeit mit dem Unterteil an der Begrenzungslinie für den Flansch. Schneiden Sie mit Beitel oder Formeisen exakt an der handgezogenen Linie entlang bis auf 6 mm Tiefe. Arbeiten Sie sorgfältig, verletzen Sie nicht den Rand, er ist der Sitz für den Falz des Deckels.

▶ **3** Machen Sie sich eine Schablone aus Karton, schneiden Sie einen rechten Winkel und die richtige Tiefe. Fahren Sie damit entlang des Flansches, um die korrekte Arbeit zu überprüfen.

◀ **4** Der Deckel muss gut passen. Schneiden Sie mithilfe der Schablone einen Falz von 6 mm Tiefe. Überprüfen Sie mit der Schablone.

◄ **5** Sie können jetzt die beiden Hälften aufeinander legen, wann immer Sie mögen, etwa wenn Sie beim Arbeiten den Deckel als Stütze nutzen. Sägen Sie die Ecken weg und arbeiten Sie die runde Rohform aus. Schnitzen Sie die beiden Hälften abwechselnd, damit sie immer auf dem gleichen Stand sind. Nageln Sie Holzblöcke als Halterung auf die Werkbank, wenn Sie schnitzen.

► **6** Ziehen Sie 6 mm breite Linien um den Flansch, um die Dicke der Wand zu definieren. Mit Löffeleisen beginnen Sie Unter- und Oberteil auszuhöhlen, während Boden und Deckel noch flach bleiben.

▼ **8** Zeichnen Sie das Blatt auf den Deckel und setzen Sie die Form ein. Leimen Sie ein kleines Stück Holz als Stängel auf den Deckel, wobei die Fasern längs verlaufen sollen. Das freie Ende ruht aus dem Blatt, platzieren Sie es sorgfältig.

▲ **7** Arbeiten Sie die Formen des Unter- und Oberteils separat heraus; nehmen Sie eine Schablone, die etwas größer ist als die endgültige Form, dann können Sie die Form gleichmäßig entwickeln. Wenn Sie der endgültige Form nahe kommen, machen Sie kleinere Beitelschnitte, um genauer zu formen.

◀ **9** Mit Löffeleisen höhlen Sie jetzt beide Hälften aus. Mit Finger und Daumen, einen innen, der andere außen, arbeiten Sie sich am besten durch das Holz.

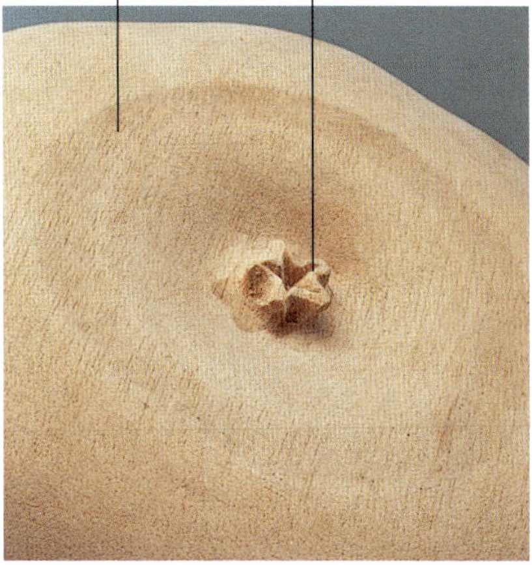

▶ **10** Schleifen Sie die Außenhaut mit Granitpapier, um die Form weiter abzurunden und Meißelspuren zu beseitigen. Ein Fußring muss erhaben bleiben, damit das Kästchen gerade stehen kann, zeichnen Sie also zwei Linien für die innere und äußere Begrenzung. Setzen Sie den Kelch in die Mitte des Unterteils. Schleifen Sie weiter, um die Meißelspuren zu beseitigen und die Form zu vollenden.

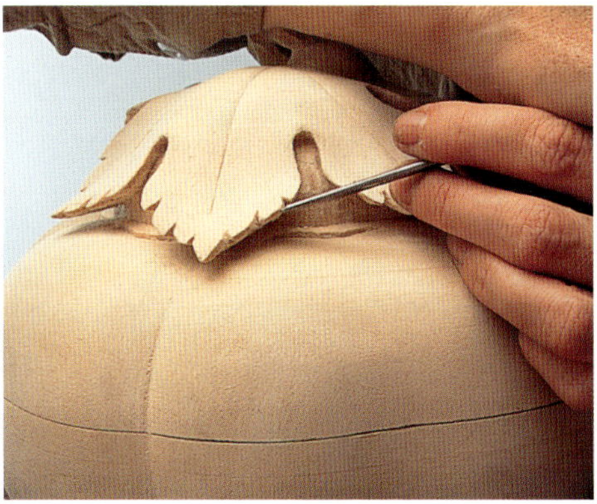

◀ **11** Schnitzen Sie alle Blattadern, Blattzähne und andere Details . Sorgen Sie für einen lebhaften Kontrast zwischen Blattstamm und herabhängendem Blatt. Die Oberfläche des Blattes wird zum Schluss hauptsächlich mit Sandpapier modelliert. Unterschneiden Sie die Blätter, um sie optisch von der Frucht darunter zu trennen.

▶ **12** Schleifen Sie mit grobem Papier, danach mit feinem, um die Formen zu vollenden und die letzten Werkzeugspuren zu beseitigen. Tagen Sie eine Oberflächenbehandlung auf. Dieses Kürbis-Kästchen wurde mit drei Schichten Mattpolitur versiegelt, zum Schluss folgte eine leichte Wachsschicht.

Gedrechselte Pilze

Fliegenpilze, Morcheln und andere Pilze sind die Heimat von Zwergen und Elfen und ein kleiner Spaß zum Drechseln für interessierte Anfänger. Es gibt keine Muster dafür, die Pilze können dünn, fett, groß oder klein sein, machen Sie jeden zu einem Unikat. Pilze werden meistens aus Astholz gemacht, damit sie möglichst natürlich aussehen. Eine Politur mit Bienenwachs lässt sie natürlich schimmern.

Siehe auch

Schleifmaterial, Seite 88

Drechseln, Seiten 164-171

Oberflächenbehandlung, Seiten 172-181

Werkzeugliste

- Drehbank mit Spannfutter
- Spindeleisen; Trennbeitel
- Bogensäge
- Stemmeisen oder scharfes Messer
- Sandpapier

Materialliste

1 Splitterfreies trockenes Stück Astholz, etwa Eibe	65 mm Durchmesser x 150 mm Länge
Plus: Schleifpolitur	

Einen Pilz bauen

▶ **1** Spannen Sie den Rohling zwischen den Spindeln ein und drehen Sie mit einem Trenneisen einen Zapfen ab, der in das Spannfutter passt.

◀ **2** Setzen Sie das Spannfutter in die Drehbank. Überzeugen Sie sich, dass der Zapfen ganz fest im Spannfutter sitzt.

▶ **3** Lassen Sie die Drehbank mit höchster Geschwindigkeit laufen und schneiden Sie mit einem Spindelmesser die Form des Pilzes. Um eine Krümmung ohne Kanten und Zacken zu produzieren, starten Sie den Schnitt außen und ziehen das Eisen in einer durchgehenden Bewegung zur Mitte.

◀ **4** Stoppen Sie die Drehbank von Zeit zu Zeit, prüfen Sie, ob Sie mit der Form zufrieden sind, und schneiden Sie weiter, wenn nötig.

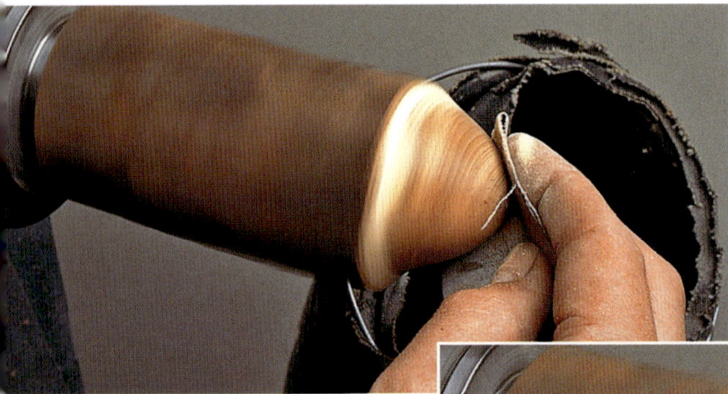

◀ **5** Schleifen und polieren Sie den Kopf sehr sorgfältig. Schleifen Sie natürliche Ecken nicht unbedingt weg, ein bisschen unvollkommen sieht das Stück viel besser aus. Benutzen Sie beim Schleifen ein Absaugsystem für den Staub.

▶ **6** Schneiden Sie jetzt unter dem Kopf. Achten Sie darauf, dass die Seitenteile des Werkzeugs sich nicht festbeißen, wenn Sie tiefer schneiden.

◀ **7** Bruchstück! Das kann passieren, wenn Sie auf die Seitenteile des Eisens nicht genügend achten.

▶ **8** Wenn ein Missgeschick passiert ist, schneiden Sie das kaputte Stück ab und beginnen Sie von neuem mit dem Spindeleisen. Wenn Sie beim Beginn des Schnitts Probleme haben, weil das Werkzeug wegrutscht, machen Sie mit dem Trennbeitel einen Anfangsschnitt.

▶ **9** Formen Sie die Unterseite des Kopfes und schneiden Sie einen Stamm, der sich von der Basis leicht verjüngt und am dünnsten ist, wo er den Kopf erreicht. Das macht es leicht, den Pilz zu schleifen und es sieht nicht so aus, als sei der Kopf nachträglich aufgesetzt worden.

◀ **10** Schleifen und polieren Sie Ihr Werkstück. Halten Sie Ihre Finger von den Kanten fern!

▶ **11** Schneiden Sie das Werkstück mit dem Trennbeitel nicht total durch, lassen Sie einen kleinen Stumpf stehen, den Sie dann durchsägen. Die Reste können Sie mit einem Beitel oder Messer wegstemmen.

Schlafender Drache

Alun Heslop

Diese gewundene Bank mit Blick auf einen Gartenteich ist aus Eiche und rostfreiem Stahl gebaut. Dabei wurden die Technik des Dampfbiegens und verschiedene Verbindungsarten eingesetzt.

7

Galerie

Holzkünstler zeigen ihre Werke
und Inspirationen

Sessel und Stühle

▲ **Kleines Sofa**

Arthur und Rachel Cadman

Die eleganten feinen Kurven dieses kleinen Sofas machen das liebenswerte Möbel besonders einladend. Der Rahmen ist aus Kirschholz und wurde dann aufgepolstert.

◀ Wycliff Stuhl

Paul Forrester

Dieser Stuhl basiert auf einem Design von Leonard Wyburg von 1908 und ist aus viertelgeschnittenem Eichenholz gebaut und mit Antikleder aufgepolstert. Die scharfwinkeligen Linien wirken in ihrer Gesamtheit noch strenger, als der Stuhl auf den ersten Blick erscheinen mag.

▶ Leichte Stapelstühle

Simon Smith

Smiths Entwürfe bieten einfache Formen und fein definierte Linien, die seinen Arbeiten eine klare und frische Ausstrahlung geben. Diese Stapelstühle haben leichte dampfgebogene Eschenrahmen und laminierte und spritzlackierte farbige Sitz- und Rückenteile.

◂ Ofido Stuhl und Zeitschriftenständer

Facundo Poj

Diese für Facundo Poj charakteristische Arbeit besteht aus Bambus-Sperrholz und ist computergesteuert (CNC-computer numerical control) gefräst worden. Dadurch wurden Formen möglich, die auf andere Weise gar nicht zu verwirklichen sind. Die Einzelteile wurden gedübelt und geleimt und mit einem Finish auf Wasserbasis gespritzt – keine Nägel, keine Schrauben.

▸ Wackelstuhl

Angus Ross

Dieser Stuhl ist Ross' erstes Serienprodukt seiner dampfgebogenen Reihe. Der geschnitzte Sitz aus Esche liegt auf asymmetrischen Kufen, die den Benutzer bei der Arbeit am Schreibtisch wie ein Schaukelstuhl in einer optimalen Sitzposition halten.

▲ Knotenstuhl

John Makepeace

Dieser kleine Sessel ist ein Kunstwerk. Die Beine und Armlehen sind aus laminiertem Eichenholz geschnitzt und die Kissen und Knoten aus Ulmenholz, das Holz ist fast weiß gebleicht. Die Kunst, ein Möbelstück mit solchen fließenden Linien und Strukturen zu schaffen, ist das Werk eines echten Meisters.

▼ Weißer Bogensessel

Tom Raffield

Raffield und sein Kollektiv Sixixis kombinieren traditionelle Handwerkskunst mit zeitgenössischem Design und produzieren wunderschöne Möbel. Bei diesem Liegestuhl hat Raffield die Grenzen des Dampfbiegens sehr viel weiter gesetzt, indem er komplexe dreidimensionale Formen aus nicht abgelagertem Holz eingeführt hat.

◄ **Messerlippfisch**

Alun Heslop

Diese kurvenreiche Bank hat ihren innovativen Dreh durch die überlappenden Sättel bekommen, die die Menschen einladen, auf jeder Seite Platz zu nehmen. Sie ist aus verwitterter Eiche gebaut und sowohl für innen als auch für außen geeignet.

◄ **Rollendes Sommerhaus**

Charlie Whinney

Diese außergewöhnliche Sphärenstruktur ist so groß, dass man in ihr sitzend entspannen kann, aber auch leicht genug, dass ein Erwachsener sie durch den Garten rollen kann.

Tische und Pulte

▲ ▶ Molluske

John Makepeace

Das Schreibpult ist aus ausgewaschenem Eichenholz gemacht, das von Bäumen stammt, die 1760 gepflanzt und 1980 gefällt wurden. Stauraum gibt es unter der verschiebbaren Schreibplatte. Die drei Beine sitzen in einem nach innen gekrümmten Eichenbalken.

▲ **Umarmung**

David Tragen

Dieser Tisch ist aus Kirschholz, die einzelnen Teile wurden nach einer Schablone ausgefräst. Durch die Glasplatte und das unterbrochene Design entstehen faszinierende Schattenspiele, wenn das Licht von oben einfällt.

▼ **Sagrada-Tisch**

Derek Elliott

Die gebogenen Beine des Tisches wurden von der Kathedrale Sagrada Familia in Barcelona inspiriert, dem unvollendeten Meisterwerk des spanischen Architekten Antoni Gaudí. Die Beine sind in Ziegelbauweise aus Eichenvollholz gebaut, die Tischplatte ist furniert.

▲ Konsolentisch

Silverlining

Das Pult ist aus englischer Ulme und Chagrinleder gebaut. Die exquisiten Schnitzereien auf den Oberflächen machen dieses Werk so einzigartig.

▶ Check

Peter Cummings

Diese einfache elegante Form wurde mit vier identischen Teilen gestaltet, die aus Ulmenholz laminiert wurden. Mit der Oberfräse und entsprechender Führung wurden sie geformt und mit Dübeln stumpf aneinander gestoßen.

▲ ▼ Spieltisch

Rupert McBain

Der Scrabbletisch wurde für eine Superyacht entworfen, er musste also auch bei Seegang stabil bleiben. Das Spielfeld in der Mitte kann in einem erhöht liegenden Silberring bewegt und nach einer Vierteldrehung arretiert werden. Details wie Handgriffe sind aus Kalbsleder und Neusilberguss.

Kommoden, Regale und Schränkchen

▶ Uhrbeweger

Silverlining

Diese luxuriöse Aufzugsvorrichtung für Uhren ist aus Ebenholz, Rosenholz, Sandelholz, Walnuss und Gold hergestellt. Die zeitgenössischen Einlegearbeiten in drei Dimensionen unterstreichen das dramatische Wirken dieses Stücks.

▼ Schwankendes Sideboard in Eiche

Dylan Pym

Das Sideboard aus Eiche und Kastanie wurde ganz in alten traditionellen Techniken gefertigt. Man findet Dampfbiegung und handgeschnitzte Zapfen. Die Türen öffnen sich auf Drehstiften.

▼ ▶ Strömung

John Makepeace

Eine kühn geformte Kommode aus aufgetrenntem Eschenholz, dessen Muster an jeder Ecke angepasst ist. Die Gleitschienen der Schubladen sind aus Stechpalmenholz, Zeder und Eiche. Mit seiner ungeheuren Erfahrung hat Makepeace es geschafft, dass sich in diesem Möbelstück alle Muster niederschlagen, die man an einem Strand finden kann.

◀ **Frank**

Brian Malden

Maldens Arbeit ist einmalig in ihrer eleganten Einfachheit und der Qualität der Verarbeitung. Die schlanke Ankleidekommode besteht aus Eibenvollholz und Eibenfurnier mit Ebenholzhandgriffen und Schubladen aus Eiche und Zeder. Die Oberfläche wurde mit Öl und Wachs versiegelt.

▲ **Soldatenspind**

Derek Elliott

Diese Kommode bekam ihren Namen von der Einlegearbeit in den Türen, die wiederum von den Verzierungen eines Waffenrocks der Kavallerie inspiriert wurde. Die Form der Kommode dagegen wurde stark von japanischer Tischlerkunst beeinflusst. Das Stück ist aus Walnussholz hergestellt.

▾ ▸ Wye Bridge

Tim Hawkins

Der Weinschrank wurde von einer Brücke in Hawkins Geburtsstadt inspiriert. Hergestellt aus Kirsch- und Walnussholz vermitteln die reichhaltigen Farben ein Gefühl für die warmen Töne des dortigen Sandsteins. Die Pfeiler enthalten Regale für die Weinflaschen, während hinter den beiden Türen, die sich zwischen den Pfeilern befinden, Platz für Gläser ist.

▸ Wirbel

Arthur und Rachel Cadman

Der elegante Wirbel auf dieser Kommode ist aus Kastanienholz, das dampfgebogen zu einer kurvigen Schiene geformt wurde. Andere Teile wurden furniert und laminiert.

▾ Überkreuzung

Anthony Scheffler

Scheffler kombiniert exotische Hölzer mit einer Vielzahl von Metallen, um außergewöhnliche Werke zu produzieren, in denen sich einfache Formen mit Linien und Winkeln schneiden. Dieser Zeitschriftenständer ist aus Congonaholz, Blutholz und Aluminium gebaut.

▲ Feuerland-Fluss

David Tragen

Feuerland-Fluss ist in den Abmessungen eines buddhistischen Altars mit Lenga- und Padauk-Furnieren gebaut und war als Ausstellungsstück für Messen vorgesehen. Das Schränkchen zeigt bemerkenswerte Feinheiten in den Details, besonders in den Handgriffen.

▲ Weltraummüll-Beseitigung

Michael Hindmarsh

Das Regal vereint ein kräftiges Design mit einer einfachen Form und mit einem Spritzer Humor. Der Einsatz von zwei Farben, um das Verschwinden zu dokumentieren, ist ein witziges Detail. Zu den Herstellungstechniken gehörte auch das computergesteuerte Fräsen der Einzelteile, die dann auf Gehrung geschnitten und halbgeschlitzt verbunden wurden.

◄ Schau-Kabinett

Sean Feeney

Die Vollholzteile dieses verglasten Bergahorn-Kabinetts sind alle im gleichen Radius gebogen und mit Lamellos zusammengefügt. Innen ist eine Lichtanlage mit Niederspannung versteckt.

▼ Liberty Buchregal

Paul Forrester

Dieses Bücherregal hat handgehämmerte Kupferscharniere am unteren Schränkchen und ein traditionelles Oberlicht über dem oberen Bord. Das Regal ist aus viertelgesägtem französischem Eichenholz, das erwiesenermaßen über 400 Jahre alt ist, und lehnt sich an ein Original von Leonard Wyburd an, das von Liberty's of London verkauft wurde.

Holzdekorationen

◄ Hohlgefäß aus Roßkastanienwurzel

Ron Overholtz

Overholtz zeigt anspruchsvollste Drechselkunst an einem schwierigen Stück Holz, das keinen Fehler verzeiht. Aus dieser Wurzelknolle hat er eine ultradünne, aber stabile und elegante Form geschaffen.

▼ Besteckhalter

Marcus Mindelsohn

Inspiriert von alten Besteck- und Hutschachteln ist das Basisteil des Halters aus handgeschnittenen braunen und tigerfarbigen Eichenfurnieren laminiert. Die Außenhülle besteht aus gewelltem und laminiertem Bergahorn-Furnier und blau gebeiztem Ahorn.

▲ **Riesig gelockter Lampenschirm**

Charlie Whinney

Dies ist ein überzeugender Beweis dafür, was man mit Dampfbiegen alles machen kann.

◀ ▶ **Aufstieg**

Don Freas

Freas verbindet in diesem Werk Erzählkunst, Dichtung und Bildhauerei. Das Stück ist aus Douglasie, Walnuss, Mahagoni, Ahorn und Weide. Die offene Säule ist angesetzt und die hängende Figur handgeschnitzt.

Glossar

Ablagern Der Trocknungsprozess des Holzes, um den Feuchtigkeitsgehalt zu reduzieren. Lufttrocknung und Kammertrocknung sind üblich.

Anschlag Eine einstellbare Führung, gegen die das Holz gehalten wird, um eine gewählte Distanz von der Schnittkante einer Maschine einzuhalten.

Ast oder Knorren Teil eines Astes oder Zweiges, eingebettet im Holz des Brettes. Dunkle, lockere Knorren entstehen durch tote Äste.

Ausriss Von einem Sägeblatt in einem Schnitt zerrissene Holzfasern.

Bild Das dekorative Muster einer Holzoberfläche, das durch Fasern, Farbvariationen, Stammverwachsungen, Verletzungen, unterbrochene Fasern, Wachstumsstörungen und andere Faktoren im Holz verursacht wurde.

Einkerbung Ein Kanal oder eine Nut, der quer zur Faser geschnitten wird. Wird auch Ausklinkung, Quernut, Ausschnitt, Kerbe oder Scharte genannt.

Falz Eine Stufe oder ein Einschnitt, in die Kante eines Brettes geschnitten.

Fase Eine flache gewinkelte Oberfläche, die an die Kante eines Brettes gehobelt oder geschnitzt ist. Eine Fase von 45° ist eine Gehrung.

Feinkorn Holz mit engen schönen unaufdringlichen Jahresringen.

Feuchtigkeitsgehalt Die Menge an Feuchtigkeit, die im Holz enthalten ist, wird in Prozent ausgedrückt. Der Feuchtigkeitsgehalt ändert sich ständig, weil er von der relativen Luftfeuchtigkeit der Umwelt abhängt.

Former Ein Rahmen oder eine Form zum Biegen und Formen von Laminaten.

Fries, Holm Der senkrechte Teil eines Rahmens.

Frühholz Der hellere Teil eines Wachstumsringes, der am Beginn der Wachstumsperiode entsteht.

Gegen die Faser In eine Richtung arbeiten, die das Holz in Richtung Holztiefe splittern lässt.

Gehrung Ein Winkel von 45°.

Grat Ein dünner Kamm aus Metall auf der Schnittkante einer Klinge, die nach dem Schleifen oder Honen stehen bleibt. Einige Werkzeuge wie Ziehklingen funktionieren ohne solch einen Grat nicht, andere wie Beitel oder Stemmeisen brauchen ihn nicht.

Grobkorn Holz mit weiten sichtbaren Wachstumsringen.

Grünholz Frisch geschnittenes Holz, das noch nicht getrocknet ist.

Hartholz Holz von Bäumen mit breiten Blättern (Laub), die normalerweise im Herbst abfallen.

Häkchen Winzige Splitter in der Langfaser des Brettes, die oft durch fehlerhafte Trocknung des Holzes entstehen.

Hirnholz Der Faserteil am Ende eines Brettes.

Kammergetrocknet In einem großen Ofen künstlich getrocknetes Holz.

Kerbe oder Sägeschlitz ist der Einschnitt, der vom Sägeblatt gemacht wird.

Kernholz Der dunklere Teil des Holzes, der von der Mitte des Baumes nach außen zum Splintholz übergeht.

Kickback Der Rückschlag, wenn beim Arbeiten mit einer Maschine das Werkstück sich in Richtung Bediener löst oder das Elektrowerkzeug aus der Hand springt.

Laminat Zwei oder mehr Schichten (Laminate) werden zusammengeleimt, können in einem Former gebogen werden.

Luftgetrocknet Ohne künstliche Hitze getrocknetes Holz.

Markstrahlen Waagrechte Strahlen, die von der Mitte des Baumes nach außen gehen, rechtwinklig zu den Wachstumsringen.

Maserknolle, Knoten oder Knorren Eine stark ausgeprägte Maserung im Holz oder Furnier mit kräftig schwingenden Fasern, die aus abnormen Auswüchsen am Stamm einiger Bäume ausgeschnitten werden.

Maserung, Faser Das sichtbare Muster an der Holzoberfläche, das durch die Wachstumsringe und durch den Winkel, in dem das Holz vom Baum geschnitten wird, entsteht.

Montagegestell oder Einspannvorrichtung, im Englischen generell mit jig bezeichnet, ist ein fertig gekauftes oder selbst gemachtes Gerät, um das Werkstück oder das Werkzeug bei der Bearbeitung zu halten oder zu führen. Diese Gestelle sind wichtig, um die Arbeit sauberer und präziser erledigen zu können.

Nut Ein Kanal oder eine Rinne, die mit der Holzfaser geschnitten wird.

Querholz, Querfries Der horizontale Teil eines Rahmens

Querschneiden Ein Brett quer zur Breite oder zur Faserung sägen.

Quer zur Faser In 90° zur Faserrichtung des Holzes. Auf den meisten Brettern ist das quer zur Breite des Holzes.

Rinde, Baumkante Die natürliche nicht entfernte Kante des Brettes.

Rohling Ein Stück Holz, das für die Arbeit auf der Drehbank vorbereitet wurde.

Spätholz Der dunklere Teil eines Wachstumsringes, entsteht am Ende der Wachstumsperiode.

Splint Ein dünnes Stück Holz, das in passende Nuten von Holzteilen geleimt wird, die zusammengefügt werden.

Splintholz Das Wachstumsholz in der Nähe der Außenseite des Baumes. Es ist in der Farbe heller als das Kernholz.

Sprünge Spalten in den Holzlagen, die durch Wachstumsstörungen oder falsche Trocknung entstehen.

Stirnseite, Sichtkante Die attraktivsten Seiten oder Kanten eines Brettes, die generell an den wichtigsten Seiten eines Möbelstücks eingesetzt werden.

Stopp Eine Vorrichtung, um das Holz oder ein Werkzeug zu hindern, weiterzufahren als bis zur gewünschten Position.

Über-Kreuz-Bau Jede Konstruktion, bei der langfaseriges Holz anderes langfaseriges Holz kreuzt. Das verhindert spätere Bewegungen des Holzes.

Versenken Vergrößern des oberen Teils eines Bohrlochs, so dass eine Schraube bis unter die Oberfläche des Holzes hineingedreht werden kann.

Vogelauge Kleine runde Muster in der Holzoberfläche, die an das Auge eines Vogels erinnern und durch konische Quetschungen entstanden sind. Man findet solche Muster in Ahorn und anderen Hölzern.

Verziehen, Verwerfung, Verwölbung Holzverdrehungen, die durch Wachstumsschädigungen, Trocknungs- oder Sägefehler entstehen. Am häufigsten treten Krümmungen in der Längsachse auf, Wölbungen zu den Seiten und Verdrehungen, sodass die Enden nicht in derselben Ebene liegen.

Wachstumsringe Konzentrische Ringe, die sich in gemäßigten Zonen während des Wachstums unter der Borke des Baumes bilden. Bei tropischen Bäumen, die kontinuierlich wachsen, sind Wachstumsringe generell nicht sichtbar.

Weichholz Holz von Nadelbäumen, normalerweise immergrüne Bäume (Koniferen), die ihre Samen in Zapfen bilden.

Zunge Ein hervorstehendes Stück Holz am Ende eines Brettes, das in ein passendes Loch in einer angrenzenden Kante eines anderen Brettes hineinpasst.

Zapfenloch, Nut oder Stemmloch Ein normalerweise rechtwinkliges Loch, das in ein Werkstück geschnitten wird, um einen Zapfen aufzunehmen. Ein durchgehendes Zapfenloch geht komplett durch das Holz, ein begrenztes oder blindes Loch nicht.

Register

Grau angegebene Seiten verweisen auf Stücke in der Galerie

Danksagungen

Quarto möchte den folgenden Personen und Firmen für die freundliche Überlassung von Bildmaterial danken, das in dieses Buch eingeflossen ist.

Arthur and Rachel Cadman www.cadmanfurniture.com

Peter Cummings www.petercummings.co.uk

Derek Elliott www.outofthewood.co.uk

Sean Feeney www.seanfeeneyfurniture.co.uk (Photo: Chris Challis)

Don Freas www.donfreas.com

Tim Hawkins www.finefurniture.co.uk

Alun Heslop www.chaircreative.com

Michael Hindmarsh www.mikehindmarsh.co.nz

Rupert McBain www.rupertmcbainfurniture.co.uk

Brian Maiden www.brianmaiden.com

John Makepeace www.johnmakepeacefurniture.com

Marcus Mindelsohn www.mgmfinefurniture.co.uk

Ron Overholtz www.overholtzwoodturnings.com

Facundo Poj www.facundopoj.com

Dylan Pym www.dylanpym.co.uk

Tom Raffield www.tomraffield.com

Angus Ross www.angusross.co.uk

Anthony Scheffler www.anthonyscheffler.com

Silverlining www.silverliningfurniture.co.uk (Photo: Mark Reeves Photography)

Simon Smith www.simonsmithfurniture.com

David Tragen www.tragendesign.com

Charlie Whinney www.charliewhinney.com

Paul Forrester möchte sich bei Marcus Mindelsohn für dessen hilfreiche Ratschläge und tatkräftigen Einsatz bedanken.